U0863715

计算机信息技术与大数据应用探索

余云霞　陈兰芳　杨彦青　著

中国国际广播出版社

图书在版编目（CIP）数据

计算机信息技术与大数据应用探索/余云霞，陈兰芳,杨彦青著.-- 北京:中国国际广播出版社,2024.6.--ISBN 978-7-5078-5579-1

I.TP3;TP274

中国国家版本馆CIP数据核字第2024B7T292号

计算机信息技术与大数据应用探索

著　　者　余云霞　陈兰芳　杨彦青
责任编辑　张娟平
校　　对　张　娜
封面设计　万典文化

出版发行　中国国际广播出版社有限公司
电　　话　010-86093580　010-86093583
地　　址　北京市丰台区榴乡路88号石榴中心2号楼1701
邮　　编　100079
印　　刷　北京四海锦诚印刷技术有限公司

开　　本　787 毫米 × 1092 毫米　1/16
字　　数　288 千字
印　　张　12
版　　次　2025 年 1 月第 1 版
印　　次　2025 年 1 月第 1 次印刷
定　　价　78.00元

（版权所有　翻印必究）

PREFACE 前 言

计算机信息技术和大数据应用正在不断探索和发展，对于推动经济社会发展、提升生产效率和服务质量具有重要意义。通过大数据分析，企业可以更好地了解市场需求和消费者行为，制定更精准的营销策略和产品定位，提高市场竞争力。同时，在金融领域，大数据分析可以帮助银行和金融机构更好地识别风险，优化资产配置，提高金融服务的效率和质量。

政府部门可以利用大数据分析实现城市管理的智能化，提升公共服务水平；公共安全领域可以利用大数据分析实现智能监控和预警，提高社会安全水平。此外，大数据还可以在教育、医疗、环保等领域发挥重要作用，推动社会治理模式的创新和提升。科研人员可以利用大数据分析技术处理和分析海量数据，发现科学规律和趋势，推动科学研究的进步。例如，在气象领域，利用大数据分析可以实现对气候变化和天气预测的精准预测，提高灾害预警和防范能力。

本书旨在探讨计算机信息技术与大数据应用的前沿发展，旨在帮助读者深入了解这一领域的基础知识、最新进展和未来趋势。全书共分为十章，涵盖了计算机信息技术基础、大数据概述与技术基础、计算机信息技术在行业中的应用、大数据在社会管理中的应用、计算机信息技术在企业中的应用、大数据在科学研究中的应用、计算机信息技术与大数据融合发展、计算机信息技术与大数据发展展望等内容。本书适用于计算机信息技术和大数据相关领域的研究人员、工程师、学生以及对这一领域感兴趣的读者。每章末尾还附有参考书目，供读者进一步学习和研究。

作者在写作本书的过程中，借鉴了许多前辈的研究成果，在此表示衷心的感谢。由于本书需要探究的层面比较深，作者对一些相关问题的研究不透彻，加之写作时间仓促，书中难免存在一定的不妥和疏漏之处，恳请前辈、同行以及广大读者斧正。

CONTENTS

目　录

第一章　计算机信息技术基础概述

第一节　计算机网络技术

一、计算机网络技术的内涵

计算机网络技术是指通过通信设备和通信线路连接起来的、分布在不同地理位置的多台计算机及相关设备的技术。它是在计算机硬件和软件基础上，利用通信设备建立起来的一种可以实现资源共享和信息传递的系统。计算机网络技术的内涵包括网络拓扑结构、通信协议、网络标准等内容。

二、计算机网络技术的特点

（一）资源共享

资源共享是计算机网络技术的一个重要特点，它通过网络连接多台计算机，使得这些计算机可以共享数据、软件、硬件设备等资源，从而提高了资源的利用率。资源共享在现代社会中发挥着重要作用，不仅提高了工作效率，也降低了成本，促进了信息的传递和共享。通过网络共享数据和软件，可以避免重复劳动，节省时间成本。比如，在一个办公网络中，员工可以共享同一份文档，避免了多人编辑多份文档的情况，提高了协作效率。又如，在生产制造领域，工厂可以通过网络共享设备的数据和监控信息，实现自动化生产，提高了生产效率。

通过网络共享硬件设备，可以减少每个单位的设备数量，降低采购和维护成本。比如，多台计算机可以共享一台打印机，避免了每台计算机都需要配备一台打印机的情况，节约了成本。又如，在云计算领域，用户可以通过互联网共享云服务器和存储资源，避免了自建服务器的高成本。通过网络共享数据和软件，可以实现信息的即时传递和全球共享。比如，在教育领域，学生可以通过网络共享教学资源，获取来自世界各地的知识；在医疗领域，医生可以通过网络共享病例和诊断信息，提高诊断和治疗水平。

（二）信息传递

信息传递是计算机网络技术的另一个重要特点，它通过网络连接多台计算机，使得这些计算机可以快速、可靠地传递各种形式的信息，包括文本、图像、音频、视频等数据。信息传递的便利性和高效性，极大地促进了人类社会的交流与发展。借助计算机网络技术，人们可以在瞬间完成信息的传递，无论是跨越千里还是跨越国界，都能够实现即时通讯。这种即时性的信息传递，使得人们在工作、学习和生活中能够更加高效地沟通和合作。比如，通过电子邮件、即时通讯工具等，可以迅速地发送和接收文字信息；通过视频会议等技术，可以实现远程面对面的沟通，节省了时间和成本。

计算机网络技术通过数据加密、传输协议等手段，保障了信息在传递过程中的安全性。即使在网络出现故障或者攻击的情况下，也能够保证信息的完整性。这种可靠性的信息传递，为企业、政府等组织提供了安全可靠的信息传输通道，保障了信息的安全和机密性。随着计算机网络技术的发展，人们不仅可以传递文字信息，还可以传递图像、音频、视频等多种形式的信息。这种多样性的信息传递方式，使得人们在交流和表达方面拥有了更多的选择，可以更加生动地展示自己的想法和情感。比如，通过社交网络、在线视频平台等，人们可以分享自己的生活、观点和创意，与他人进行更加丰富和多样化的交流。

（三）远程服务

远程服务是指通过网络远程访问其他计算机上的资源和服务的一种技术手段，其应用范围涵盖了远程登录、远程打印等多种功能。随着信息技术的不断发展，远程服务已经成为人们工作生活中不可或缺的一部分，为我们的日常工作带来了便利和高效。本文将就远程服务的概念、特点以及应用进行深入探讨，以期对这一技术有更加全面深刻的理解。远程服务的概念是指利用网络等远程通信手段，实现用户在本地终端上就可以操作远端计算机上的资源和服务。这种技术能够打破时空的限制，使得用户可以随时随地地访问到需要的资源和服务，极大地提高了工作效率和便利性。比如，用户可以通过远程登录的方式，远程访问公司服务器上的文件，进行文件操作和管理，而不必亲自到公司去进行操作。

远程服务的特点主要体现在以下几个方面：一是灵活性强，用户可以根据自己的需求和时间安排，灵活地选择远程访问的时间和地点；二是安全性高，远程服务通常会采用加密等安全措施，保障用户数据和信息的安全性；三是成本低，相比于传统的上门服务或者需要大量人力物力的方式，远程服务更加经济高效。远程服务的应用非常广泛，涵盖了远程办公、远程教育、远程医疗等多个领域。在远程办公方面，员工可以通过远程登录的方式，远程访问公司内部网络，进行办公工作，实现远程办公的灵活性和高效性。在远程教育方面，学生可以通过网络远程接收老师的教学资源和课程内容，实现了教育资源的共享和教学质量的提升。在远程医疗方面，医生可以通过远程诊疗的方式，为患者提供远程医疗服务，解决了患者看病难的问题，提高了医疗服务的效率和质量。

（四）集中管理

集中管理是指通过一种统一的管理平台或系统，对网络中的计算机、设备和资源进行集中管理和监控的过程。这种管理方式能够提高管理效率，降低管理成本，增强网络安全性，促进信息资源的共享和利用。本文将围绕集中管理的概念、优势、实现方式和应用场景展开论述，以期对集中管理有更深入的理解和认识。集中管理的概念是指通过一种统一的管理平台或系统，实现对网络中的计算机、设备和资源进行集中管理和监控的过程。这种管理方式能够将分散的资源和设备集中起来，统一管理，提高管理效率和水平。比如，通过集中管理系统可以实现对网络中所有计算机的软件更新、安全配置、远程控制等操作。

集中管理的优势主要体现在以下几个方面：一是提高管理效率，通过集中管理平台，管理员可以一次性对多台设备进行管理和监控，节省了大量的时间和人力成本；二是降低管理成本，集中管理可以减少管理员的数量，降低管理成本；三是增强网络安全性，集中管理可以实现对网络安全策略的集中管理和监控，提高了网络的安全性；四是促进信息资源的共享和利用，集中管理可以实现对信息资源的统一管理和共享，提高了信息资源的利用效率。

集中管理的实现方式主要包括集中式管理和分布式管理两种方式。集中式管理是指所有的管理功能都集中在一个管理服务器上，管理员通过这台服务器对网络中的设备和资源进行管理和监控；分布式管理是指管理功能分散在多个管理节点上，每个节点负责管理一部分设备和资源。两种方式各有优劣，可以根据实际情况选择合适的方式。集中管理的应用场景非常广泛，涵盖了企业、教育、医疗等多个领域。在企业中，集中管理可以实现对企业内部网络的统一管理和监控，提高了企业的信息化管理水平和效率；在教育领域，集中管理可以实现对教育资源的统一管理和共享，促进了教育信息化的发展；在医疗领域，集中管理可以实现对医疗设备和信息的统一管理和监控，提高了医疗服务的质量和效率。

（五）灵活性

灵活性是网络结构的一个重要特点，它指的是网络可以根据需要灵活地进行扩展和调整，以适应不同规模和需求的网络环境。这种灵活性使得网络可以随着业务的发展和变化而变化，保持与时俱进，满足用户的需求。本文将探讨网络灵活性的重要性、实现方式以及对网络发展的影响。随着科技的发展和应用的不断拓展，网络所面临的需求也在不断增加和变化。如果网络结构缺乏灵活性，就很难适应这种变化和发展。而具有灵活性的网络可以根据需要进行扩展和调整，保持网络的稳定性和高效性，满足用户的需求。

一种方式是采用虚拟化技术，将物理资源虚拟化成逻辑资源，从而实现资源的灵活配置和管理。另一种方式是采用软件定义网络（SDN）技术，将网络控制平面与数据转发平面分离，实现网络的集中管理和灵活控制。还有一种方式是采用自组织网络（SON）技术，实现网络的自动配置和管理，提高网络的自适应性和灵活性。有灵活性的网络可以更好地适应不断变化的业务需求和环境变化，提高了网络的适应性和竞争力。同时，灵活性还可以促进网络的创新和发展，推动网络技术的进步和应用的拓展。因此，网络的灵活性不仅是网络发展的需要，也是网络发展的动力和保障。

三、计算机网络技术的发展

（一）ARPANET 阶段（1969–1983 年）

ARPANET 是互联网的前身，是美国国防部高级研究计划局（ARPA）于 1969 年资助建立的一个计算机网络，旨在实现跨地域的计算机互联互通。ARPANET 的建立标志着人类进入了信息时代的起点，对于现代互联网的发展产生了深远的影响。ARPANET 的建立和发展经历了几个阶段。在 1960 年代末期，美国国防部 ARPA 启动了一项名为 ARPANET 的计划，旨在建立一个分散式的、具有自我修复功能的计算机网络，以解决当时美国国防部面临的通信问题。1969 年，第一个 ARPANET 节点在加利福尼亚大学洛杉矶分校（UCLA）建立，标志着 ARPANET 的正式启动。

在 ARPANET 的发展过程中，人们逐渐意识到其巨大的潜力和影响。网络的扩展和发展使得越来越多的大学、研究机构和政府部门加入到了 ARPANET 中，网络规模不断扩大。1973 年，ARPANET 开始采用 TCP/IP 协议作为标准通信协议，这一举措为后来互联网的发展奠定了基础。到了 1980 年代初期，ARPANET 已经发展成为一个庞大的网络，涵盖了全美国甚至是全球范围内的许多节点。1983 年，随着 ARPANET 正式实现了 TCP/IP 协议的全面应用，ARPANET 的结构和功能得到了进一步完善，成为一个真正意义上的互联网。

ARPANET 的建立和发展标志着人类进入了信息时代，改变了人们的生活和工作方式。ARPANET 的成功经验和技术成果为后来互联网的发展提供了宝贵经验和基础，为互联网的普及和应用奠定了基础。ARPANET 的精神和理念也影响了后来互联网的发展方向，成为互联网发展史上的重要里程碑。

（二）互联网发展阶段（1983-1995 年）

互联网的发展阶段（1983-1995 年）是在 TCP/IP 协议的基础上建立起来的，这一时期网络规模不断扩大，服务也逐步多样化。这一时期是互联网从实验性阶段向商业化和大众化发展的关键阶段，见证了互联网从无到有、由小到大的蓬勃发展。随着 TCP/IP 协议的广泛应用，互联网开始向全球扩张，网络规模不断扩大。各个国家和地区纷纷建立起自己的互联网节点，实现了全球范围内的网络互联互通。这一时期互联网的用户数量也在迅速增长，网络的影响力逐渐显现。除了最初的电子邮件和文件传输等基本服务外，互联网开始出现了新的服务和应用，如万维网（World Wide Web）、远程登录、网络新闻、网络电话等。这些新的服务使得互联网的功能更加多样化，用户可以通过互联网获取更丰富的信息和资源。

随着互联网用户数量的增加和服务的丰富化，越来越多的企业和组织开始意识到互联网的商业潜力，并纷纷进入互联网领域开展商业活动。这一时期出现了许多知名的互联网公司，如微软、谷歌、亚马逊等，它们的出现推动了互联网的商业化进程。随着互联网规模的扩大和用户数量的增加，网络安全、隐私保护等问题逐渐凸显。此外，互联网的快速发展也给传统行业和社会带来了一定的冲击和挑战，需要各方共同努力解决。

（三）商业化阶段（1995-2000 年）

在 1995 年到 2000 年间，互联网经历了商业化的快速发展阶段。这一时期是互联网从学术研究向商业应用转变的关键时期，也是互联网产业蓬勃发展的起点。在这段时间里，互联网商业模式逐渐清晰，大量互联网公司涌现，网络应用和服务不断丰富，为互联网后续的发展奠定了坚实基础。互联网商业化的快速发展得益于互联网技术和基础设施的不断完善。在这一时期，互联网技术得到了迅速发展，网络带宽和速度不断提高，使得互联网的可用性和性能大幅提升。同时，互联网的开放性和标准化也为商业化提供了良好的基础，吸引了大量企业和投资者的关注。

随着互联网的普及和应用，越来越多的人开始使用互联网，形成了庞大的用户群体。这一用户基础为互联网商业化提供了巨大的市场潜力和商机，吸引了大量投资和资金流入。互联网商业模式的创新也推动了商业化阶段的发展。互联网公司通过创新的商业模式和经营方式，如电子商务、在线广告、搜索引擎等，实现了商业利益的最大化，为互联网商业化的发展注入了新的活力和动力。随着互联网商业化的深入发展，竞争日益激烈，互联网公司之间展开了激烈的竞争。同时，互联网安全、隐私保护等问题也逐渐凸显，需要各方共同努力解决。

（四）云计算阶段（2000年至今）

自2000年以来，云计算、大数据、物联网等新技术的发展已经深刻改变了计算机网络技术的格局，使其更加普及和深入各个领域。这一时期，云计算作为一种基于互联网的计算方式，以其高效、灵活、经济的特点，成为信息技术领域的主流趋势。同时，大数据和物联网的快速发展，也为云计算提供了更广阔的应用场景和发展空间。云计算的发展为计算机网络技术带来了革命性的变革。云计算通过将计算能力、存储资源和应用程序等服务通过互联网提供给用户，实现了计算资源的集中管理和高效利用。这种模式不仅大大降低了企业和个人的IT成本，还提高了计算资源的利用率和灵活性，推动了信息技术的快速发展。

大数据技术的发展使得计算机网络技术更加普及和深入各个领域。大数据技术可以处理海量的数据，从中挖掘出有价值的信息和知识，为各行各业提供了更加精准的决策支持和业务优化。这种技术的发展需要庞大的计算和存储资源支撑，因此促进了云计算等相关技术的发展和应用。物联网通过将各种物理设备与互联网连接起来，实现设备之间的信息共享和智能控制，为人们的生活和工作带来了巨大的便利。这种技术的发展需要强大的计算和通信基础设施支持，进一步推动了计算机网络技术的发展和应用。随着人工智能、5G等新技术的不断发展和应用，计算机网络技术将迎来更加广阔的发展空间和机遇。人工智能技术可以为网络管理和安全提供更加智能化的解决方案，5G技术将进一步提高网络的速度和带宽，为云计算、大数据、物联网等新技术的发展提供更好的支撑。

第二节　数据结构与算法

一、计算机数据结构

计算机数据结构是指数据元素之间的逻辑关系和物理关系的总和，是计算机存储、组织数据的方式。它直接影响着算法的设计和实现效率，是计算机科学中的基础和核心概念。

（一）数据结构的基本概念

1. 数据

数据是指描述客观事物的符号，是计算机中可以操作的对象。在计算机科学中，数据是信息的载体，是程序运行的基础。数据可以是数字、文字、图像、声音等形式，通过特定的编码方式存储在计算机的存储设备中。数据在计算机中的表示方式取决于数据的类型和存储需求，不同的数据类型有不同的表示方式和操作方法。数据在计算机中起着非常重要的作用，它是计算机程序的输入和输出，是程序运行的基础。在计算机科学中，数据被广泛应用于各个领域，如数据库、网络通信、人工智能等。数据的处理和管理是计算机科学中的重要问题，涉及数据的存储、检索、传输、处理等方面。

在计算机科学中，数据可以按照不同的标准进行分类。按照数据的性质，数据可以分为结构化数据和非结构化数据。结构化数据是指具有固定格式和组织方式的数据，如数据库中的表格数据；非结构化数据是指没有固定格式和组织方式的数据，如文本、图像、音频等。按照数据的表示形式，数据可以分为数字数据和非数字数据。数字数据是指可以用数字表示的数据，如整数、浮点数等；非数字数据是指不能用数字表示的数据，如文字、图像等。按照数据的来源，数据可以分为内部数据和外部数据。内部数据是指由计算机程序生成和处理的数据，外部数据是指来自外部系统或用户输入的数据。数据的存储是指将数据存储在计算机的存储设备中，可以通过文件系统或数据库系统来实现。数据的检索是指根据特定的条件从存储设备中获取数据，可以通过索引或搜索算法来实现。数据的传输是指将数据从一个地方传输到另一个地方，可以通过网络通信或存储介质传输来实现。数据的处理是指对数据进行加工和计算，可以通过编程语言和算法来实现。

2. 数据元素

数据元素是组成数据的、具有一定意义的基本单位。在计算机科学中，数据元素是构成数据结构的基本单位，是程序中可以独立处理的最小单位。数据元素可以是简单的数据类型，也可以是复合的数据类型，不同类型的数据元素具有不同的特点和用途。数据元素在计算机程序中起着非常重要的作用，它们是程序中操作的对象，通过对数据元素的处理和操作，可以实现程序的功能和逻辑。数据元素可以是数字、文字、图像、声音等形式，根据数据的特点和需求，可以采用不同的数据表示方式和存储方式。

在计算机科学中，数据元素可以按照不同的标准进行分类。按照数据元素的性质，数据元素可以分为基本数据元素和结构数据元素。基本数据元素是不能再分解的最小单位，如整数、浮点数、字符等；结构数据元素是由若干基本数据元素组成的复合单位，如数组、结构体等。按照数据元素的位置和关系，数据元素可以分为逻辑数据元素和物理数据元素。逻辑数据元素是在逻辑上相邻的数据元素之间存在一定的关系，如线性表中的相邻元素；物理数据元素是在物理存储单元上相邻的数据元素之间存在一定的关系，如数组中的相邻元素。

数据元素在计算机程序中的处理和操作涉及许多技术和方法。数据元素的访问是指对数据元素进行读取和写入操作，可以通过指针或索引来实现；数据元素的插入是指在数据结构中插入一个新的数据元素，可以通过移动其他元素或调整指针来实现；数据元素的删除是指从数据结构中删除一个数据元素，可以通过释放存储空间或调整指针来实现。

3. 数据项

数据项是数据中不可分割的最小单位，是构成数据的基本要素。在计算机科学中，数据项通常指代数据结构中的一个元素或字段，它具有独立的含义和特征。数据项可以是基本数据类型，也可以是复合数据类型的组成部分，不同类型的数据项具有不同的特点和用途。数据项在计算机程序中扮演着重要的角色，它们是程序中操作的对象，通过对数据项的处理和操作，可以实现程序的功能和逻辑。数据项可以是数字、文字、图像、声音等形式，根据数据的特点和需求，可以采用不同的数据表示方式和存储方式。

在计算机科学中，数据项可以按照不同的标准进行分类。按照数据项的性质，数据项可以分为基本数据项和结构数据项。基本数据项是不能再分解的最小单位，如整数、浮点数、字符等；结构数据项是由若干基本数据项组成的复合单位，如结构体、数组等。按照数据项的位置和关系，数据项可以分为逻辑数据项和物理数据项。逻辑数据项是在逻辑上相邻的数据项之间存在一定的关系，如线性表中的相邻元素；物理数据项是在物理存储单元上相邻的数据项之间存在一定的关系，如数组中的相邻元素。数据项在计算机程序中的处理和操作涉及许多技术和方法。数据项的访问是指对数据项进行读取和写入操作，可以通过指针或索引来实现；数据项的插入是指在数据结构中插入一个新的数据项，可以通过移动其他数据项或调整指针来实现；数据项的删除是指从数据结构中删除一个数据项，可以通过释放存储空间或调整指针来实现。

4. 数据对象

数据对象是指具有相同性质的数据元素的集合，是数据的子集。在计算机科学中，数据对象是对现实世界中某一类事物的抽象，是对数据进行组织和管理的方式。数据对象可以是简单的数据类型，也可以是复合的数据类型，不同类型的数据对象具有不同的特点和用途。数据对象在计算机程序中扮演着重要的角色，它们是程序中操作的对象，通过对数据对象的处理和操作，可以实现程序的功能和逻辑。数据对象可以是数字、文字、图像、声音等形式，根据数据的特点和需求，可以采用不同的数据表示方式和存储方式。

在计算机科学中，数据对象可以按照不同的标准进行分类。按照数据对象的性质，数据对象可以分为基本数据对象和结构数据对象。基本数据对象是不能再分解的最小单位，如整数、浮点数、字符等；结构数据对象是由若干基本数据对象组成的复合单位，如数组、结构体等。按照数据对象的位置和关系，数据对象可以分为逻辑数据对象和物理数据对象。逻辑数据对象是在逻辑上相邻的数据对象之间存在一定的关系，如线性表中的相邻元素；物理数据对象是在物理存储单元上相邻的数据对象之间存在一定的关系，如数组中的相邻元素。数据对象在计算机程序中的处理和操作涉及许多技术和方法。数据对象的访问是指对数据对象进行读取和写入操作，可以通过指针或索引来实现；数据对象的插入是指在数据结构中插入一个新的数据对象，可以通过移动其他数据对象或调整指针来实现；数据对象的删除是指从数据结构中删除一个数据对象，可以通过释放存储空间或调整指针来实现。

5. 数据结构

数据结构是指相互之间存在一种或多种特定关系的数据元素的集合，在计算机科学中具有重要意义。数据结构不仅仅是存储和组织数据的方式，更是数据之间关系的抽象表现，是程序设计中的基础和核心概念。数据结构可以分为线性结构、树形结构、图形结构等多种类型，每种类型都有其特定的应用场景和优势。在计算机科学中，数据结构是程序设计的基础，它直接影响着程序的效率和性能。合理选择和设计数据结构可以提高程序的运行速度和资源利用率，降低程序的复杂度和维护成本。数据结构的选择和设计通常需要考虑到数据的特性、操作的频率以及系统的需求等因素，是程序设计中的重要环节。

数据结构的实现方式多种多样，常见的有数组、链表、树、图等。数组是一种简单直观的数据结构，它将具有相同数据类型的数据元素按照一定顺序存储在连续的存储单元中，通过下标来访问元素。链表是一种灵活的数据结构，它通过指针将数据元素链接在一起，可以动态地插入和删除元素。树是一种分层存储的数据结构，它由根节点和若干子树构成，常用于表示具有层次关系的数据。图是一种由顶点和边组成的数据结构，常用于表示复杂的关系和网络结构。数据结构在计算机科学中的应用非常广泛，几乎所有的程序都需要用到数据结构来存储和组织数据。例如，在数据库系统中，数据结构用于存储和管理大量的数据；在图像处理中，数据结构用于表示和处理图像数据；在人工智能中，数据结构用于表示和处理知识和推理过程等。因此，对数据结构的深入理解和熟练运用对于程序设计人员来说至关重要。

（二）数据结构的逻辑结构

1. 线性结构

线性结构是一种常见的数据结构，其中的数据元素之间存在一对一的关系，即每个数据元素都有且仅有一个直接前驱和一个直接后继。线性结构可以看作是一种简单的、直观的数据排列方式，类似于我们日常生活中排成一行的物体，具有明显的前后关系。在计算机科学中，线性结构有着广泛的应用。其中，最常见的线性结构是数组和链表。数组是一种线性结构，它将具有相同数据类型的数据元素按照一定顺序存储在连续的存储单元中，通过下标来访问元素。链表也是一种线性结构，它通过指针将数据元素链接在一起，可以动态地插入和删除元素。

线性结构的特点之一是其简单性和直观性。由于每个数据元素都有且仅有一个直接前驱和一个直接后继，因此可以通过简单的方式来表示和操作线性结构。例如，可以通过循环遍历的方式访问线性结构中的每个元素，也可以通过指针或索引来访问特定位置的元素。另一个重要的特点是线性结构的有序性。由于数据元素之间存在明确的前后关系，因此可以根据需要对线性结构中的数据元素进行排序和查找操作。这种有序性使得线性结构在许多应用中具有很高的实用价值，如排序算法、搜索算法等。

2. 树形结构

树形结构是一种重要的数据结构，它由若干个节点组成，节点之间存在一对多的关系。在树形结构中，通常有一个称为根节点的特殊节点，它位于树的顶部，其他节点都是根节点的子节点。每个节点可以有零个或多个子节点，这些子节点又可以有自己的子节点，以此类推，形成了树形结构的层次关系。树形结构在计算机科学中有着广泛的应用。例如，在操作系统中，文件系统通常被组织成树形结构，根节点表示磁盘，子节点表示文件夹或文件；在数据库中，索引结构也可以被看作是一种树形结构，根节点是索引表，子节点是索引项；在图形界面中，菜单和子菜单的组织方式也可以用树形结构来描述。树形结构的特点之一是可以方便地进行递归操作。通过递归算法，可以对树进行深度优先搜索或广度优先搜索，从而实现对树形结构的高效处理。另外，树形结构还可以用来表示具有层次关系的数据，例如组织结构、家谱等，使得这些数据更加直观和易于管理。

3. 图形结构

图形结构是一种复杂而灵活的数据结构，其中数据元素之间存在多对多的关系。与线性结构和树形结构不同，图形结构中的数据元素之间的关系是任意的，没有固定的层次或顺序。图形结构可以用来描述各种复杂的关系，例如网络、地图、社交网络等。在图形结构中，数据元素通常被称为节点，节点之间的关系称为边。每个节点可以与任意其他节点相连，这种灵活性使得图形结构可以表示各种复杂的情况。例如，在社交网络中，用户可以与多个其他用户有联系，这种关系就可以用图形结构来表示。

图形结构的表示方式有多种，常见的有邻接矩阵和邻接表两种。邻接矩阵使用一个二维数组来表示节点之间的关系，矩阵的行和列分别代表节点，矩阵元素表示节点之间是否有边相连。邻接表则使用链表来表示节点之间的关系，每个节点对应一个链表，链表中存储与该节点相连的其他节点。图形结构的算法和应用也非常广泛。例如，图的遍历算法可以用来搜索网络中的路径或查找社交网络中的好友关系；最短路径算法可以用来寻找两个节点之间的最短路径；最小生成树算法可以用来构建网络中的最小连通子图等。

4. 集合结构

集合结构是一种简单而直观的数据结构，其中数据元素之间除了同属于一个集合的关系外，没有其他关系。在集合结构中，每个元素都是唯一的，没有重复的元素。集合结构常用于描述一组元素的无序性和互异性，例如在数学中描述不重复元素的集合。在计算机科学中，集合结构也有着广泛的应用。例如，在编程中常常需要对一组数据进行去重操作，这时可以使用集合结构来存储数据，保证数据的唯一性；在数据库中，集合结构也常被用来表示数据表中的一组唯一记录；在算法设计中，集合结构可以用来表示一组状态或解空间，用于搜索和优化等问题。

集合结构的实现方式有多种，常见的有基于数组和基于链表的实现。基于数组的实现方式适用于集合元素数量固定的情况，可以通过数组下标快速访问元素；基于链表的实现方式适用于集合元素数量不固定的情况，可以动态地添加和删除元素。集合结构的操作包括元素的添加、删除、查找等基本操作，以及集合的交、并、差等集合运算。这些操作都可以通过合适的数据结构实现，保证操作的高效性和正确性。

（三）数据结构的存储结构

1. 顺序存储结构

顺序存储结构是一种基本的数据存储方式，它将数据元素存放在地址连续的存储单元中，通过元素的物理地址来访问元素。在顺序存储结构中，数据元素之间的逻辑关系由元素在存储空间中的物理位置来表示，相邻的元素在存储空间中也是相邻的。顺序存储结构常用于线性表的存储，例如数组就是一种典型的顺序存储结构。在数组中，每个元素占据固定大小的存储空间，通过元素的下标可以唯一确定元素在数组中的位置，从而可以通过元素的下标来访问元素。由于顺序存储结构具有地址连续、随机访问等特点，因此适用于对元素的随机访问操作。

顺序存储结构的优点是访问速度快，存储密度高，适合于对数据的随机访问和遍历操作；缺点是插入和删除操作比较费时，需要移动大量元素。因此，在需要频繁插入和删除操作的情况下，顺序存储结构的效率可能较低。除了数组外，顺序存储结构还可以用于实现其他数据结构，例如栈和队列。在栈和队列的顺序存储结构中，通常使用一维数组来存储元素，通过指针来标识栈顶或队列的头尾位置，从而实现对栈和队列的操作。

2. 链式存储结构

链式存储结构是一种常见的数据存储方式，它将数据元素存放在任意的存储单元中，并通过指针来表示数据元素之间的逻辑关系。在链式存储结构中，每个数据元素称为节点，节点除了存储数据本身外，还包含一个指向下一个节点的指针，通过这种方式将各个节点串联起来，形成一个链表。链式存储结构具有很好的灵活性和扩展性，因为它不要求节点在存储空间中是连续的，可以根据需要动态分配和释放存储空间。这使得链式存储结构适用于存储数量不确定的数据，或者需要频繁插入和删除操作的场景。

在链式存储结构中，链表分为单向链表、双向链表和循环链表等不同类型。单向链表中，每个节点只包含一个指向下一个节点的指针；双向链表中，每个节点包含一个指向前一个节点和一个指向后一个节点的指针；循环链表是一种特殊的链表，其中最后一个节点指向第一个节点，形成一个环状结构。链式存储结构的优点是插入和删除操作方便快捷，只需要修改指针的指向，不需要移动大量元素；缺点是访问速度相对较慢，因为需要沿着指针链逐个访问节点。另外，链式存储结构需要额外的存储空间来存储指针，可能会增加存储空间的开销。

二、计算机数据算法

（一）排序和搜索算法

排序和搜索算法是计算机科学中基础且重要的概念，它们在数据处理和查找中起着至关重要的作用。排序算法主要用于将一组数据按照特定的顺序排列，而搜索算法则是在排好序的数据中查找特定元素。排序算法是将一组数据按照特定顺序排列的算法。其中，冒泡排序是一种简单但效率较低的排序算法，它重复地遍历要排序的列表，一次比较两个相邻的元素，并将它们按照顺序交换。插入排序则通过构建有序序列，对未排序的数据逐个插入到已排序的序列中的适当位置。选择排序是一种简单直观的排序算法，它找到数据中的最小值，然后将其放置在已排序序列的末尾。快速排序是一种高效的排序算法，它采用分治法的思想，将原始数据分割成较小的数据，然后递归地排序这些数据。归并排序是另一种高效的排序算法，它也采用分治法的思想，将原始数据分成两个子序列，分别进行排序，然后合并这两个子序列。

搜索算法是在一组数据中查找特定元素的算法。线性搜索是最简单的搜索算法之一，它从列表的起始位置开始，逐个检查列表中的元素，直到找到目标元素或遍历完整个列表。二分搜索是一种更高效的搜索算法，它要求被搜索的数据已经排好序，然后在每一步中将搜索范围减半，直到找到目标元素或搜索范围为空为止。

（二）图算法

图算法是计算机科学中研究图结构的算法，图由节点（顶点）和边组成，用于表示对象之间的关系。图算法主要用于解决图中的路径问题，如最短路径问题、最小生成树问题等，具有广泛的应用。最短路径算法是图算法中的重要部分，用于寻找两个节点之间的最短路径。其中，Dijkstra 算法是一种常用的最短路径算法，它通过不断更新节点的最短路径来找到两个节点之间的最短路径。另一种常见的最短路径算法是 Floyd-Warshall 算法，它通过动态规划的思想，逐步求解所有节点之间的最短路径。

最小生成树算法用于找到连接图中所有节点的最小成本树。其中，Prim 算法和 Kruskal 算法是两种常见的最小生成树算法。Prim 算法从一个节点开始，逐步将距离当前生成树最近的节点加入生成树中，直到所有节点都被包含在生成树中。Kruskal 算法则通过不断选择权值最小的边来构建最小生成树。除了最短路径和最小生成树算法外，图算法还包括深度优先搜索（DFS）和广度优先搜索（BFS）等。DFS 是一种用于遍历或搜索图的算法，它从起始节点开始，沿着一条路径直到末端，然后回溯到上一个节点，继续搜索下一条路径。BFS 则是一种逐层遍历图的算法，它从起始节点开始，首先访问起始节点的所有邻居节点，然后逐层访问其他节点。

图算法在实际应用中具有广泛的应用。例如，在计算机网络中，路由算法可以利用最短路径算法来确定数据包的传输路径；在社交网络中，可以利用图算法来查找两个人之间的最短路径；在电路设计中，可以利用最小生成树算法来设计最优的电路布局等。

（三）贪心算法

贪心算法是一种常见的算法设计方法，其核心思想是在每一步选择中都采取当前状态下最优的选择，从而希望最终达到全局最优解。贪心算法通常适用于求解最优化问题，例如霍夫曼编码、最小生成树等问题。在贪心算法中，每一步都要做出一个选择，这个选择通常是当前情况下最好的选择。贪心算法不会回溯以前的选择，也不会考虑未来的选择，它只关注当前状态下的最优解。由于贪心算法每一步都做出局部最优选择，因此并不能保证获得全局最优解，但在某些情况下，贪心算法可以得到最优解。

一个经典的贪心算法问题是霍夫曼编码。霍夫曼编码是一种用于数据压缩的编码方法，它通过根据字符出现的频率来构建一棵二叉树，然后将字符的编码定义为从根节点到字符节点的路径上的边的标记。贪心算法在霍夫曼编码中的应用是构建霍夫曼树的过程。在构建霍夫曼树时，贪心算法每次选择两个频率最低的节点进行合并，直到所有节点都被合并为止。这样构建出的霍夫曼树具有最小的编码长度，从而实现了数据的高效压缩。另一个经典的贪心算法问题是最小生成树。最小生成树是一个连通图的生成树中边的权值之和最小的生成树。贪心算法在最小生成树中的应用是构建最小生成树的过程。在构建最小生成树时，贪心算法每次选择一条权值最小的边，且该边的两个端点不在同一个连通分量中，然后将这条边加入到最小生成树中。通过重复这个过程，直到所有的节点都在同一个连通分量中，最终构建出了最小生成树。

（四）字符串匹配算法

字符串匹配算法是计算机科学中用于在一个字符串中查找子串的位置或匹配规则的算法。在实际应用中，字符串匹配算法被广泛应用于文本处理、搜索引擎、数据压缩等领域。本节将介绍几种常见的字符串匹配算法，包括朴素字符串匹配算法、KMP 算法和 Boyer-Moore 算法。朴素字符串匹配算法是最简单的字符串匹配算法之一，它的基本思想是从主串的第一个字符开始，逐个比较主串和模式串的字符，如果匹配成功，则继续比较下一个字符，直到找到完全匹配的子串或者主串遍历完。如果匹配失败，则从主串的下一个字符重新开始匹配。朴素字符串匹配算法的时间复杂度为 O（m * n），其中 m 是主串的长度，n 是模式串的长度。

KMP 算法是一种改进的字符串匹配算法，它利用已经部分匹配的信息，减少不必要的比较次数。KMP 算法的核心是构建一个部分匹配表（也称为失配函数），该表记录了模式串中每个位置的最长公共前后缀的长度。在匹配过程中，当发生不匹配时，根据部分匹配表可以快速地将模式串向右移动，从而减少比较次数。KMP 算法的时间复杂度为 O（m+n），其中 m 是主串的长度，n 是模式串的长度。Boyer-Moore 算法是一种高效的字符串匹配算法，它利用了两种启发式策略：坏字符规则和好后缀规则。坏字符规则是指在发生不匹配时，根据主串中的字符在模式串中的位置来选择移动的距离。好后缀规则是指在发生不匹配时，根据已匹配的部分子串在模式串中的位置来选择移动的距离。通过这两种启发式策略，Boyer-Moore 算法能够快速地定位到主串中可能匹配的位置，从而减少比较次数。Boyer-Moore 算法的平均时间复杂度为 O（m+n），其中 m 是主串的长度，n 是模式串的长度。

（五）机器学习算法

机器学习算法是一类通过训练数据来建立模型，并利用模型对未知数据进行预测或分析的算法。机器学习算法可以分为监督学习、无监督学习和强化学习三大类，常见的机器学习算法包括线性回归、逻辑回归、决策树、支持向量机、神经网络等。线性回归是一种用于建立两个或更多变量之间线性关系的机器学习算法。通过拟合数据点到一条直线或多项式上，线性回归可以预测连续值的输出。逻辑回归是一种用于处理二分类问题的机器学习算法，它通过将线性回归的输出映射到 0 到 1 之间的概率值来进行分类。决策树是一种通过树状图模拟决策过程的机器学习算法，它可以用于分类和回归问题，通过判断节点的特征值来确定节点的输出。

支持向量机（SVM）是一种用于解决分类和回归问题的机器学习算法，它通过寻找一个最优的超平面来将数据分隔成不同的类别。神经网络是一种模拟人类神经系统的机器学习算法，它由多个神经元组成的层次结构，可以用于处理复杂的非线性关系，例如图像识别和自然语言处理。除了监督学习算法外，无监督学习算法也是机器学习中重要的一部分。无监督学习算法包括聚类算法、降维算法等，它们不需要标记的训练数据，而是通过分析数据的内在结构来学习模型。常见的无监督学习算法包括 k 均值聚类、主成分分析（PCA）等。强化学习是一种通过试错来学习最优行为策略的机器学习算法。强化学习算法通过与环境交互，根据反馈信号调整策略，以使得累积奖励最大化。常见的强化学习算法包括 Q 学习、深度强化学习等。

第三节　操作系统原理

一、进程管理原理

进程管理是操作系统中至关重要的一部分，它负责管理计算机系统中的各种活动任务，确保它们以有序的方式执行。首先，我们来探讨进程的基本定义和状态转换。在计算机系统中，进程可以被理解为程序的执行实例。它包含了程序运行时所需的各种资源，如内存、CPU 时间等。进程的状态包括创建、就绪、运行、阻塞和终止等。当一个进程被创建时，它进入就绪状态，等待系统分配资源并执行。一旦系统为其分配了资源，进程便进入运行状态，开始执行其指令。在执行过程中，进程可能因为等待某些事件的发生而进入阻塞状态，比如等待用户输入或者等待某个文件的读取完成。最终，当进程完成任务或者出现错误时，它会被终止，释放系统资源。

进程调度是操作系统中的一个重要组成部分，它负责决定系统中各个进程的执行顺序。调度算法的设计原则包括公平性、高效性和可预测性等。公平性要求系统能够公平地分配 CPU 时间给各个进程，以避免某些进程长时间占用 CPU 而导致其他进程无法执行的情况。高效性则要求系统能够尽可能地减少进程切换的开销，提高系统的整体运行效率。可预测性则要求系统能够根据一定的规则来预测进程的行为，以便更好地进行调度。调度算法的实现机制包括抢占式调度和非抢占式调度。在抢占式调度中，系统可以随时中断当前正在执行的进程，并将 CPU 分配给其他优先级更高的进程。而在非抢占式调度中，系统只能在当前进程主动放弃 CPU 时才会进行调度。常见的调度算法包括先来先服务（FCFS）、最短作业优先（SJF）、轮转调度（RR）和多级反馈队列调度等。

进程同步与互斥是多进程环境下需要解决的重要问题之一。临界区问题指的是多个进程同时访问共享资源时可能出现的竞争条件，从而导致程序执行结果不确定或者出现错误。为了解决临界区问题，可以使用信号量机制来实现进程之间的同步与互斥。信号量是一个计数器，用来控制对共享资源的访问。当一个进程需要访问共享资源时，它必须先获取信号量，并在访问结束后释放信号量。通过适当地使用信号量，可以保证进程之间的协调和互斥，避免出现竞争条件，确保程序的正确执行。

二、内存管理原理

内存管理是计算机系统中的关键部分，它负责管理计算机的内存资源，确保程序能够正确地访问和使用内存。内存管理的基本原理涉及地址空间、内存分配以及虚拟内存等方面。地址空间是指程序可以访问的内存地址范围。在现代计算机系统中，每个进程都有自己的地址空间，通常被划分为多个部分，如代码段、数据段、堆和栈等。这些部分分别存放着程序的指令、静态数据、动态数据以及函数调用的相关信息。内存分配是指操作系统将可用的内存分配给进程使用的过程。操作系统通过内存管理单元（MMU）来管理内存分配和访问。常见的内存分配算法包括首次适应算法、最佳适应算法等，它们的目标是尽可能高效地利用内存资源，减少碎片化。

虚拟内存是一种扩展了的内存管理技术，它允许程序访问比物理内存更大的地址空间。虚拟内存的实现依赖于分页和分段机制。分页是将物理内存和逻辑内存划分为固定大小的页面和页框，并通过页表来映射页面与页框的对应关系。当程序访问某个虚拟地址时，操作系统将其翻译为对应的物理地址，如果所需的页面不在内存中，则发生页面错误，操作系统从磁盘中将其加载到内存中。分段是将程序的地址空间划分为不同大小的段，每个段具有独立的保护属性和基址，通过段表来映射逻辑地址到物理地址。分段机制可以更灵活地管理内存，但也增加了实现的复杂度。页面置换算法是在虚拟内存中发生页面错误时选择要替换的页面的算法。LRU（最近最少使用）算法选择最近最少被使用的页面进行置换，而 FIFO（先进先出）算法选择最早进入内存的页面进行置换。其他常见的页面置换算法还包括 Clock 算法和 LFU（最不经常使用）算法等。

三、文件系统管理原理

文件系统管理是计算机系统中重要的一部分，它负责管理存储在磁盘上的文件和目录，以及对它们进行有效的组织、存储和访问。文件系统管理的基本原理涉及文件和目录的组织结构、文件存储和访问的实现机制，以及文件系统的保护和权限控制等方面。文件系统通常将文件和目录组织成树形结构，其中根目录位于最顶层，每个目录可以包含文件和其他子目录。这种组织结构使得用户可以方便地管理和组织文件，通过路径来定位文件和目录的位置。

文件存储和访问的原理涉及文件的物理存储和逻辑访问。在磁盘上，文件被分成若干个数据块，并分配一个唯一的索引节点（inode）来描述文件的属性和位置信息。当用户请求访问文件时，操作系统通过文件的索引节点来定位文件的数据块，并将其加载到内存中供用户使用。文件操作的实现机制包括文件的创建、读取、写入、修改和删除等。这些操作通过系统调用提供给用户程序使用，操作系统负责实现对应的功能，并保证文件系统的一致性和可靠性。

文件系统的保护和权限控制原理是确保文件只能被授权的用户或进程访问和修改。常见的权限控制方式包括访问控制列表（ACL）和权限位。ACL 是一种灵活的权限控制方式，它允许管理员为每个文件或目录指定不同的访问权限，包括读取、写入和执行等。权限位是一种简单的权限控制方式，通过将权限信息存储在文件的属性中，确定哪些用户或组具有对文件的访问权限。

四、设备管理原理

设备管理是操作系统中的一个重要模块，它负责管理计算机系统中的各种硬件设备，包括输入设备、输出设备、存储设备等。设备管理的基本原理涉及设备的分类、驱动程序的工作原理、中断处理和设备调度等方面。设备可以分为字符设备和块设备两种类型。字符设备以字符为单位进行数据传输，如键盘、鼠标等；而块设备以块为单位进行数据传输，如硬盘、固态硬盘等。每种设备都需要相应的驱动程序来控制和管理，驱动程序负责与硬件设备进行通信，并提供统一的接口供操作系统和应用程序调用。

中断处理是设备管理中的重要环节，它用于处理硬件设备产生的各种中断信号。中断信号可以分为外部中断和内部中断两种类型，外部中断是由外部设备触发的，如键盘输入；内部中断是由 CPU 或其他硬件组件触发的，如除零错误。中断处理的基本原理是通过中断向量来确定中断类型，并调用相应的中断服务例程来处理中断事件。中断服务例程是一段特殊的代码，用于处理特定的中断事件，它会保存当前的执行状态，执行相应的处理逻辑，然后恢复之前的执行状态继续执行。

设备调度是指对多个设备请求进行调度和管理的过程，其中磁盘调度算法是设备调度的重要组成部分。磁盘调度算法的设计原则包括减少寻道时间、减少旋转延迟和提高磁盘利用率等。常见的磁盘调度算法包括先来先服务（FCFS）、最短寻道时间优先（SSTF）、扫描（SCAN）和循环扫描（C-SCAN）等。这些算法的实现方式主要涉及对磁盘请求队列的管理和调度策略的选择。

第四节　软件工程与开发方法

一、计算机软件工程

（一）软件工程的基本概念

软件工程是指应用工程原理、方法和工具来开发和维护软件的一门学科。它的发展历程可以追溯到 20 世纪 60 年代末 70 年代初，起初是为了解决软件开发过程中的混乱和低效问题而提出的。软件工程的主要任务包括需求分析、软件设计、编码、测试、部署和维护等。其特点是注重过程、方法和工具的规范化和系统化，以提高软件开发的效率和质量。在现代社会中，软件工程的重要性日益凸显，几乎所有行业都离不开软件系统的支持和应用，软件工程的发展直接影响着社会经济的发展和人们生活的方方面面。

（二）软件生命周期

软件生命周期是指软件从概念形成到废弃的整个过程，它包括多个阶段，每个阶段都有其特定的任务和目标。软件生命周期的主要阶段包括需求分析、软件设计、编码、测试、部署和维护等。在需求分析阶段，软件工程师与用户沟通，确定软件的功能需求和非功能需求。设计阶段将需求转化为软件架构和模块设计，确定软件的整体结构和各个模块之间的关系。编码阶段根据设计文档编写源代码，实现软件的功能。测试阶段对软件进行各种测试，包括单元测试、集成测试和系统测试，确保软件质量符合标准。部署阶段将测试通过的软件部署到用户环境中，并进行初步的用户培训。维护阶段对软件进行修复 bug、升级和改进，以满足用户的不断变化的需求。

不同阶段之间存在着紧密的关系和转换。需求分析阶段的结果直接影响软件设计阶段的内容，设计阶段的结果又为编码和测试阶段提供了依据。测试阶段的反馈可以促使设计和编码阶段的修改和改进。部署阶段的成功与否又会反过来影响维护阶段的内容和难度。因此，软件生命周期各个阶段之间的衔接和协作至关重要，只有做好每个阶段的工作，才能保证软件开发的顺利进行和最终成功交付。

（三）软件工程的基本原则

在软件工程中，有许多基本原则被广泛认可和应用，它们对于软件开发过程具有重要的影响和意义。其中包括模块化、抽象、信息隐藏、高内聚低耦合等原则。模块化是指将一个软件系统划分为多个相互独立、功能明确的模块，每个模块负责完成特定的任务。模块化可以降低系统的复杂度，提高软件的可维护性和可重用性，同时便于团队合作和开发过程的管理。通过模块化，开发人员可以将复杂的系统分解为简单的部分，分而治之，有助于提高开发效率和质量。

抽象是指隐藏实现细节，只展示必要的信息。抽象可以帮助开发人员更好地理解和设计软件系统，减少不必要的复杂性。通过抽象，可以将系统分解为更小的部分，降低模块之间的依赖性，提高系统的灵活性和可扩展性。信息隐藏是指将模块的实现细节隐藏起来，只向外界暴露必要的接口。信息隐藏可以降低模块之间的耦合度，提高模块的独立性和可维护性。同时，信息隐藏还可以增强软件的安全性，防止未经授权的访问和修改。

高内聚低耦合是软件工程中的另一个重要原则。高内聚指模块内部元素之间的联系紧密程度，一个模块内部的元素应该彼此相关，共同完成一个特定的功能。低耦合指模块之间的依赖关系应该尽量减少，模块之间只通过接口进行通信，而不依赖于具体的实现细节。高内聚低耦合可以提高软件的可维护性和可重用性，降低系统的复杂度，有助于提高软件的质量和可靠性。

（四）软件开发方法论

在软件开发领域，有许多不同的方法论被广泛应用，每种方法论都有其特点、优缺点和适用场景。常见的软件开发方法论包括瀑布模型、迭代模型和敏捷开发等。瀑布模型是软件开发过程中最早的方法之一，它将软件开发过程分为需求分析、设计、编码、测试和维护等阶段，每个阶段按顺序依次进行，上一个阶段完成后才能进入下一个阶段。瀑布模型的优点是结构清晰、易于理解和管理，适用于需求稳定的项目。但是，瀑布模型的缺点是开发周期长、风险高，不适用于需求变化频繁或复杂度较高的项目。

迭代模型是在瀑布模型基础上发展起来的一种方法论，它将软件开发过程划分为多个迭代周期，每个迭代周期包括需求分析、设计、编码、测试和部署等阶段，每个迭代周期都可以产生可运行的软件版本。迭代模型的优点是能够快速响应需求变化，降低风险，适用于需求不确定或复杂度较高的项目。但是，迭代模型也存在缺点，如迭代周期较短可能导致每个迭代周期内开发的功能不完整或不稳定。

敏捷开发是一种以人为核心、快速响应需求变化的软件开发方法论，强调团队合作、持续交付和不断反馈。敏捷开发通过短周期的迭代开发，每个迭代周期结束时都会产生可交付的软件版本，以便及时验证和反馈。敏捷开发的优点是能够快速响应需求变化，提高客户满意度，适用于需求变化频繁或对交付速度要求较高的项目。但是，敏捷开发也存在一些挑战，如对团队和客户的要求较高，需要具备良好的沟通和协作能力。

（五）软件工程的工具和技术

软件工程中的工具和技术在软件开发过程中起着至关重要的作用，它们能够提高开发效率、降低开发成本、增强软件质量。常用的工具和技术包括版本控制工具、集成开发环境（IDE）、自动化测试工具等。版本控制工具是软件开发过程中必不可少的工具之一，它能够帮助团队协作开发、管理代码变更、追踪版本历史。常用的版本控制工具包括 Git、SVN 等。版本控制工具可以确保团队成员之间的代码同步，避免代码冲突，提高团队协作效率。集成开发环境（IDE）是软件开发过程中常用的集成工具，它集成了代码编辑器、编译器、调试器等多个工具，能够帮助开发人员提高编码效率。IDE 能够提供代码自动完成、错误检查、调试等功能，有助于降低开发人员的工作负担，提高开发效率。

自动化测试工具在软件开发过程中也起着重要的作用，它能够帮助开发人员快速、准确地进行软件测试，提高软件质量。自动化测试工具能够有效地减少测试人员的工作量，提高测试覆盖率和准确性。代码静态分析工具也是软件开发中常用的工具之一，它能够帮助开发人员检测代码中的潜在问题和错误，提高代码质量。代码静态分析工具能够帮助开发人员及早发现并修复代码中的问题，提高软件的稳定性和可靠性。

（六）软件质量保证

软件质量保证是指在软件开发过程中通过一系列的措施和方法，确保软件产品达到一定的质量标准和用户需求。软件质量保证的主要目标是提高软件的可靠性、稳定性、安全性和可维护性，以满足用户的需求和期望。为了实现这一目标，软件质量保证需要制定一系列的质量标准、采用适当的评估和测试方法，并不断改进和优化软件开发过程。质量标准是衡量软件质量的基准，包括功能性、性能、可靠性、安全性等方面的要求。制定质量标准需要根据用户需求和行业标准，明确软件产品应该具备的特性和性能。

质量评估包括对软件产品进行全面的检查和评估，以确定其是否符合质量标准和用户需求。常用的质量评估方法包括代码审查、静态分析、动态测试等。质量评估可以帮助发现和修复软件中的缺陷和问题，提高软件的质量和稳定性。软件测试是确保软件质量的重要手段。软件测试包括功能测试、性能测试、安全性测试等多个方面，旨在验证软件的功能是否符合需求、性能是否达标、安全性是否保障。通过充分的测试可以发现并解决软件中的潜在问题，提高软件的质量和可靠性。除了以上方法，软件质量保证还需要注重持续改进和优化。通过分析软件开发过程中的问题和经验教训，不断改进开发方法和流程，提高团队的技术水平和工作效率。同时，加强对外部资源的管理和控制，避免外部因素对软件质量的影响。

（七）软件项目管理

软件项目管理是指对软件开发项目进行规划、组织、指导和控制，以达到项目目标的过程。软件项目管理涉及项目计划、进度控制、资源管理、风险管理等多个方面，需要综合考虑各种因素，确保项目按时、按质、按量完成。项目计划包括确定项目目标、范围、时间、成本等基本要素，制定项目计划书和工作分解结构（WBS），确定项目的工作内容、工作流程和工作资源，建立项目团队和组织架构，明确项目的执行路径和关键路径，制定项目的进度计划和资源计划。

进度控制包括制定进度计划、监控项目进度、及时发现和解决进度偏差、调整项目计划、确保项目按时完成。通过进度控制，可以及时发现和解决项目中的问题，保证项目按时交付。资源管理包括人力资源、物资资源、财务资源等方面，需要合理分配和利用项目资源，确保项目能够顺利进行。通过资源管理，可以提高资源利用率，降低项目成本，提高项目效率。

风险管理包括识别项目风险、评估风险影响和可能性、制定风险应对策略、监控和控制风险等。通过风险管理，可以降低项目风险，提高项目成功的可能性。团队建设包括建立良好的团队氛围、培养团队成员的技能和能力、激励团队成员的积极性等。沟通协作包括加强团队之间的沟通和协作、处理团队内部和外部的冲突等。通过团队建设和沟通协作，可以提高团队的凝聚力和执行力，确保项目顺利进行。

（八）软件工程的发展趋势

软件工程是信息技术领域的重要分支，随着人工智能、大数据、云计算等新技术的快速发展，软件工程也面临着前所未有的机遇和挑战。人工智能技术的广泛应用将深刻影响软件工程。随着深度学习、自然语言处理等人工智能技术的不断进步，软件工程师将更多地利用这些技术来提高软件的智能化水平，实现更加智能化的软件开发和应用。大数据技术的广泛应用将为软件工程师提供更加丰富的数据资源，有助于他们更好地进行需求分析、系统设计和软件测试，从而提高软件的质量和性能。

云计算技术的普及将改变软件工程的发展模式。云计算技术的出现使得软件开发和部署变得更加灵活和高效，软件工程师可以更加方便地利用云平台来进行软件开发和测试，降低软件开发和运维的成本，加快软件的迭代更新速度。物联网技术的快速发展也将对软件工程产生重大影响。随着物联网设备的普及和应用场景的不断扩大，软件工程师将需要开发更加复杂和智能化的软件系统来支持物联网设备之间的互联互通，为人们提供更加便捷和智能的生活方式。

二、计算机软件开发方法

计算机软件开发方法是指在软件开发过程中所采用的一套规范化的方法论和流程，其目的是提高软件开发的效率和质量。

（一）瀑布模型

1. 特点

在软件工程领域，瀑布模型是一种经典的软件开发方法，其特点是按照固定的顺序依次完成需求分析、系统设计、实现、测试、部署和维护等阶段，每个阶段的输出成果作为下一个阶段的输入，形成了一种线性、逐步推进的开发模式。瀑布模型强调阶段之间的严格顺序性。在瀑布模型中，各个阶段是顺序进行的，每个阶段必须在上一个阶段完成之后才能开始。这种顺序性可以确保在项目开发过程中能够有序地进行，并且能够更好地控制和管理项目进度。

在瀑布模型中，每个阶段都有相应的文档和规范作为输出，这些文档和规范对于项目的进展和后续阶段的开发起着重要的指导和作用。通过文档和规范的输出，可以帮助团队成员更好地理解项目需求和开发方向，从而减少沟通和理解上的偏差。瀑布模型的每个阶段都有明确的里程碑和交付物。在瀑布模型中，每个阶段都有特定的目标和产出，这些目标和产出被定义为里程碑，用于评估项目的进展和质量。通过里程碑和交付物的设定，可以帮助团队及时发现和解决问题，确保项目按时、按质完成。瀑布模型注重项目计划和控制。在瀑布模型中，项目的整个开发过程都需要经过详细的计划和控制，包括人力资源、时间安排、成本预算等方面。通过有效的计划和控制，可以帮助项目团队更好地管理项目进度和资源，确保项目按计划进行。

2. 应用场景

瀑布模型是一种经典的软件开发方法，适用于需求变化少、项目需求稳定的情况。在这种情况下，瀑布模型能够提供详尽的文档和规范，有助于团队成员明确任务和责任，确保项目按计划进行。瀑布模型适用于项目需求相对稳定的情况。在项目开始阶段，如果需求已经比较明确并且不太容易发生变化，那么瀑布模型可以帮助团队按照既定的计划和流程进行开发，从而更好地控制项目进度和质量。瀑布模型适用于项目规模较小的情况。由于瀑布模型强调阶段之间的严格顺序性，因此在项目规模较小、开发周期较短的情况下，瀑布模型可以帮助团队快速高效地完成项目。

在瀑布模型中，各个阶段的工作需要团队成员具备较强的专业能力和执行力，能够按照规定的流程和标准完成任务。因此，对于技术水平较高的团队来说，瀑布模型是一种较为适合的软件开发方法。瀑布模型适用于对项目进度和成本有严格要求的情况。由于瀑布模型强调项目计划和控制，因此在需要严格控制项目进度和成本的情况下，瀑布模型可以帮助团队有效地管理项目，确保项目按计划进行。

（二）原型模型

1. 特点

原型模型是一种软件开发方法，其特点是通过快速构建一个初步版本的系统原型来帮助开发团队和用户更好地理解和验证系统需求。在原型模型中，用户可以提前体验系统，并提供反馈意见，开发团队根据用户反馈不断修改和完善原型，最终确定最终系统的设计和功能。在原型模型中，用户可以在早期阶段参与系统设计和开发过程，通过与系统原型的互动，帮助开发团队更好地理解用户需求，从而设计出更符合用户期望的系统。

在原型模型中，系统原型是可以快速构建和修改的，开发团队根据用户反馈不断调整和完善原型，直到满足用户需求为止。这种快速迭代的开发方式可以大大缩短开发周期，提高系统的开发效率。在原型模型中，系统原型通常是以可视化和交互的方式呈现给用户的，用户可以直观地感受系统的界面和功能，从而更容易提出修改意见和改进建议。由于原型模型允许在开发过程中灵活调整和修改系统设计，因此在需求不明确或频繁变化的项目中，原型模型可以帮助开发团队更好地适应需求变化，提高系统的灵活性和适应性。

2. 应用场景

原型模型是一种适用于需求不明确或频繁变化的软件开发方法。在这种项目中，传统的瀑布模型可能无法有效地应对需求的变化和不确定性，而原型模型则可以通过快速构建和修改系统原型来帮助开发团队更好地理解和满足用户需求。在项目开始阶段，有些项目可能由于需求不明确或模糊不清而无法确定系统的具体设计和功能，这时候可以采用原型模型来快速构建一个初步版本的系统原型，让用户提前体验系统，并通过用户反馈不断修改和完善原型，最终确定最终系统的设计和功能。

在一些项目中，由于外部环境或业务需求的变化，项目需求可能会频繁发生变化，这时候可以采用原型模型来快速响应需求变化，通过快速迭代和反复修改系统原型，确保系统能够及时满足用户需求。用户对系统的需求和期望往往比开发团队更清楚和具体，这时候可以采用原型模型来让用户参与系统设计和开发过程，通过与系统原型的互动，帮助开发团队更好地理解用户需求，从而设计出更符合用户期望的系统。原型模型适用于项目对时间要求较紧的情况。由于原型模型具有快速迭代和反复修改的特点，因此在项目时间比较紧张的情况下，可以采用原型模型来缩短开发周期，提高系统的开发效率。

（三）敏捷开发

1. 特点

敏捷开发是一种以迭代、循序渐进的方式进行软件开发的方法。与传统的瀑布模型相比，敏捷开发更加注重团队合作、快速响应变化和持续交付价值。敏捷开发强调团队合作。在敏捷开发中，开发团队是一个高度协作的团队，团队成员之间密切合作，共同努力完成项目。团队成员之间的合作包括需求分析、系统设计、编码、测试等各个阶段，通过团队合作，可以更快地完成项目，并提高项目的质量。在敏捷开发中，项目需求往往是不断变化的，开发团队需要能够快速响应这些变化，及时调整项目计划和开发方向。通过快速响应变化，可以使项目更加灵活和适应性更强，提高项目的成功率。

在敏捷开发中，项目被分为多个迭代周期，每个迭代周期都要求交付可工作的软件产品。这种持续交付的方式可以让用户及早看到项目的进展，并及时提出反馈意见，从而帮助开发团队更好地理解和满足用户需求，提高项目的价值和用户满意度。在敏捷开发中，客户是项目的重要参与者，他们参与项目的需求分析、设计和测试，并提供及时的反馈意见。通过客户的参与和反馈，可以帮助开发团队更好地理解用户需求，从而设计出更符合用户期望的系统。

2. 应用场景

敏捷开发是一种适用于需求变化频繁、项目周期短、注重灵活性和响应能力的软件开发方法。在这样的项目中，传统的瀑布模型可能无法满足项目的需求，而敏捷开发则能够通过迭代、循序渐进的方式，快速适应市场变化，提高项目成功率。在一些项目中，由于外部环境或业务需求的变化，项目需求可能会频繁发生变化，这时候可以采用敏捷开发来快速响应需求变化，通过快速迭代和反复修改软件产品，确保软件能够及时满足用户需求。

由于市场竞争激烈或其他原因，项目周期可能比较短，这时候可以采用敏捷开发来缩短开发周期，提高项目的交付速度和灵活性，从而更好地适应市场变化。敏捷开发适用于注重灵活性和响应能力的项目。灵活性和响应能力是非常重要的因素，项目需要根据市场需求和用户反馈及时调整和改进软件产品，这时候可以采用敏捷开发来保持软件的灵活性和适应性，提高项目的竞争力。在当今快速变化的市场环境下，项目需要能够快速适应市场变化，及时调整产品功能和设计，这时候可以采用敏捷开发来保持软件产品的竞争力和市场份额，提高项目的成功率。

（四）增量开发

1. 特点

增量开发是一种软件开发方法，其特点是将系统划分为若干个可独立开发的模块，分阶段完成系统开发。与传统的瀑布模型相比，增量开发更加注重系统的模块化设计和快速交付。系统被划分为若干个模块，每个模块都是相对独立的功能单元，可以独立开发、测试和部署。这种模块化的设计可以使开发工作更加简单和有效，同时也便于后续的维护和升级。

系统开发被划分为多个阶段或增量，每个阶段或增量都要求交付可工作的软件产品。通过快速交付可工作的软件产品，可以让用户及早看到项目的进展，并及时提出反馈意见，从而帮助开发团队更好地理解和满足用户需求。增量开发强调系统的逐步完善。系统是逐步完善的，每个增量都是在前一个增量的基础上进行开发和完善的。通过逐步完善系统，可以降低系统开发的风险，提高系统的可靠性和可维护性。由于大型系统往往具有复杂的功能和需求，因此采用增量开发可以将系统划分为多个相对独立的模块，分阶段完成系统开发，有助于降低系统开发的复杂度，提高开发效率和质量。

2. 应用场景

增量开发是一种适用于大型复杂系统开发的软件开发方法。在大型复杂系统开发中，往往存在着各种复杂的功能和需求，项目周期较长，风险较高。采用增量开发可以将系统划分为若干个相对独立的模块，分阶段完成系统开发，有助于降低系统开发的复杂度和风险，提高系统的可靠性和可维护性。在大型复杂系统开发中，往往需要较长的开发周期，而采用增量开发可以将整个开发过程分为多个阶段或增量，每个阶段或增量都要求交付可工作的软件产品。通过快速交付可工作的软件产品，可以让用户及早看到项目的进展，并及时提出反馈意见，从而帮助开发团队更好地理解和满足用户需求。

在大型复杂系统开发中，由于项目的复杂性和不确定性，项目需求往往会发生变化，这时候可以采用增量开发来快速响应需求变化，通过快速迭代和反复修改系统原型，确保软件能够及时满足用户需求。增量开发适用于注重系统可维护性和扩展性的项目。在大型复杂系统开发中，系统的可维护性和扩展性是非常重要的因素，项目需要能够方便地对系统进行修改和扩展，这时候可以采用增量开发来保持系统的模块化设计，降低系统开发和维护的难度。在大型复杂系统开发中，项目风险往往比较高，而采用增量开发可以将系统开发过程分为多个阶段或增量，每个阶段或增量都要求交付可工作的软件产品，有助于降低系统开发的风险，提高项目的成功率。

（五）融合开发

1. 特点

融合开发是一种灵活的软件开发方法，其特点是将不同的开发方法和技术相结合，根据项目需求灵活选择和应用各种开发方法的方法。在融合开发中，开发团队可以根据项目的具体需求和特点，灵活选择和应用各种开发方法和技术，从而更好地满足项目的需求。这种灵活性和适应性使得融合开发能够适应不同类型和规模的项目，提高项目的成功率和质量。在融合开发中，不同的开发方法和技术需要进行有效的整合和协同合作，以确保各个部分能够有机地组合在一起，形成一个完整的系统。通过技术整合和协同合作，融合开发可以更好地实现项目的目标和需求。

在融合开发中，开发团队需要不断地学习和改进，不断地尝试和探索新的开发方法和技术，以适应不断变化的项目需求和技术环境。通过持续改进和学习，融合开发可以不断提高开发团队的能力和项目的成功率。融合开发注重项目管理和控制。由于涉及多种开发方法和技术，项目管理和控制变得更加复杂和困难，需要更加严格和有效的管理和控制措施。通过有效的项目管理和控制，融合开发可以确保项目按时、按质、按量完成。

2. 应用场景

融合开发是一种适用于项目需求复杂多变、开发团队技术背景多样的软件开发方法。在这样的项目中，传统的单一开发方法可能无法有效应对需求的变化和团队的多样性，而融合开发则能够根据项目需求和团队特点灵活选择和应用各种开发方法和技术，充分发挥团队成员的优势，提高开发效率和质量。由于项目需求的不确定性和频繁变化，传统的单一开发方法可能无法满足项目的需求，这时候可以采用融合开发来灵活选择和应用各种开发方法和技术，快速响应需求变化，确保项目能够及时满足用户需求。

融合开发适用于开发团队技术背景多样的情况。开发团队的技术背景可能各不相同，有些团队成员擅长某种开发方法或技术，而有些团队成员擅长其他开发方法或技术，这时候可以采用融合开发来充分发挥团队成员的优势，提高开发效率和质量。融合开发适用于项目需要综合运用多种技术的情况。可能需要综合运用多种技术才能实现项目的目标，这时候可以采用融合开发来综合运用各种技术，确保项目能够顺利实施并达到预期效果。在当今快速变化的市场环境下，项目需要能够快速适应市场变化，这时候可以采用融合开发来灵活选择和应用各种开发方法和技术，快速调整项目方向，确保项目能够与市场保持同步。

第二章 计算机信息技术进展与趋势

第一节 新兴计算机技术概述

新兴计算机技术是指当前和未来发展前景较好、具有创新性和颠覆性的计算机技术。这些技术在不同领域具有广泛的应用前景，对于推动科技进步和社会发展具有重要意义。以下是对新兴计算机技术的概述，分点进行论述：

一、人工智能（AI）

（一）概述

人工智能（AI）是一种模拟人类智能的理论、方法、技术和应用系统的总称，是当今科技领域的热点和前沿。人工智能涉及多个领域，包括但不限于机器学习、深度学习、自然语言处理、计算机视觉等，这些领域相互交叉、相互影响，共同推动着人工智能的发展和应用。人工智能的发展历程可以追溯到上世纪50年代，但近年来，随着计算能力的提升、数据规模的增大以及算法的不断创新，人工智能取得了长足的进步。特别是深度学习技术的发展，使得人工智能在语音识别、图像识别、自然语言处理等领域取得了突破性进展。

在当今社会，人工智能已经广泛应用于各个领域。在医疗领域，人工智能可以帮助医生进行疾病诊断、制定治疗方案，提高医疗水平和效率；在金融领域，人工智能可以帮助银行和金融机构进行风险管理、反欺诈等工作，提高金融服务的质量和安全性；在交通领域，人工智能可以帮助交通管理部门优化交通流量、提高交通安全等。然而，人工智能也面临着一些挑战和问题。例如，人工智能的算法和模型可能存在偏差和不公平性，需要更多的研究和改进；另外，人工智能的发展也可能对社会就业产生影响，需要采取措施来应对这些影响。

（二）应用领域

人工智能（AI）作为当今世界最具前沿科技之一，已经在诸多领域展现出惊人的应用潜力。图像识别是AI的一个重要应用领域。通过深度学习和神经网络等技术，AI可以高效准确地识别图像中的物体、人脸等内容，这在安防监控、医学影像分析等方面有着广泛的应用。语音识别是另一个AI的重要应用领域。语音助手如Siri、小爱同学等已经成为人们日常生活中不可或缺的一部分，语音识别技术也在智能家居、汽车导航等领域得到广泛应用。自动驾驶是AI技术在交通领域的重要应用之一。利用传感器、摄像头等设备获取道路信息，并通过AI算法进行分析判断，实现车辆的自主驾驶，这对于提高交通安全性和减少交通拥堵具有重要意义。

智能机器人也是AI应用的重要领域之一，从工业生产到家庭服务，智能机器人的应用范围越来越广泛，为人类生活带来了极大的便利。智能医疗也是AI技术的重要应用方向之一，包括疾病诊断、个性化治疗、健康管理等方面，AI技术正在为医疗领域带来革命性变革。总的来说，人工智能在图像识别、语音识别、自动驾驶、智能机器人、智能医疗等领域的应用已经取得了巨大的成就，未来有望进一步拓展应用范围，为人类社会的发展进步带来更多的惊喜与改变。

二、云计算

（一）概述

云计算是当今信息技术领域的一项重要创新，它通过互联网提供各种计算服务，如存储、数据库、网络和软件等。与传统的计算模式相比，云计算的最大优势在于其灵活性和成本效益。用户可以根据实际需求灵活选择服务内容和规模，无需购买和维护昂贵的物理设备。这使得云计算成为许多企业和个人在信息化建设中的首选方案。云计算的灵活性体现在用户可以根据实际需求随时调整计算资源的使用量和规模。无论是少量的个人用户还是大型企业，都可以根据业务量的变化灵活地增加或减少云计算资源的使用。这种按需付费的模式大大降低了企业的运营成本，并提高了资源利用率。

云计算的成本效益体现在用户无需购买昂贵的物理设备和软件许可证，只需按照实际使用量支付费用。这使得中小企业和个人用户也能够享受到与大型企业相媲美的计算资源和服务，从而提高了竞争力。云计算还提供了高可靠性和安全性的服务保障。云服务提供商通常拥有强大的数据中心和网络基础设施，能够为用户提供24小时不间断的服务，并采取各种安全措施确保数据的安全性和隐私性。

（二）应用领域

在当今数字化时代，云计算已经广泛应用于各个领域，为企业和个人提供了许多便利和优势。在企业信息化方面，云计算可以帮助企业降低IT成本。传统的企业通常需要购买昂贵的服务器和软件许可证，而通过云计算服务，企业可以根据实际需求选择所需的服务类型和规模，并按照实际使用量付费，从而降低了资本投入和运营成本。在教育领域，云计算为学校和教育机构提供了强大的技术支持。学校可以通过云计算平台建立在线教学平台，实现远程教学和学习资源共享，提高教学效率和质量。同时，学生和教师可以通过云计算平台随时随地访问教学资源，进行在线学习和教学。

在医疗保健领域，云计算也发挥着重要作用。医疗机构可以利用云计算平台存储和管理大量的医疗数据，实现医疗信息化管理。同时，云计算还可以支持远程医疗服务，为患者提供更便捷的医疗服务。云计算还在金融、零售、娱乐等领域发挥着重要作用。在金融领域，云计算可以帮助金融机构提高交易处理效率和安全性。在零售领域，云计算可以支持电子商务平台的建设和运营，提供更便捷的购物体验。在娱乐领域，云计算可以支持在线游戏和视频服务，为用户提供更丰富的娱乐内容。

三、物联网

（一）概述

物联网作为当今信息技术领域的重要发展方向，正逐渐改变着我们的生活和工作方式。物联网通过互联网连接各种物理设备，如传感器、智能手机、家用电器等，使它们能够相互通信、数据交换和智能控制，从而实现信息的共享和协同工作。随着物联网技术的不断发展和普及，它已经在各个领域得到了广泛应用。通过在城市中部署大量的传感器和智能设备，可以实现对城市基础设施的实时监测和管理，如交通、能源、环境等。这不仅可以提高城市的运行效率，还可以改善居民的生活质量。

通过将生产设备和产品与互联网连接，可以实现生产过程的自动化和智能化，提高生产效率和产品质量。同时，物联网还可以实现对设备状态的实时监测和预测性维护，减少设备故障和停机时间。在农业领域，物联网也为农业生产提供了新的思路和方法。农民可以利用物联网技术实现对农田的精准管理，包括土壤湿度、温度、光照等参数的监测和控制，从而提高农作物的产量和质量。物联网还在健康医疗、交通运输、能源管理等领域发挥着重要作用。在健康医疗领域，物联网可以实现对患者健康状况的实时监测和远程医疗服务，提高医疗服务的效率和质量。在交通运输领域，物联网可以实现交通流量的实时监测和智能调度，减少交通拥堵和事故发生。在能源管理领域，物联网可以实现对能源消耗的实时监测和优化调控，提高能源利用效率和节能减排。

（二）应用领域

物联网作为一种革命性的技术，已经在各个领域得到了广泛的应用，为人们的生活和工作带来了巨大的便利和改变。在智能家居领域，物联网的应用已经成为现实。通过将家居设备和电器与互联网连接，可以实现远程控制和智能化管理。例如，可以通过手机 App 控制家里的灯光、空调、电视等设备，实现智能化的家居体验。此外，还可以通过智能家居系统实现对家庭安全的监控和防护，提高家庭的安全性。

在智能城市建设中，物联网也发挥着重要作用。通过在城市中部署大量的传感器和智能设备，可以实现城市基础设施的实时监测和管理。例如，可以通过智能交通系统实现对交通流量的实时监测和调度，减少交通拥堵和事故发生。同时，还可以通过智能环境监测系统实现对环境污染和垃圾处理的监控和管理，改善城市的环境质量。在智能交通领域，物联网也为交通管理提供了新的思路和方法。通过将车辆和道路设施与互联网连接，可以实现交通信息的实时共享和智能调度。例如，可以通过车载智能设备实时监测车辆行驶状态和交通情况，提供导航和路况信息，减少交通事故和堵塞。

物联网还在工业生产、农业管理、健康医疗等领域发挥着重要作用。在工业生产领域，物联网可以实现生产设备和产品的智能化管理，提高生产效率和产品质量。在农业管理领域，物联网可以实现对农田的精准管理，提高农作物的产量和质量。在健康医疗领域，物联网可以实现对患者健康状况的实时监测和远程医疗服务，提高医疗服务的效率和质量。

四、边缘计算

（一）概述

边缘计算作为一种新兴的计算架构，在当今信息技术领域备受关注。它将数据处理和存储功能放置在距离数据源较近的边缘设备或边缘节点上，以减少数据传输延迟和带宽占用，提高数据处理和应用响应的速度和效率。边缘计算技术的提出和发展，为各种应用场景带来了新的机遇和挑战。物联网设备通常会产生大量的数据，传统的数据处理方式是将数据传输到云端进行处理，但这样会导致数据传输延迟较高，影响实时性。通过在物联网边缘部署边缘计算节点，可以将数据处理功能移到数据源附近，实现数据的实时处理和分析，提高物联网系统的响应速度和效率。

在工业生产中，实时性和稳定性是至关重要的，通过在工厂内部部署边缘计算节点，可以实现对生产数据的实时监测和分析，帮助企业实现智能制造和提高生产效率。在智能交通领域，边缘计算也为交通管理提供了新的思路和方法。通过在交通路口等关键位置部署边缘计算节点，可以实现对交通流量和路况的实时监测和分析，提供实时的交通信息和智能交通调度，减少交通拥堵和事故发生。

边缘计算还在医疗保健、零售业、娱乐等领域得到广泛应用。在医疗保健领域，通过在医院内部部署边缘计算节点，可以实现对患者健康数据的实时监测和分析，提供远程医疗服务和智能医疗方案。在零售业领域，边缘计算可以帮助零售商实时监测商品销售情况和顾客行为，提供个性化的购物体验。在娱乐领域，边缘计算可以支持在线游戏和视频流媒体服务，提供更流畅的娱乐体验。

（二）应用领域

边缘计算作为一种新兴的计算架构，在各个领域都展现出了强大的应用潜力。特别是在工业控制、智能交通、智能家居等领域，边缘计算已经得到了广泛的应用，为实时性要求较高的场景提供了有效的解决方案。在工业控制领域，边缘计算可以帮助企业实现智能制造。通过在生产线上部署边缘计算节点，可以实现对生产过程的实时监测和控制，提高生产效率和产品质量。同时，边缘计算还可以支持工业设备的远程维护和预测性维护，减少设备故障和停机时间，降低生产成本。

在智能交通领域，边缘计算可以提高交通系统的运行效率和安全性。通过在交通路口等关键位置部署边缘计算节点，可以实现对交通流量和路况的实时监测和分析，提供实时的交通信息和智能交通调度，减少交通拥堵和事故发生，提高交通运输效率。在智能家居领域，边缘计算可以帮助实现家庭设备的智能化管理。通过在家庭内部部署边缘计算节点，可以实现对家庭设备的实时监测和控制，如智能灯光、智能家电等，提高家庭生活的舒适性和便利性。

边缘计算还在农业管理、健康医疗、能源管理等领域发挥着重要作用。在农业管理领域，边缘计算可以帮助农民实现农田的精准管理，提高农作物的产量和质量。在健康医疗领域，边缘计算可以实现对患者健康数据的实时监测和远程医疗服务，提高医疗服务的效率和质量。在能源管理领域，边缘计算可以实现对能源消耗的实时监测和优化调控，提高能源利用效率和节能减排。

五、区块链技术

（一）概述

区块链技术作为一种革命性的分布式数据库技术，正逐渐改变着我们对数据存储和交易的方式。它通过将数据分散存储在多个节点上，并使用密码学技术保证数据的安全性和完整性，实现了去中心化的数据管理和交易方式。区块链技术的提出和发展，为各种应用场景带来了新的机遇和挑战。区块链技术在数字货币领域的应用尤为突出。最著名的区块链应用之一就是比特币，它是第一个基于区块链技术的数字货币。通过区块链技术，比特币实现了去中心化的货币发行和交易方式，无需通过银行或第三方支付机构，实现了安全、快速和低成本的跨境支付。

在供应链管理领域，区块链技术也发挥着重要作用。通过在区块链上记录产品的生产和流通信息，可以实现对产品供应链的实时监测和追溯，提高产品的溯源能力和透明度，减少产品被篡改和伪造的风险。在金融领域，区块链技术也为金融交易和结算提供了新的解决方案。通过在区块链上记录交易信息，可以实现交易的实时清算和结算，提高交易的效率和安全性。同时，区块链技术还可以实现对金融资产的分布式登记和管理，降低金融交易的风险和成本。

区块链技术还在身份认证、投票选举、知识产权保护等领域得到广泛应用。在身份认证领域，通过区块链技术可以实现去中心化的身份管理，保护用户的个人信息安全。在投票选举领域，区块链技术可以实现投票信息的安全存储和不可篡改，保障选举的公平性和透明度。在知识产权保护领域，区块链技术可以实现知识产权的去中心化登记和保护，防止知识产权被盗用和侵权。

（二）应用领域

区块链技术作为一种创新的分布式数据库技术，已经在多个领域展现出了巨大的应用潜力，为信息安全和数据交换提供了全新的解决方案。在数字货币领域，区块链技术的最突出应用就是比特币。比特币利用区块链技术实现了去中心化的货币发行和交易方式，无需通过银行或第三方支付机构，实现了安全、快速和低成本的跨境支付。除了比特币，还有许多其他数字货币也在利用区块链技术进行发展，如以太坊、莱特币等。在智能合约领域，区块链技术为合约的自动化执行提供了可能。智能合约是一种基于区块链的计算机程序，能够自动执行合约条款。通过智能合约，可以实现在没有中介的情况下，安全、透明地进行交易和合作，大大降低了交易成本和风险。

在供应链管理领域，区块链技术也为供应链的透明度和可追溯性提供了解决方案。通过在区块链上记录产品的生产和流通信息，可以实现对产品供应链的实时监测和追溯，提高产品的质量和安全性，减少产品被篡改和伪造的风险。区块链技术还在金融领域、医疗保健领域、知识产权保护领域等得到广泛应用。在金融领域，区块链技术可以实现交易的实时清算和结算，提高交易的效率和安全性。在医疗保健领域，区块链技术可以实现对患者健康数据的安全存储和共享，提高医疗服务的效率和质量。在知识产权保护领域，区块链技术可以实现知识产权的去中心化登记和保护，防止知识产权被盗用和侵权。

六、量子计算

（一）概述

量子计算作为一种革命性的计算模式，正在引领着计算机领域的新一轮革命。它利用量子力学原理中的叠加和纠缠特性，通过量子比特来进行计算，相比传统计算机具有更强大的计算能力和更高的效率。量子计算的出现，为解决传统计算机无法解决的复杂问题提供了新的可能性，被认为是未来计算机发展的重要方向之一。

传统计算机中的比特只能处于 0 或 1 的状态，而量子比特可以同时处于 0 和 1 的叠加态。这种叠加态的特性使得量子计算机可以同时处理多个可能性，从而在某些情况下能够实现指数级的计算速度提升。此外，量子比特之间还具有纠缠的特性，即一个量子比特的状态受到另一个量子比特状态的影响，即使它们之间的距离很远，这种纠缠关系可以实现远程通信和信息传递，为量子通信和量子网络的发展提供了可能性。

量子计算的应用领域非常广泛，包括但不限于密码学、材料科学、人工智能、生物学等。在密码学领域，量子计算可以破解传统加密算法，因此也促进了量子密码学的发展，提高了信息安全性。在材料科学领域，量子计算可以模拟原子和分子的量子行为，加速新材料的发现和设计过程。在人工智能领域，量子计算可以加速机器学习和优化算法的训练和运行，提高人工智能系统的性能。在生物学领域，量子计算可以模拟蛋白质的折叠过程，加深对生物体系的理解。

（二）应用前景

量子计算技术被认为是未来计算机发展的重要方向之一，具有广阔的应用前景和巨大的发展潜力。尽管目前仍处于研究和实验阶段，但随着技术的不断进步和成熟，量子计算有望在未来解决传统计算机无法解决的一些复杂问题，为科学研究和工程应用带来重大突破。在密码学领域，量子计算有望破解当前的加密算法，引发密码学的革新。传统计算机无法在合理的时间内破解的加密算法，在量子计算机的帮助下可能会迎刃而解。因此，量子密码学的发展将在信息安全领域产生深远影响，推动信息安全技术的发展和升级。

在材料科学领域，量子计算可以模拟和预测材料的性质和行为，加速新材料的发现和设计过程。传统方法需要耗费大量时间和资源进行试验和模拟，而量子计算可以在更短的时间内提供准确的结果，为材料科学的研究和应用提供新的思路和方法。在人工智能领域，量子计算可以加速机器学习和优化算法的训练和运行，提高人工智能系统的性能。传统计算机在处理复杂的机器学习算法时往往需要花费大量的时间和计算资源，而量子计算可以在更短的时间内完成这些任务，为人工智能的发展和应用带来新的突破。在生物学领域，量子计算可以模拟和分析生物体系的复杂性，加深对生物体系的理解。例如，量子计算可以模拟蛋白质的折叠过程，帮助科学家研究蛋白质的结构和功能，为药物设计和生物医学研究提供重要支持。

第二节　人工智能与机器学习

一、人工智能与机器学习融合的价值

（一）提高预测和决策的准确性

结合机器学习算法和人工智能的推理能力，可以提高预测和决策的准确性。机器学习算法可以通过对大量数据的学习和分析，发现数据中的规律和模式，从而预测未来的趋势和结果。而人工智能则可以利用这些预测结果，结合先验知识和推理能力，做出更加准确和合理的决策。例如，在金融领域，结合机器学习和人工智能可以更准确地预测股市的走势和交易信号，帮助投资者做出更明智的投资决策。在医疗领域，结合机器学习和人工智能可以更准确地预测疾病的发生和发展趋势，帮助医生制定更有效的治疗方案。此外，在交通运输领域，结合机器学习和人工智能可以更准确地预测交通流量和拥堵情况，帮助交通管理部门优化交通组织和调度。在环境保护领域，结合机器学习和人工智能可以更准确地预测空气质量和污染情况，帮助政府制定更有效的环保政策。

（二）加速问题解决和创新

人工智能（AI）作为一种前沿技术，正在以惊人的速度改变着我们的生活方式和工作方式。其在加速问题解决和创新方面的潜力无可估量。通过机器学习算法，AI能够更快地发现数据中的规律和模式，从而为解决各种问题提供了新的可能性，推动了科学技术的进步。

传统的问题解决方法往往需要大量的人力和时间，而AI可以通过快速分析大规模数据，找到其中的关联性和规律性，从而快速提供解决方案。例如，在医疗领域，AI可以通过分析病人的病历和大量的医学数据，帮助医生更快地诊断病情，并提供个性化的治疗方案。在工程领域，AI可以帮助工程师快速设计出更优质的产品，提高生产效率。在金融领域，AI可以通过分析市场数据和交易模式，提供更精准的投资建议，降低投资风险。

通过分析数据和模式，AI可以帮助人们发现新的想法和解决方案，推动创新的产生。例如，在科学研究中，AI可以帮助科学家更快地发现新的科学规律和理论，加速科学技术的进步。在艺术创作中，AI可以帮助艺术家发现新的艺术表现形式，创作出更具创意的作品。在商业领域，AI可以帮助企业发现新的商业模式和市场机会，推动产业的创新和发展。

（三）提高生产效率和质量

在当今快速发展的工业环境中，提高生产效率和产品质量是每个企业都面临的重要挑战。人工智能（AI）和机器学习技术的不断进步为实现这一目标提供了新的可能性。通过将人工智能和机器学习技术应用于生产过程中，企业可以实现生产过程的智能化和自动化，从而显著提高生产效率和产品质量。人工智能和机器学习可以帮助企业优化生产计划和生产调度，从而提高生产效率。传统的生产计划和调度往往是基于经验和规则制定的，容易受到人为因素和外部变化的影响。而AI和机器学习可以通过分析历史数据和实时数据，预测未来的生产需求和变化，帮助企业制定更加准确和高效的生产计划和调度方案。这样，企业可以更好地利用资源，减少生产周期，提高生产效率。

人工智能和机器学习可以帮助企业实现生产过程的智能化和自动化，提高产品质量。传统的生产过程往往需要大量的人力参与，容易受到人为因素和操作技巧的影响，从而导致产品质量的不稳定。而引入AI和机器学习技术后，可以实现生产过程的智能监控和控制，及时发现和纠正生产中的问题，提高产品的一致性和稳定性。例如，在制造业中，AI和机器学习可以通过分析生产过程中的数据，优化设备的运行状态和生产参数，提高产品的精度和稳定性；在质量控制方面，AI和机器学习可以通过图像识别和模式识别技术，实现对产品质量的自动检测和评估，减少人为差错，提高产品质量。

（四）降低成本和风险

结合人工智能和机器学习技术，企业可以实现生产过程的智能化和自动化，从而降低生产成本和经营风险，提高盈利能力。人工智能和机器学习可以帮助企业降低生产成本。

通过优化生产计划和生产过程，AI 和 ML 可以提高生产效率，减少不必要的资源浪费，从而降低生产成本。例如，在制造业中，AI 和 ML 可以通过优化生产参数和设备利用率，降低能源消耗和原材料浪费，减少生产成本。在服务行业中，AI 和 ML 可以通过自动化客户服务和业务流程，减少人力成本，提高效率。

通过分析市场数据和业务风险，AI 可以帮助企业制定更加科学和合理的经营策略，减少经营风险。例如，在金融行业中，AI 可以通过分析大数据，预测市场变化，帮助企业做出更加准确的投资决策，降低投资风险。在制造业中，AI 可以通过智能监控和预测维护，降低设备故障率，减少生产中断的风险。人工智能和机器学习还可以帮助企业提高产品质量和客户满意度，从而提高市场竞争力，增加盈利能力。通过分析产品质量数据和客户反馈，AI 可以帮助企业发现产品质量问题和客户需求，及时调整生产和服务，提高产品质量和客户满意度。这样，企业可以吸引更多客户，提高市场份额，增加盈利。

（五）改善用户体验和服务

融合人工智能和机器学习的技术，可以帮助企业提供更加个性化、智能化的产品和服务，从而改善用户体验和满意度。人工智能和机器学习可以帮助企业实现个性化推荐。通过分析用户的行为数据和偏好，AI 可以为用户推荐更加符合其需求的产品和服务。例如，在电商平台上，AI 可以根据用户的购买历史和浏览记录，推荐相关的商品，提高用户的购买满意度。在音乐和视频平台上，AI 可以根据用户的收听和观看历史，推荐符合其口味的音乐和视频，提高用户的使用体验。

通过自然语言处理和机器学习技术，AI 可以理解用户的问题并给出准确的回答，提高客户服务的效率和质量。例如，通过智能语音助手，用户可以通过语音交互来获取信息和解决问题，无需等待人工客服，提高了用户的满意度和体验。人工智能和机器学习还可以帮助企业实现智能化的产品设计和服务提供。通过分析用户反馈和市场需求，AI 可以帮助企业设计出更加符合用户需求的产品，提高产品的竞争力和用户满意度。在服务方面，AI 可以帮助企业提供更加智能化和便捷的服务，例如智能预约、智能支付等，提高用户的使用体验和满意度。

（六）推动社会发展和进步

结合人工智能和机器学习技术，可以推动社会各个领域的发展和进步，为社会提供更好的服务和解决方案，提高社会生产力和生活质量。在医疗领域，人工智能和机器学习可以帮助医生提高诊断和治疗水平，提高医疗效率和质量。通过分析大量的医疗数据和病例，AI 可以帮助医生更快地诊断疾病，制定个性化的治疗方案。此外，AI 还可以帮助医疗机构优化资源配置，提高医疗服务的效率和覆盖范围，让更多的患者受益。

在教育领域，人工智能和机器学习可以改善教育质量和效率，推动教育公平和均衡发展。通过个性化的教学和学习系统，AI 可以帮助学生更好地理解和掌握知识，提高学习效率。同时，AI 还可以帮助教师优化教学内容和方法，提高教学质量。此外，AI 还可以帮助教育管理部门优化资源配置，提高教育资源的利用率和公平性。在交通领域，人工智能和机器学习可以优化交通管理和规划，提高交通运输效率和安全性。通过智能交通监控系统，AI 可以实时监测交通状况，并调整交通信号和路线规划，减少交通拥堵和事故发生的可能性。此外，AI 还可以帮助城市规划部门优化交通网络和公共交通系统，提高城市交通的便利性和可持续性。

二、人工智能与机器学习融合的方法

（一）数据驱动的方法

数据驱动的方法是实现人工智能（AI）与机器学习（ML）融合的关键方法之一。这种方法的核心是利用大量的数据来训练机器学习模型，从而实现对数据的理解、分析和预测，进而实现人工智能的目标。在这个过程中，数据的质量和数量至关重要，同时选择合适的机器学习算法也是关键因素。数据质量的好坏直接影响到机器学习模型的训练效果和最终的人工智能应用效果。因此，在使用数据驱动的方法时，需要对数据进行严格的质量控制和清洗，确保数据的准确性、完整性和一致性。同时，还需要注意数据的时效性，及时更新数据，保持数据的新鲜度和有效性。

数据量的大小直接影响到机器学习模型的训练效果。通常情况下，数据量越大，模型的泛化能力和预测准确度就越高。因此，在使用数据驱动方法时，需要尽可能地收集更多的数据，以提高模型的训练效果和性能。选择合适的机器学习算法也是实现数据驱动方法的关键因素。不同的问题和数据可能需要不同的机器学习算法来处理。例如，对于结构化数据，可以使用传统的机器学习算法如决策树、支持向量机等；对于非结构化数据如图像、文本等，可以使用深度学习算法如卷积神经网络、循环神经网络等。因此，在使用数据驱动方法时，需要根据具体的问题和数据特点选择合适的机器学习算法。

（二）深度学习

深度学习是一种机器学习的特殊方法，它模拟人类大脑的神经网络结构，通过多层次的神经元网络来处理更加复杂和抽象的数据。深度学习在人工智能领域取得了巨大成功，并在图像识别、语音识别、自然语言处理等领域取得了突破性进展。通过深度学习模型如卷积神经网络（CNN），可以实现对图像中物体、场景的自动识别和分类。这种技术已经被广泛应用于人脸识别、医学影像分析、自动驾驶等领域，极大地提高了图像处理的效率和准确性。

通过循环神经网络（RNN）和长短期记忆网络（LSTM）等模型，可以实现对语音信号的识别和理解，从而实现语音助手、语音翻译等应用。这种技术已经被广泛应用于智能手机、智能音箱等设备中，为用户提供了更加智能和便捷的语音交互体验。通过循环神经网络和注意力机制等模型，可以实现对文本数据的语义理解和生成，从而实现机器翻译、文本摘要、情感分析等应用。这种技术已经被广泛应用于搜索引擎、智能客服等领域，为用户提供了更加智能和个性化的服务。

（三）增强学习

增强学习是一种通过试错来学习的方法，它通过与环境的交互来优化某种行为策略，从而最大化预期的累积奖励。在增强学习中，智能体通过尝试不同的行动，观察环境的反馈，然后根据反馈调整其行为策略，以逐步提高其在特定任务中的表现。在人工智能领域，增强学习被广泛应用于机器人控制、自动驾驶和游戏策略等方面。在机器人控制中，增强学习可以帮助机器人学习如何在复杂环境中移动和执行任务，例如在不确定的环境中寻找目标或避开障碍物。在自动驾驶领域，增强学习可以帮助无人驾驶车辆学习如何安全地驾驶，避免交通事故并遵守交通规则。在游戏领域，增强学习可以用于开发智能游戏玩家，他们可以学习如何在游戏中获得高分并击败对手。

增强学习的核心思想是通过与环境的交互来学习，而不是依赖预先标记的训练数据。这使得增强学习在许多实际应用中具有优势，特别是在面对不确定性和变化的环境时。通过不断尝试和学习，智能体可以逐渐改进其行为策略，并在特定任务中表现得越来越好。

（四）迁移学习

迁移学习是一种利用已有知识来加速新知识学习的方法，它通过将已经训练好的模型应用于新的任务，从而减少训练时间和数据需求，提高模型的性能。迁移学习在人工智能领域具有重要的应用价值，可以帮助解决训练数据不足、训练时间过长等问题，加速模型的部署和应用。迁移学习可以通过将已经训练好的模型应用于新的任务，来加速新知识的学习。例如，可以将一个在图像识别任务上训练好的卷积神经网络模型应用于医学影像分析任务，通过微调模型的参数，可以在少量的医学影像数据上快速训练出一个性能较好的医学影像分析模型。

迁移学习可以通过将已有领域的知识迁移到新领域，来解决新领域数据不足的问题。例如，在自然语言处理领域，可以使用在大规模文本数据上预训练好的语言模型，然后将其迁移到特定任务的数据上进行微调，从而加速模型的训练并提高性能。迁移学习还可以通过将已有任务的知识迁移到新任务上，来提高新任务的性能。例如，在机器人控制领域，可以使用已有任务上训练好的控制策略，然后将其迁移到新的机器人控制任务上，从而加速机器人学习新任务的过程。

第三节　云计算与边缘计算

一、定义

（一）云计算的定义

云计算是当今信息技术领域的一项重要技术，它基于互联网，通过将计算资源、存储资源和应用程序等服务以虚拟化的形式提供给用户，实现按需获取和使用的目的。云计算技术在近年来得到了广泛的应用和发展，已经成为企业信息化建设的重要组成部分。云计算的出现，极大地改变了传统计算模式，为用户提供了更加灵活、高效、经济的计算服务，成为推动信息化进程的重要力量。

云计算的本质是通过网络将计算资源、存储资源和应用程序等提供给用户使用，而不需要用户关心资源的具体位置和维护。这种按需获取和使用的模式，使得用户可以根据自身需求灵活地调整资源规模，从而降低了成本，提高了资源利用率。同时，云计算还提供了弹性扩展的能力，可以根据用户的需求动态地调整资源配置，保障了系统的稳定性和可靠性。

虚拟化技术可以将物理资源抽象成虚拟资源，使得多个应用程序可以共享同一套物理资源，提高了资源利用率。在云计算环境下，虚拟化技术可以实现资源的动态分配和管理，使得用户可以根据需要随时调整资源规模，提高了系统的灵活性和可扩展性。云计算还提供了丰富的服务模式，包括基础设施即服务（IaaS）、平台即服务（PaaS）和软件即服务（SaaS）等。这些服务模式可以满足不同用户的需求，为用户提供了更加便捷的服务。例如，通过 SaaS 模式，用户可以直接使用云端提供的软件应用，而不需要关心软件的安装和维护，极大地简化了用户的操作流程。

（二）边缘计算的定义

边缘计算是近年来兴起的一种新型计算模式，其核心思想是将计算资源和数据存储靠近数据源头，通过在网络边缘设备上进行数据处理和计算，以提高数据处理效率和实时性。边缘计算的出现是为了应对传统中心化计算模式在处理大规模数据和实时性要求方面的不足，为各种应用场景提供更加灵活和高效的计算解决方案。

边缘计算与传统的云计算模式相比，最大的区别在于计算资源的位置。在云计算中，数据通常是通过互联网传输到远程的数据中心进行处理和存储，而边缘计算则将部分计算任务放在了离数据源头更近的网络边缘设备上，例如路由器、交换机、网关等，从而减少了数据传输的延迟和网络拥塞，提高了数据处理的实时性和效率。

边缘计算的应用场景非常广泛，涵盖了工业控制、智能交通、智能家居、物联网等多个领域。在工业控制方面，边缘计算可以实现对生产过程的实时监控和控制，提高生产效率和质量；在智能交通领域，边缘计算可以实现对交通流量的实时分析和优化，提高交通运输效率和安全性；在智能家居方面，边缘计算可以实现对家庭设备的智能控制和管理，提高生活品质和便利性；在物联网方面，边缘计算可以实现对物联网设备的数据处理和管理，提高物联网系统的稳定性和可靠性。

二、特点

（一）云计算的特点

云计算是一种基于互联网的计算模式，具有许多特点，其中包括资源集中管理、灵活扩展、成本低廉等。这些特点使得云计算成为当今信息技术领域的重要技术，并被广泛应用于各种场景中。云计算具有资源集中管理的特点。在云计算模式下，计算资源、存储资源和应用程序等服务被集中部署和管理在云端的数据中心中，用户通过互联网可以方便地访问和使用这些资源，而无需关心资源的具体位置和维护。这种集中管理的模式可以提高资源的利用率，降低管理成本，并且使得资源更加容易被共享和协作使用。

云计算具有灵活扩展的特点。云计算采用了虚拟化技术，可以将物理资源抽象成虚拟资源，使得用户可以根据自身需求灵活地调整资源规模，实现按需获取和使用。这种灵活扩展的特点使得用户可以根据业务需求快速地扩展或缩减计算资源，从而提高了系统的灵活性和可扩展性。云计算具有成本低廉的特点。由于云计算采用了集中管理和虚拟化技术，可以降低硬件设备和维护成本，同时还可以实现资源的共享和利用，进一步降低了成本。相比传统的本地部署模式，云计算可以帮助用户节约大量的资金和人力成本，特别是对于中小型企业来说，更具有吸引力。

（二）边缘计算的特点

边缘计算是一种将计算资源和数据存储靠近数据源头的计算模式，具有许多特点，其中包括数据实时性、网络带宽节省、隐私保护等。这些特点使得边缘计算成为当今信息技术领域的重要技术，并被广泛应用于各种场景中。边缘计算具有数据实时性的特点。由于边缘计算将部分计算任务放在了离数据源头更近的网络边缘设备上，可以大大减少数据传输的延迟，从而实现对数据的实时处理和响应。这种数据实时性的特点使得边缘计算特别适用于对实时性要求高的场景，如工业控制、智能交通等领域。

边缘计算具有网络带宽节省的特点。在边缘计算模式下，只有部分计算任务需要传输到云端进行处理，大部分计算任务可以在网络边缘设备上进行处理，从而减少了数据传输的量，节省了网络带宽。这种网络带宽节省的特点不仅可以降低网络传输成本，还可以减少网络拥塞，提高了网络的稳定性和可靠性。边缘计算具有隐私保护的特点。在边缘计算模式下，用户的数据可以在本地进行处理和存储，不需要将数据传输到云端，可以有效保护用户的隐私。这种隐私保护的特点使得边缘计算特别适用于对数据隐私要求严格的场景，如医疗健康、金融等领域。

二、应用场景

（一）云计算的应用场景

云计算作为一种灵活、高效、经济的计算模式，在各种场景中都有广泛的应用。其中，云计算特别适用于大规模数据处理和存储的场景，如大数据分析、人工智能模型训练等。随着互联网和物联网技术的发展，产生了海量的数据，如何高效地处理和分析这些数据成为一项重要的挑战。云计算提供了弹性扩展的能力，可以根据数据量的变化动态地调整资源规模，从而实现对大数据的高效处理和分析，为企业提供了更加准确和及时的决策支持。

人工智能需要大量的计算资源来训练模型，而云计算可以提供强大的计算能力和存储资源，帮助用户快速地进行模型训练。同时，云计算还提供了丰富的机器学习和深度学习算法库，为用户提供了更加便捷和高效的人工智能开发环境。云计算在互联网服务、在线游戏、移动应用等领域也有着广泛的应用。云计算可以帮助企业快速搭建和部署各种互联网服务和应用，提高了产品上线的速度和效率。同时，云计算还可以提供高可用性和弹性扩展的服务，保障了产品的稳定性和可靠性。

（二）边缘计算的应用场景

边缘计算作为一种将计算资源和数据存储靠近数据源头的计算模式，在各种场景中都有着广泛的应用。特别是在对实时性要求高的场景中，边缘计算具有独特的优势，如智能家居、智能交通等领域。边缘计算在智能家居领域有着重要的应用。智能家居需要实时监控和控制各种家庭设备，如智能灯光、智能门锁、智能家电等。边缘计算可以将部分智能家居设备上的计算任务放在网络边缘设备上进行处理，实现对设备的实时监控和控制，提高了智能家居系统的响应速度和稳定性。

智能交通需要实时分析和优化交通流量，提高交通运输效率和安全性。边缘计算可以将部分交通监控设备上的计算任务放在网络边缘设备上进行处理，实现对交通流量的实时分析和优化，提高了交通系统的响应速度和效率。边缘计算还可以应用于工业控制、物联网、视频监控等领域。在工业控制方面，边缘计算可以实现对生产过程的实时监控和控制，提高了生产效率和质量；在物联网方面，边缘计算可以实现对物联网设备的数据处理和管理，提高了物联网系统的稳定性和可靠性；在视频监控方面，边缘计算可以实现对监控视频的实时分析和处理，提高了监控系统的响应速度和准确性。

四、云计算与边缘计算的融合发展趋势

云计算与边缘计算的融合发展是未来的趋势，这种融合可以实现数据的实时处理和存储，提高数据处理效率和实时性。云计算和边缘计算各自有着独特的优势和应用场景，通过融合发展可以实现优势互补，为各种应用场景提供更加灵活、高效的计算解决方案。云计算和边缘计算的融合可以实现数据的实时处理。在边缘计算模式下，部分计算任务可以在网络边缘设备上进行处理，实现对数据的实时处理和响应；而在云计算模式下，可以提供强大的计算能力和存储资源，支持对大规模数据的处理和分析。将两者结合起来，可以实现数据在边缘设备和云端之间的流动和处理，实现数据的实时处理，提高了数据处理的效率和实时性。

在边缘计算模式下，部分计算任务可以在网络边缘设备上进行处理，减少了对云端计算资源的依赖；而在云计算模式下，可以提供强大的计算和存储资源，支持对大规模数据的处理和分析。将两者结合起来，可以根据需求动态地调整资源的分配和利用，实现资源的优化利用，降低了资源的浪费，提高了资源的利用率。在边缘计算模式下，部分计算任务可以在网络边缘设备上进行处理，减少了对云端计算资源的依赖；而在云计算模式下，可以提供强大的计算和存储资源，支持对大规模数据的处理和分析。将两者结合起来，可以实现数据在边缘设备和云端之间的流动和处理，提高了系统的稳定性和可靠性，保障了系统的正常运行。

第四节　物联网与智能设备

一、物联网与智能设备融合的特点

（一）互联互通性

物联网与智能设备融合后的互联互通性是其最重要的特点之一，它改变了设备之间的传统独立工作模式，实现了设备之间的紧密连接和信息共享，从而实现了智能化协作，提高了系统的整体性能和效率。智能设备可以通过物联网互联，实时地交换数据和信息，实现对设备状态的实时监控和控制。例如，智能家居中的各种智能设备可以通过物联网相互连接，实现对家庭环境的智能化管理，提高了家居的舒适性和便利性。

智能设备可以将自身产生的数据共享给其他设备或系统，实现数据的共享和交互。这样可以实现设备之间的智能化协作，提高了系统的整体性能和效率。例如，智能交通系统

可以通过物联网实现对交通流量的实时监控和优化，提高了交通系统的运行效率和安全性。融合后的物联网还可以实现设备之间的智能化协作。智能设备可以通过物联网相互连接，实现对设备之间的智能化协作。例如，智能工厂中的各种智能设备可以通过物联网相互连接，实现对生产过程的智能化控制和优化，提高了生产效率和质量。

（二）智能化控制

物联网与智能设备融合后的智能化控制是其重要特点之一，它利用物联网技术实现对智能设备的远程监控和控制，从而实现对设备的智能化管理，提高了设备的使用效率和安全性。通过物联网技术，用户可以通过互联网实时监控设备的工作状态和运行情况，了解设备的工作情况，及时发现和解决问题。例如，智能家居系统可以实时监控家庭设备的使用情况，提醒用户注意节能和安全。融合后的物联网可以实现对智能设备的远程控制。用户可以通过互联网远程控制设备的开关、调节等功能，实现对设备的远程操作。例如，用户可以通过手机 App 远程控制智能灯光的开关和亮度，实现智能化的照明控制。融合后的物联网还可以实现对设备的智能化管理。通过物联网技术，可以对设备进行智能化的管理和调度，实现对设备的智能化控制和优化。例如，智能工厂可以通过物联网实现对生产设备的智能化管理，提高了生产效率和质量。

（三）数据实时性

物联网与智能设备融合后的数据实时性是其重要特点之一，它利用物联网技术实现了设备数据的实时采集、传输和处理，从而实现了对设备状态的实时监控和预测，提高了系统的实时性和响应速度。融合后的物联网可以实现设备数据的实时采集。通过物联网技术，设备可以实时地将产生的数据上传至云端或其他设备，实现数据的实时采集。这样可以及时获取设备的工作状态和运行情况，为后续的数据处理和分析提供基础。

通过物联网技术，设备产生的数据可以实时地传输到云端或其他设备，实现数据的实时传输。这样可以确保数据的及时性和准确性，为后续的数据处理和分析提供及时的数据支持。融合后的物联网还可以实现对设备数据的实时处理和分析。通过物联网技术，可以实时地对设备产生的数据进行处理和分析，提取有用的信息，并及时地反馈给用户或其他设备。这样可以实现对设备状态的实时监控和预测，及时发现和解决问题，提高了系统的实时性和可靠性。

（四）自动化运行

物联网与智能设备融合后的自动化运行是其重要特点之一，它利用物联网技术实现了对智能设备的自动化控制，从而实现了设备的自动化运行，减少了人为干预，提高了设备的运行效率和可靠性。融合后的物联网可以实现对设备的智能化控制。通过物联网技术，可以实时监控设备的工作状态和运行情况，根据预设的规则和算法，自动调节设备的工作模式和参数，实现对设备的智能化控制。例如，智能家居系统可以根据家庭成员的习惯和需求，自动调节室内环境的温度和湿度，提高了家居的舒适性和节能性。

通过物联网技术，设备可以根据预设的规则和算法，自动进行工作和运行，减少了人为干预，提高了设备的运行效率和可靠性。例如，智能工厂中的生产设备可以根据生产计划和需求，自动进行生产和加工，提高了生产效率和质量。融合后的物联网还可以实现对设备的远程控制和管理。通过物联网技术，用户可以通过互联网远程控制和管理设备，实现对设备的远程监控和控制。这样可以实现设备的远程运行和管理，提高了设备的运行效率和可靠性。

（五）跨平台兼容

物联网与智能设备融合后的跨平台兼容性是其重要特点之一，它利用物联网技术实现了不同品牌、不同类型的智能设备之间的互联互通，提高了设备之间的互操作性和通用性。融合后的物联网可以实现不同品牌的智能设备之间的互联互通。通过物联网技术，不同品牌的智能设备可以通过统一的通信协议和接口，实现互联互通，共享数据和资源。这样可以实现设备之间的互操作性，提高了系统的通用性和灵活性。融合后的物联网可以实现不同类型的智能设备之间的互联互通。通过物联网技术，不同类型的智能设备可以通过统一的通信协议和接口，实现互联互通，共享数据和资源。这样可以实现设备之间的互操作性，提高了系统的通用性和灵活性。融合后的物联网还可以实现不同平台的智能设备之间的互联互通。通过物联网技术，不同平台的智能设备可以通过统一的通信协议和接口，实现互联互通，共享数据和资源。这样可以实现设备之间的互操作性，提高了系统的通用性和灵活性。

二、物联网与智能设备融合的方法

（一）通信协议标准化

在物联网与智能设备融合的过程中，通信协议的标准化是至关重要的一环。通过制定统一的通信协议标准，可以实现不同品牌、型号的智能设备之间的互联互通，从而提高系统的整体互操作性和通用性，促进智能设备的普及和应用。通信协议标准化可以实现设备之间的互联互通。不同品牌、型号的智能设备通常采用不同的通信协议，导致设备之间无法直接进行数据交换和控制。通过制定统一的通信协议标准，可以使各种智能设备遵循相同的通信规则进行数据交换和控制，实现设备之间的互联互通。

通信协议标准化可以提高系统的整体互操作性和通用性。统一的通信协议标准可以使不同品牌、型号的智能设备能够在同一个系统中共存和协作，实现设备之间的互操作性，提高系统的整体通用性和灵活性。通信协议标准化还可以降低系统的开发和维护成本。统一的通信协议标准可以减少系统开发过程中对通信协议的适配工作，降低了系统的开发成本。同时，统一的通信协议标准可以简化系统的维护工作，降低了系统的维护成本。

（二）接口标准化

在物联网与智能设备融合的过程中，接口标准化是至关重要的一环。通过制定统一的接口标准，可以使不同品牌、型号的智能设备具有相同的接口，方便连接到物联网平台，实现设备的统一管理和控制，提高系统的整体互操作性和通用性，促进智能设备的普及和应用。接口标准化可以简化设备的连接和部署。统一的接口标准可以使不同品牌、型号的智能设备具有相同的物理接口和通信协议，方便设备的连接和部署，减少了设备之间的兼容性问题，提高了系统的部署效率。

接口标准化可以提高系统的整体互操作性和通用性。统一的接口标准可以使不同品牌、型号的智能设备能够在同一个系统中共存和协作，实现设备之间的互操作性，提高系统的整体通用性和灵活性。接口标准化还可以降低系统的开发和维护成本。统一的接口标准可以减少系统开发过程中对接口适配工作，降低了系统的开发成本。同时，统一的接口标准可以简化系统的维护工作，降低了系统的维护成本。

（三）数据格式标准化

在物联网与智能设备融合的过程中，数据格式的标准化是至关重要的一环。通过制定统一的数据格式标准，可以使不同品牌、型号的智能设备产生的数据具有统一的格式，方便数据的交换和处理，提高系统的整体互操作性和通用性，促进智能设备的普及和应用。数据格式标准化可以实现数据的统一存储和管理。不同品牌、型号的智能设备产生的数据通常具有不同的格式和结构，导致数据无法直接进行交换和处理。通过制定统一的数据格式标准，可以使所有智能设备产生的数据具有相同的格式和结构，方便数据的统一存储和管理。

数据格式标准化可以提高数据的交换和处理效率。统一的数据格式标准可以减少数据格式转换的时间和成本，提高数据的交换和处理效率，加快数据的传输和处理速度，提高系统的整体性能。数据格式标准化还可以降低系统的开发和维护成本。统一的数据格式标准可以减少系统开发过程中对数据格式适配工作，降低了系统的开发成本。同时，统一的数据格式标准可以简化系统的维护工作，降低了系统的维护成本。

（四）物联网平台建设

在物联网与智能设备融合的过程中，物联网平台的建设是至关重要的一环。通过建设统一的物联网平台，可以集成不同品牌、型号的智能设备，提供统一的接入接口和管理控制界面，实现对智能设备的统一管理和控制，提高系统的整体互操作性和通用性，促进智能设备的普及和应用。物联网平台的建设可以实现智能设备的集成和统一管理。不同品牌、型号的智能设备通常具有不同的通信协议和接口，导致设备无法直接连接到同一个系统中进行管理和控制。通过建设统一的物联网平台，可以集成不同品牌、型号的智能设备，提供统一的接入接口和管理控制界面，实现对智能设备的统一管理和控制。

物联网平台的建设可以提高系统的整体互操作性和通用性。统一的物联网平台可以使不同品牌、型号的智能设备能够在同一个系统中共存和协作，实现设备之间的互操作性，提高系统的整体通用性和灵活性。物联网平台的建设还可以降低系统的开发和维护成本。统一的物联网平台可以减少系统开发过程中对设备适配工作，降低了系统的开发成本。同时，统一的物联网平台可以简化系统的维护工作，降低了系统的维护成本。

（五）数据安全保障

在物联网与智能设备融合的过程中，数据安全保障是至关重要的一环。加强对物联网和智能设备的数据安全保障，采用加密、认证等技术，防止数据泄露和攻击，确保物联网系统的安全稳定运行，对于保障用户隐私和信息安全、促进物联网技术的健康发展具有重要意义。加强对物联网和智能设备的数据加密保障是确保数据安全的关键。通过对数据进行加密处理，可以有效防止数据在传输和存储过程中被窃取和篡改，确保数据的机密性和完整性。

采用认证技术可以有效防止未经授权的访问。通过对用户和设备进行身份认证，可以确定其身份的真实性和合法性，防止非法用户和设备对系统进行攻击和入侵，保障系统的安全运行。加强对物联网和智能设备的安全管理是确保系统安全的重要措施。建立完善的安全管理制度和机制，加强对设备和系统的监控和管理，及时发现和处理安全漏洞和威胁，提高系统的安全性和稳定性。

（六）生态系统建设

生态系统建设是物联网与智能设备发展的关键一环，其目的在于吸引更多的厂商和开发者加入，共同推动这一领域的融合发展，推动行业的创新和进步。要建立开放、共享的平台。物联网与智能设备的生态系统应该是一个开放的平台，允许不同厂商和开发者共享资源和技术，实现协同创新。通过建立开放的标准和接口，吸引更多的参与者加入，促进行业的发展。要注重生态系统的可持续发展。生态系统的建设不是一蹴而就的，需要持续地投入和维护。因此，我们需要建立长期的合作机制，促进生态系统的稳定和持续发展。要重视用户体验。用户是生态系统发展的关键，我们需要不断优化产品和服务，提高用户体验，增强用户黏性，从而吸引更多的用户加入生态系统。要加强生态系统的安全保障。随着物联网与智能设备的发展，安全问题日益凸显。因此，我们需要加强生态系统的安全保障，防范各类安全风险，确保生态系统的稳定和安全运行。

（七）技术研发创新

技术研发创新是推动物联网和智能设备融合发展的重要驱动力。随着科技的迅速发展，物联网和智能设备的技术水平不断提高，应用领域也日益广泛。加大对物联网和智能设备相关技术的研发投入。在当前技术迭代更新速度加快的背景下，加大对物联网和智能设备相关技术的研发投入至关重要。通过增加资金投入、优化研发团队结构、加强与高校科研机构的合作等方式，不断推动相关技术的突破和创新。在物联网和智能设备领域，新技术的推出往往会带来新产品的诞生，从而推动整个行业的发展。因此，我们需要不断探索和应用新的技术，推出符合市场需求的新产品，提高物联网与智能设备融合的技术水平和应用效果。

技术的研发只是第一步，更重要的是将技术应用到实际生产和生活中，提高其效益。我们需要注重技术的实际应用，推动技术与产业的深度融合，实现技术的最大化价值。加强技术交流与合作。在技术研发创新过程中，加强与国内外同行的技术交流与合作，可以借鉴他人的经验和成果，推动自身技术的发展。同时，也可以通过合作共赢的方式，推动整个行业的发展和进步。

第三章　大数据概述与技术基础

第一节　大数据概念与特点

一、大数据概念

大数据是指规模庞大、类型多样、处理复杂、价值密度低的数据集合，其特点主要包括数据量大、数据类型多样、数据处理速度快、数据价值密度低。随着互联网的发展和信息化进程的加快，大数据已经成为信息社会中一种重要的资源和生产要素，对经济社会发展产生了深远的影响。

二、大数据的特点

（一）数据量大

大数据所指的数据量庞大，体现了当今信息时代数据爆炸式增长的趋势。这种大规模数据的产生主要来源于各种数字化设备和平台，如传感器、智能手机、社交媒体、云计算等。这些设备和平台每时每刻都在产生海量数据，其中包含着各种有用的信息和价值。传感器网络广泛应用于工业生产、环境监测、智能交通等领域，不断产生各类传感数据；社交媒体平台成为人们交流、分享信息的主要场所，每天产生大量的文字、图片、视频等数据；日志文件记录了系统运行、用户操作等信息，为系统优化和故障排查提供了重要依据；移动设备如智能手机、平板电脑等也在不断产生用户位置、行为等数据。

大数据的量级巨大，通常以 TB、PB 甚至 EB 为单位。据统计，全球每天产生的数据量已经超过 2.5EB，而且这个数字还在不断增长。这些数据量的增长远远超过了传统数据处理和存储的能力，需要采用新的技术和方法来处理和分析这些数据。大数据的处理和分析对于很多行业和领域都具有重要意义。在医疗健康领域，大数据可以帮助医生更好地诊断疾病，制定个性化治疗方案；在金融领域，大数据可以帮助银行和金融机构更好地了解客户需求，提供更好的金融服务；在城市管理领域，大数据可以帮助城市规划者更好地了解城市运行情况，制定更有效的城市发展策略。

（二）数据类型多样

大数据的多样性体现在数据类型的多样性上，包括结构化数据、半结构化数据和非结构化数据。这些不同类型的数据都具有重要的信息和价值，需要采用不同的方法和技术来处理和分析。结构化数据是指以表格形式存储的数据，如数据库中的数据。结构化数据具有明确的数据结构和组织方式，可以方便地进行存储、查询和分析。例如，企业的销售数据、客户信息等都属于结构化数据，可以通过 SQL 等语言进行处理和分析。

半结构化数据具有某种程度的结构，但不像结构化数据那样严格。半结构化数据通常以标记语言或者键值对的形式存储，如 XML 文件和 JSON 格式数据。这种数据在存储和处理上介于结构化数据和非结构化数据之间，需要采用特定的方法和工具来处理和分析。非结构化数据是指没有明确结构的数据，如文本、图像、音频等。这类数据通常包含着丰富的信息和内容，但需要通过文本分析、图像识别、语音识别等技术来进行处理和分析。例如，社交媒体上的评论、新闻报道中的文字、医学影像中的图像等都属于非结构化数据。

（三）数据处理速度快

大数据的处理速度快是其重要特征之一，随着互联网和移动互联网的普及，人们在日常生活中产生的数据量不断增加，而且这些数据往往具有时效性，需要及时进行处理和分析，以获取有用的信息和洞见。许多应用场景要求对数据进行实时处理和分析，以满足用户的即时需求。例如，在金融行业，实时交易数据分析可以帮助交易员及时做出决策；在物流行业，实时监控货物位置可以帮助提高物流效率。

大数据的快速处理对于预测和决策具有重要意义。通过对大数据进行快速处理和分析，可以帮助企业更好地了解市场动态，预测市场趋势，从而做出更加准确的决策。例如，通过分析社交媒体上的数据，企业可以了解消费者的喜好和趋势，制定更加精准的营销策略。大数据的快速处理对于发现异常和问题具有重要作用。通过实时监控和分析大数据，可以及时发现异常情况，并采取相应措施。例如，在网络安全领域，通过实时监控网络流量和日志数据，可以及时发现网络攻击和入侵行为，保护网络安全。

（四）数据价值密度低

大数据中的数据价值密度低是指其中大部分数据并非都具有高价值，而是属于垃圾数据或者无用数据。这种情况主要是由于数据的多样性和规模庞大所导致的，使得其中包含了大量的冗余信息、错误信息或者与主题无关的信息。因此，需要通过数据挖掘和分析等技术手段，发现其中潜在的有价值信息，从而提高数据的价值密度。数据价值密度低是大数据面临的一个重要问题。随着数据规模的不断增大，数据中包含的有用信息和价值变得越来越稀缺，而大量的垃圾数据和无用数据则占据了数据集的大部分。这就需要通过数据挖掘和分析等手段，从海量数据中筛选出有价值的信息，提高数据的价值密度。

数据挖掘是一种重要的技术手段，它可以帮助发现数据中的规律和模式，从而挖掘出隐藏在数据中的有价值信息。另外，机器学习和人工智能等技术也可以应用于数据的分析和挖掘，帮助提高数据的价值密度。数据价值密度低对于数据的存储和处理带来了挑战。由于数据中包含大量的垃圾数据和无用数据，如果不加以处理和清理，将会占据大量的存储空间，增加数据处理的复杂性和成本。因此，需要采用有效的数据清洗和处理技术，提高数据的价值密度，减少存储和处理的成本。

（五）数据质量参差不齐

大数据的数据质量参差不齐是一个普遍存在的问题，主要是由于数据的来源多样化和规模庞大所导致的。在大数据中，有些数据可能存在错误、重复或者不完整，这些问题会影响到数据的准确性和可信度，进而影响到数据分析和挖掘的结果。因此，需要采取有效的措施来提高数据的质量，保证数据的可靠性和准确性。数据质量参差不齐是大数据面临的一个普遍问题。由于大数据的来源多样化，包括传感器数据、社交媒体数据、日志数据等，这些数据可能存在不同的质量问题，如数据错误、数据缺失、数据重复等。这些问题会影响到数据的准确性和可信度，从而影响到数据分析和挖掘的结果。

数据清洗是一种常用的方法，通过识别和修复数据中的错误、重复和缺失，可以提高数据的质量。数据清洗可以采用自动化工具来实现，也可以借助人工进行验证和修复。数据质量的提升需要全员参与。除了数据科学家和分析师外，业务人员和数据采集人员也需要参与到数据质量的提升中来。他们可以通过对数据进行验证和检查，及时发现和纠正数据质量问题，提高数据的准确性和可信度。

（六）数据存储和处理需求高

大数据的存储和处理需求之所以高，主要是因为数据量大、类型多样的特点所致。传统的存储和处理方法往往无法满足大数据的需求，因此需要采用新的技术和方法来处理和存储大数据大数据通常以 TB、PB 甚至 EB 为单位，传统的存储方法无法满足如此大规模的数据存储需求。因此，需要采用分布式存储技术，将数据分散存储在多个节点上，从而提高存储容量和存储性能。

大数据不仅包括结构化数据，还包括半结构化和非结构化数据。传统的处理方法往往只能处理结构化数据，无法有效处理半结构化和非结构化数据。因此，需要采用新的处理方法和技术，如分布式计算和大数据处理框架，来处理各种类型的数据。大数据的处理需求高还体现在数据处理速度上。由于大数据的产生速度很快，需要对数据进行实时处理和分析，以满足实时性要求。传统的数据处理方法往往无法满足实时处理的需求，因此需要采用流式处理和实时处理技术，来实现对大数据的实时处理和分析。

第二节　大数据存储与管理技术

一、大数据存储技术

（一）分布式存储系统

在中国，分布式存储系统在大数据应用中发挥着重要作用，为大规模数据的存储和处理提供了可靠的基础支撑。其中，Hadoop 分布式文件系统（HDFS）作为开源的分布式存储系统，在中国得到了广泛应用。HDFS 通过将大文件切分成多个块，并将这些块存储在集群中的不同节点上，实现了数据的分布式存储和处理。通过 HDFS，中国的企业和机构能够高效地存储和管理大规模的数据，为数据分析和挖掘提供了良好的基础。除了 HDFS，中国还有一些自主研发的分布式存储系统，如深之蓝的分布式存储系统、百度的 Tera 系统等。这些系统在存储大规模数据方面具有一定的优势，为中国的大数据应用提供了多样化的选择。这些分布式存储系统不仅支持大规模数据的存储，还能够提供高可靠性和可扩展性，满足中国企业和机构对数据存储和处理的需求。

分布式存储系统的广泛应用也推动了中国在大数据领域的发展。通过分布式存储系统，中国的企业和机构能够更好地利用数据资源，实现数据驱动的业务发展。同时，分布式存储系统也促进了大数据技术的创新和进步，为中国在大数据领域的技术积累和创新能力提升提供了有力支撑。

（二）NoSQL数据库

中国的大数据应用中，NoSQL数据库也得到了广泛应用，为存储半结构化和非结构化数据提供了灵活的解决方案。MongoDB、Redis、HBase等NoSQL数据库在中国得到了广泛应用，为大数据存储和管理提供了丰富的选择。MongoDB是一个面向文档的NoSQL数据库，适用于存储半结构化数据。在中国，许多企业和机构使用MongoDB来存储和管理大量的文档数据，如日志数据、用户数据等。MongoDB具有高可扩展性和灵活的数据模型，能够满足中国企业和机构对数据存储和管理的需求。

Redis是一个开源的内存数据库，适用于存储非结构化数据。在中国，许多企业和机构使用Redis来存储缓存数据、会话数据等，提高数据的读写性能和响应速度。Redis具有高速的数据读写能力和灵活的数据结构，为中国的大数据应用提供了重要支持。HBase是一个面向列存储的NoSQL数据库，适用于存储结构化数据。在中国，许多企业和机构使用HBase来存储大规模的结构化数据，如日志数据、传感器数据等。HBase具有高可靠性和高扩展性，能够满足中国企业和机构对大规模数据存储的需求。

（三）云存储服务

中国的云存储服务在大数据应用中发挥着越来越重要的作用，为企业和个人提供了高可用性、高可靠性的云存储解决方案。阿里云、腾讯云、华为云等云存储服务提供商为中国的大数据应用提供了丰富的选择和便利的服务。阿里云作为中国领先的云计算服务提供商，提供了高可用性、高可靠性的云存储服务。阿里云的对象存储服务OSS支持大规模数据的存储和管理，为中国的企业和个人提供了稳定和安全的云存储解决方案。

腾讯云作为中国领先的云服务提供商之一，也提供了高可靠性的云存储服务。腾讯云的对象存储服务COS支持大规模数据的存储和管理，为中国的企业和个人提供了灵活和便捷的云存储解决方案。华为云作为中国领先的云计算和云存储服务提供商，提供了高可用性、高可靠性的云存储服务。华为云的云存储服务支持大规模数据的存储和管理，为中国的企业和个人提供了安全和高效的云存储解决方案。

（四）混合存储系统

中国一些企业和研究机构在大数据存储方面取得了重要进展，其中之一就是开发了自己的混合存储系统。这些系统将内存、闪存和磁盘结合起来，以提高数据的读写性能和处理效率，为中国的大数据应用提供了重要的技术支持。混合存储系统的出现主要是为了解决传统存储系统在处理大数据时性能瓶颈的问题。通过将内存、闪存和磁盘结合起来，混合存储系统能够充分利用各种存储介质的优势，提高数据的读写性能和处理效率。这对于需要处理大规模数据的中国企业和研究机构来说至关重要，能够帮助他们更好地应对日益增长的数据量和复杂性。混合存储系统在中国的大数据应用中发挥着重要作用。一方面，它们提高了数据的读写性能和处理效率，使得中国的企业和研究机构能够更快地处理大规模数据，提高工作效率。另一方面，混合存储系统也为中国的大数据应用提供了技术支持，推动了大数据技术在中国的发展和应用。

（五）对象存储服务

在中国，对象存储服务在大数据应用中扮演着重要角色，为存储大文件和非结构化数据提供了高可扩展性和灵活性。阿里云的对象存储服务 OSS、腾讯云的对象存储服务 COS 等提供了丰富的选择，为中国的大数据应用提供了便利和支持。阿里云的对象存储服务 OSS 是一种高可用性、高可靠性的云存储服务，适用于存储大文件和非结构化数据。通过 OSS，用户可以轻松地存储和管理大规模的数据，如图片、视频、日志等。OSS 具有高度可扩展性和灵活性，能够满足中国企业和个人对大数据存储的需求。腾讯云的对象存储服务 COS 也是一种高可用性、高可靠性的云存储服务，适用于存储大文件和非结构化数据。通过 COS，用户可以安全地存储和管理大规模的数据，如图片、视频、文档等。COS 具有高度可扩展性和灵活性，为中国的大数据应用提供了稳定和高效的存储解决方案。

二、大数据管理技术

（一）数据采集

数据采集是大数据管理技术中至关重要的一环，它涉及从各种来源获取数据的过程，包括传感器数据采集、日志文件采集、社交媒体数据采集等。这些方法的高效运用可以确保数据的准确性和完整性，为后续的数据处理和分析提供了可靠的数据基础。在大数据时代，数据来源的多样性和数据量的庞大性使得数据采集变得更加复杂和重要。传感器数据采集是其中的重要方式之一，通过各类传感器获取环境、设备等方面的数据，如温度、湿度、压力等，用于环境监测、设备状态监测等领域。这些数据的及时采集和分析可以帮助企业和组织做出及时的决策，提高生产效率和服务质量。通过收集各种系统和应用程序产生的日志文件，可以了解系统运行情况、用户行为等信息，帮助企业优化系统性能、改善用户体验。社交媒体数据采集则是针对社交媒体平台上的数据，通过监测用户行为、情感分析等方式，了解用户需求和市场趋势，为企业的营销和产品策略提供重要参考。

（二）数据存储

数据存储是大数据管理技术中的核心环节，涉及如何高效地存储大规模的数据，并确保数据的可用性和可靠性。在大数据管理技术中，有多种数据存储方法可供选择，包括分布式文件系统、NoSQL 数据库和云存储服务等，它们各有特点，可以根据实际需求进行选择和应用。分布式文件系统是一种常用的数据存储方法，它将大文件切分成多个块，并将这些块存储在集群中的不同节点上，实现了数据的分布式存储和处理。分布式文件系统具有高可扩展性和高可靠性的特点，适用于存储大规模的数据，如 Hadoop 分布式文件系统（HDFS）就是其中的代表之一。

NoSQL 数据库是另一种常用的数据存储方法，它适用于存储半结构化和非结构化数据，如文档型数据、键值对数据等。NoSQL 数据库具有高度可扩展性和灵活性的特点，能够满足不同类型数据的存储需求，如 MongoDB、Redis、HBase 等就是常见的 NoSQL 数据库。云存储服务是近年来逐渐流行起来的一种数据存储方法，它将数据存储在云端的服务器上，用户可以通过网络访问和管理这些数据。云存储服务具有高可用性和灵活性的特点，能够为用户提供方便快捷的数据存储解决方案，如阿里云的对象存储服务 OSS、腾讯云的对象存储服务 COS 等。

（三）数据处理

数据处理是大数据管理技术中的关键环节，涉及对大数据进行清洗、转换、分析和计算，以获取有价值的信息和洞见。在大数据管理技术中，有多种数据处理方法可供选择，如 MapReduce、Spark、Hive 等，它们各有特点，可以根据实际需求进行选择和应用。MapReduce 是一种常用的数据处理方法，它将大规模数据分成多个小数据块，并将这些数据块分配给不同的计算节点进行处理，最后将结果合并起来。MapReduce 具有高度可扩展性和容错性的特点，适用于处理大规模的数据集，如 Hadoop 中的 MapReduce 框架就是其中的代表。

Spark 是另一种常用的数据处理方法，它是基于内存计算的大数据处理框架，能够比 MapReduce 更快地处理大规模数据集。Spark 支持多种数据处理模型，如批处理、流处理和交互式查询等，具有高性能和灵活性的特点，适用于处理复杂的数据分析任务。Hive 是一种基于 Hadoop 的数据仓库工具，它提供了类似 SQL 的查询语言，可以将结构化数据映射到 Hadoop 集群上，并通过 MapReduce 来处理数据。Hive 具有简单易用的特点，适用于数据分析师和数据工程师快速进行数据处理和分析。

（四）数据分析

数据分析是大数据管理技术中至关重要的一环，它涉及对大数据进行统计、建模和预测，以发现数据中隐藏的有价值信息和模式。在大数据管理技术中，有多种数据分析方法可供选择，如数据挖掘、机器学习、深度学习等，它们各有特点，可以根据实际需求进行选择和应用。数据挖掘是一种常用的数据分析方法，它通过分析大量的数据，发现其中的规律、趋势和关联性，从而帮助用户做出更好的决策。数据挖掘包括了多种技术，如分类、聚类、关联规则挖掘等，可以应用于各种领域，如市场营销、金融风控等。

机器学习是另一种常用的数据分析方法，它是人工智能的一个重要分支，通过让计算机从数据中学习并改进自己的算法，以实现对数据的分析和预测。机器学习包括了多种算法，如决策树、支持向量机、神经网络等，可以应用于图像识别、语音识别等领域。深度学习是机器学习的一个子领域，它模拟人脑的神经网络结构，通过多层次的神经网络对数据进行分析和学习。深度学习在图像识别、自然语言处理等领域取得了很多突破性的成果，为数据分析提供了新的可能性。

（五）数据应用

数据应用是大数据管理技术中至关重要的一环，它涉及将数据分析的结果应用到实际业务中，以支持决策和创新。在大数据管理技术中，有多种数据应用方法可供选择，如推荐系统、精准营销、智能制造等，它们各有特点，可以根据实际需求进行选择和应用。推荐系统是一种常用的数据应用方法，它通过分析用户的行为和偏好，为用户推荐他们可能感兴趣的产品或服务。推荐系统可以应用于电子商务、社交网络等领域，帮助企业提高销售额和用户满意度。

精准营销是另一种常用的数据应用方法，它通过分析客户的行为和偏好，为客户提供个性化的营销服务，从而提高营销效果和客户满意度。精准营销可以应用于广告投放、客户关系管理等领域，帮助企业更好地了解客户需求，提高市场竞争力。智能制造是一种新兴的数据应用方法，它通过分析生产过程中的数据，优化生产流程和提高生产效率。智能制造可以应用于制造业、工业生产等领域，帮助企业降低生产成本、提高产品质量。

第三节　大数据处理与分析技术

一、大数据处理技术

（一）基于 Hadoop 生态的技术

在中国，基于 Hadoop 生态的大数据技术得到了广泛应用，为企业和机构提供了强大的数据存储和处理能力。Hadoop 生态包括了一系列开源软件和工具，如 Hadoop 分布式文件系统（HDFS）、HBase、Hive 等，这些技术的应用使得企业能够更好地管理和分析大规模数据，从而提升了业务的效率和竞争力。Hadoop 分布式文件系统（HDFS）是 Hadoop 生态中的核心组件之一，它能够将大规模数据分布式存储在集群中的多台计算机上，实现数据的高可靠性和高可扩展性。在中国，许多企业和机构通过部署 HDFS，实现了对海量数据的存储和管理，为数据驱动的业务决策提供了重要支持。

HBase 是一个分布式的、面向列的 NoSQL 数据库，它构建在 Hadoop 之上，提供了实时读写访问大数据集的能力。在中国，许多企业利用 HBase 存储和查询大规模数据，如用户行为数据、日志数据等，为企业提供了实时的数据查询和分析功能。Hive 是一个数据仓库工具，可以将结构化数据映射到 Hadoop 集群上进行查询和分析。在中国，许多企业通过 Hive 构建数据仓库，实现对数据的高效查询和分析，为业务决策提供了重要依据。

（二）云计算平台

在中国，云计算平台已经成为企业和机构处理大数据的重要选择。阿里云、腾讯云、华为云等云计算平台提供了高性能、高可靠性的大数据处理服务，为用户提供了便捷的数据处理和分析解决方案。首先，阿里云是中国领先的云计算平台之一，提供了包括弹性计算、存储、数据库、大数据处理等在内的全套云计算服务。阿里云的大数据处理服务包括 Max Compute、Data Works 等，能够帮助用户高效地处理和分析海量数据，为企业提供了强大的数据处理能力。其次，腾讯云也是中国领先的云计算平台之一，提供了包括弹性计算、存储、数据库、大数据处理等在内的全套云计算服务。腾讯云的大数据处理服务包括 Tencent DB、Tencent Analytics 等，能够帮助用户实现对海量数据的高效处理和分析，为企业提供了可靠的数据处理解决方案。另外，华为云作为中国领先的云计算服务提供商，也在大数据处理领域有着重要的应用。华为云的大数据处理服务包括 Fusion Insight、Model Arts 等，能够帮助用户实现对大规模数据的存储、处理和分析，为企业提供了可靠的数据处理和分析平台。

（三）人工智能和机器学习

中国在人工智能和机器学习领域取得了重大进展，这些技术在大数据处理中发挥着重要作用。例如，百度的 Paddle Paddle 和阿里巴巴的 PAI 平台等，这些平台能够支持大规模数据的机器学习和深度学习应用。人工智能（AI）和机器学习（ML）技术在中国得到了广泛应用，尤其是在大数据处理方面发挥了重要作用。中国的一些科技巨头，如百度、阿里巴巴、腾讯等，纷纷推出了自己的人工智能平台，为企业和开发者提供了丰富的机器学习和深度学习工具和服务。

百度的 Paddle Paddle 是一个开源的深度学习平台，广泛应用于语音识别、图像识别、自然语言处理等领域。Paddle Paddle 提供了丰富的深度学习模型和算法库，能够支持大规模数据的机器学习和深度学习应用。阿里巴巴的 PAI 平台是一个人工智能平台，提供了丰富的机器学习和深度学习工具和服务。PAI 平台能够支持大规模数据的机器学习和深度学习应用，为企业和开发者提供了强大的数据处理和分析能力。除了科技巨头，中国的许多企业和研究机构也在人工智能和机器学习领域取得了重要进展。这些技术的应用使得企业能够更好地处理和分析大规模数据，为业务的发展和创新提供了重要支持。

（四）实时数据处理技术

在中国，实时数据处理技术在各个领域得到了广泛应用，如智能交通、智能制造等。实时数据处理技术能够实现对实时数据流的快速处理和分析，为企业和机构提供了强大的实时数据处理能力，推动了各行业的智能化发展。实时数据处理技术在智能交通领域发挥了重要作用。中国的一些城市利用实时数据处理技术，实现了对交通流量、路况等数据的实时监测和分析，为交通管理部门提供了重要的决策支持，优化了交通运输系统的运行效率。

中国的一些制造企业利用实时数据处理技术，实现了对生产过程的实时监测和控制，提高了生产效率和产品质量，推动了制造业的智能化升级。实时数据处理技术还在金融、电商、物流等领域得到了广泛应用。中国的一些金融机构利用实时数据处理技术，实现了对交易数据的实时监测和分析，提高了金融风险管理的能力；电商企业利用实时数据处理技术，实现了对用户行为数据的实时分析，提高了营销效果和用户体验；物流企业利用实时数据处理技术，实现了对物流运输数据的实时监测和分析，提高了物流运输效率和服务质量。

（五）数据安全和隐私保护

中国在大数据处理技术中加强了对数据安全和隐私保护的措施，包括数据加密、访问控制等措施，保障了数据的安全和隐私。中国采用了数据加密技术保障数据的安全。通过对数据进行加密，可以有效防止数据在传输和存储过程中被窃取或篡改，保障数据的完整性和机密性。中国的企业和机构广泛应用数据加密技术，提高了数据的安全性。

中国采用了访问控制技术保障数据的安全和隐私。通过对数据访问权限进行控制，可以限制未经授权的访问，防止数据被非法获取或使用。中国的企业和机构建立了严格的访问控制机制，保障了数据的安全和隐私。中国采用了数据备份和灾备技术保障数据的安全。通过定期备份数据，并建立灾备系统，可以防止数据丢失或损坏，保障数据的安全性和可靠性。中国的企业和机构广泛应用数据备份和灾备技术，提高了数据的安全性和可靠性。

（六）行业应用

在中国，大数据处理技术被广泛应用于各个行业，包括金融、电商、物流等，为行业提供了数据驱动的决策支持和创新能力，推动了行业的发展和升级。在金融行业，大数据处理技术被广泛应用于风险管理、营销和客户服务等方面。通过对海量数据的分析，金融机构可以更好地识别和管理风险，提高业务的稳健性和可持续性；同时，还可以通过对客户行为数据的分析，实现精准营销和个性化服务，提升客户体验和满意度。

在电商行业，大数据处理技术被广泛应用于用户行为分析、商品推荐和供应链管理等方面。通过对用户行为数据的分析，电商企业可以了解用户需求和偏好，实现精准推荐和个性化营销，提高销售额和客户忠诚度；同时，还可以通过对供应链数据的分析，优化供应链管理，提高运营效率和产品质量。在物流行业，大数据处理技术被广泛应用于路线优化、配送调度和货物跟踪等方面。通过对路线数据和交通数据的分析，物流企业可以优化配送路线和调度计划，降低成本和提高效率；同时，还可以通过对货物跟踪数据的分析，实现货物的实时监控和追踪，提高货物运输的安全性和可靠性。

二、大数据分析技术

（一）数据采集和存储

在智慧城市建设中，数据采集和存储是至关重要的一环。智慧城市需要收集各种各样的数据，包括但不限于人口统计信息、交通流量、环境监测数据等。这些数据是智慧城市运行和发展的基础，也是制定科学决策和提供优质服务的重要依据。大数据分析技术在数据采集和存储方面发挥着重要作用。首先，大数据技术可以帮助城市管理者高效地采集各类数据。通过部署传感器网络和物联网设备，可以实现对城市各个角落的实时监测和数据采集，将数据传输到数据中心进行处理和分析。这种高效的数据采集方式不仅提高了数据的采集速度和准确性，还降低了数据采集成本。

大数据技术可以帮助城市管理者实现海量数据的存储和管理。随着智慧城市数据量的不断增加，传统的数据存储方式已经无法满足需求。大数据技术可以利用分布式存储系统，将数据存储在多个节点上，实现数据的分布式存储和管理。这种方式不仅提高了数据的存储效率和可靠性，还能够实现数据的实时访问和快速检索。大数据技术还可以结合云计算技术，实现数据的弹性扩展和按需存储。通过云计算平台，城市管理者可以根据实际需求动态调整数据存储资源，避免资源浪费和过度投资。同时，云计算平台还可以提供高可用性和安全性的数据存储服务，保障数据的安全性和完整性。

（二）数据处理和分析

在智慧城市建设中，数据处理和分析是实现智慧化管理的关键环节。随着智慧城市各类数据的不断增加和积累，如何有效地对海量数据进行处理和分析，提取有价值的信息成为智慧城市管理者面临的重要挑战。大数据分析技术为智慧城市提供了强大的数据处理和分析工具。首先，大数据技术可以帮助智慧城市对海量数据进行快速的处理和分析。传统的数据处理方法往往需要耗费大量时间和资源，而大数据技术可以利用分布式计算框架，将数据分成多个部分并行处理，大大提高了数据处理的速度和效率。

大数据技术可以帮助智慧城市从海量数据中提取有价值的信息。通过数据分析和挖掘技术，可以发现数据中的隐藏模式和规律，为城市管理提供决策支持。比如，可以通过分析交通流量数据，预测交通拥堵情况并制定相应的交通管理策略；通过分析环境监测数据，及时发现环境问题并采取措施加以解决。大数据技术还可以帮助智慧城市进行数据可视化和智能化分析。通过将数据可视化展现，城市管理者可以直观地了解数据的情况，更好地发现问题和优化决策。同时，利用人工智能和机器学习技术，可以实现对数据的智能化分析，进一步提高数据分析的效率和准确性。

（三）数据挖掘和预测分析

在智慧城市建设中，数据挖掘和预测分析是利用大数据分析技术实现智慧化管理和决策的重要手段。通过数据挖掘，智慧城市可以从海量数据中发现隐藏的模式和规律，为城市管理提供决策支持；而通过预测分析，可以帮助城市管理者预测未来的发展趋势，制定更加科学的规划和政策。数据挖掘可以帮助智慧城市发现数据中的隐藏模式和规律。随着数据量的不断增加，传统的数据处理方法已经无法满足对数据的深层分析需求。大数据分析技术可以利用数据挖掘算法，从海量数据中挖掘出有价值的信息，帮助城市管理者更好地了解城市运行的情况，发现问题并制定相应的解决方案。

预测分析可以帮助智慧城市预测未来的发展趋势。通过分析历史数据和当前趋势，结合经济学、社会学等相关领域的知识，可以建立预测模型，对未来的发展进行预测。这种预测分析可以帮助城市管理者及时调整规划和政策，更好地应对未来的挑战和机遇。数据挖掘和预测分析还可以帮助智慧城市实现精细化管理和个性化服务。通过分析个人和群体的数据，可以为市民提供个性化的服务，提高市民的满意度和生活质量。同时，还可以帮助城市管理者精准地制定政策和措施，提高城市管理的效率和水平。

（四）个性化服务提供

在智慧城市建设中，个性化服务提供是利用大数据分析技术实现智慧化管理和服务的重要方向之一。通过分析个人数据，智慧城市可以为市民提供更加个性化、精准的服务，提高市民的生活质量和满意度。通过分析个人的消费习惯、兴趣爱好等数据，智慧城市可以为市民推荐符合其需求的产品和服务。比如，在购物、旅游、文化娱乐等方面，可以根据个人的喜好和偏好进行推荐，提高购物和生活的便利性和舒适度。

智慧城市可以根据市民的个性化需求，提供定制化的服务。比如，在医疗健康、教育培训等领域，可以根据市民的健康状况、学习能力等个性化特征，提供定制化的医疗服务和教育培训方案，提高服务的针对性和有效性。个性化服务还可以帮助智慧城市提高服务的质量和效率。通过分析市民的反馈和评价数据，智慧城市可以及时调整服务策略，提高服务的质量和满意度。同时，个性化服务还可以帮助智慧城市提高服务的效率，减少资源浪费，提高资源利用效率。

第四节　大数据应用与发展趋势

一、大数据应用

（一）智慧安全监控

在智慧城市建设中，智慧安全监控是保障城市安全的重要手段，而大数据应用在智慧安全监控中发挥着关键作用。通过分析安防监控数据，智慧城市可以实现更加智能化、精准化的安全监控和管理，提高城市的安全性和治安水平。大数据应用可以帮助智慧城市实现实时监控和预警。通过分析安防监控摄像头、传感器等设备采集的数据，可以实现对公共场所和重要设施的实时监控。当发现异常情况时，系统可以自动发出预警信号，及时通知相关部门和人员进行处置，提高应对突发事件的效率和及时性。

大数据应用可以帮助智慧城市实现安全事件的快速识别和分析。通过分析大量的安防监控数据，可以发现安全事件的规律和特征，提高对安全事件的识别和分析能力。同时，可以利用机器学习和人工智能等技术，实现对安全事件的自动识别和分类，减轻人工识别的负担，提高识别的准确性和效率。大数据应用还可以帮助智慧城市实现安全数据的集成和共享。通过整合不同部门和系统的安全数据，可以实现安全信息的共享和交流，提高安全信息的传递效率和准确性。同时，可以建立安全数据的统一标准和接口，实现不同系统之间的数据互通和协同工作，提高城市安全管理的整体效率和水平。

（二）智慧公共服务

在智慧城市建设中，智慧公共服务是利用大数据技术和方法为市民提供个性化、精准化服务的重要方向。通过分析市民需求和行为数据，智慧城市可以更好地理解市民的需求，优化公共服务资源配置，提高服务的质量和满意度。大数据应用可以帮助智慧城市实现公共服务的个性化。通过分析市民的消费习惯、行为偏好等数据，可以为市民提供个性化的服务。比如，在交通出行、医疗健康、教育培训等方面，可以根据市民的需求和习惯，提供个性化的服务方案，提高服务的针对性和有效性。

大数据应用可以帮助智慧城市实现公共服务的精准化。通过分析市民的行为数据和服务需求，可以实现公共服务资源的精准配置。比如，在公共交通、医疗卫生、文化娱乐等领域，可以根据市民的实际需求和行为特征，优化资源配置，提高资源利用效率，降低资源浪费。大数据应用还可以帮助智慧城市提高公共服务的智能化水平。通过利用人工智能、机器学习等技术，可以实现对公共服务过程的智能化管理和优化。比如，在公共交通管理中，可以利用智能化算法优化交通路线，提高交通运行效率；在医疗健康管理中，可以利用智能化系统提高诊疗效率，提高医疗服务的质量。

（三）智慧城市规划

在智慧城市建设中，智慧城市规划是利用大数据技术和方法制定城市发展规划和战略的重要手段。通过分析城市发展数据和趋势，智慧城市可以制定科学的城市规划，实现城市的可持续发展和智慧化转型。大数据应用可以帮助智慧城市实现城市发展数据的全面分析。通过收集和分析城市的人口、经济、资源、环境等各方面的数据，可以全面了解城市的发展现状和问题，为制定科学的城市规划提供数据支持。

大数据应用可以帮助智慧城市实现城市发展趋势的预测。通过分析历史数据和当前趋势，结合经济学、社会学等相关领域的知识，可以预测未来城市的发展趋势，为制定长期城市规划提供参考依据。大数据应用还可以帮助智慧城市实现城市规划的优化和调整。通过实时监测和分析城市发展数据，可以及时发现规划实施过程中的问题和矛盾，及时调整规划方案，保障规划的顺利实施和城市发展的持续性。

二、大数据发展趋势

（一）智能化和自动化

随着大数据技术的不断发展，智能化和自动化将成为其重要趋势。这一趋势的实现将依赖于人工智能、机器学习等前沿技术的应用。通过这些技术的结合，可以实现对大数据的智能化处理和分析，从而提高数据分析的效率和准确性。智能化和自动化将使大数据处理更加高效。传统的大数据处理往往需要大量人力和时间，而智能化和自动化技术可以实现数据的自动收集、清洗、分析和建模，极大地减少了人力成本和处理时间。例如，利用人工智能技术，可以自动识别数据中的模式和规律，快速生成分析报告，为决策提供及时的支持。

智能化和自动化可以提高数据分析的准确性。人工处理数据容易受到主观因素的影响，而智能化处理则可以基于客观的数据分析方法和模型，减少了人为错误的可能性。通过机器学习技术，系统可以根据历史数据不断优化自身的分析能力，提高预测的准确性和精度。智能化和自动化还可以实现数据的实时处理和应用。传统的数据处理往往需要一定的时间和延迟，而智能化和自动化技术可以实现对数据的实时监控和处理，及时发现并应对数据中的变化和异常。这对于一些需要快速响应的领域如金融、医疗等具有重要意义。

（二）边缘计算和物联网结合

在物联网技术的快速发展下，边缘计算和大数据技术的结合将成为未来的重要趋势。这种结合将使得对边缘设备和传感器数据的实时处理和分析成为可能，从而提高数据处理的速度和效率，为各行业带来更多创新应用。边缘计算技术的引入将使得数据处理更加及时和高效。传统的数据处理方式往往需要将数据传输到云端进行处理，这会带来一定的延迟和带宽压力。而边缘计算将计算资源部署到数据产生的源头，可以在本地对数据进行实时处理和分析，大大缩短了数据处理的时延，提高了数据处理的效率。

边缘计算和物联网的结合可以实现更加智能的数据处理。传感器和边缘设备产生的数据往往具有海量和多样性的特点，传统的数据处理方式很难满足对这些数据的高效处理和分析需求。而边缘计算可以实现对这些数据的实时处理和分析，结合人工智能和机器学习等技术，可以实现对数据的智能化处理，从而提高数据分析的准确性和精度。边缘计算和物联网的结合还可以实现对数据的本地化处理。一些行业如工业制造、智慧城市等对数据处理的实时性要求很高，需要在本地对数据进行处理和响应，而不是依赖于云端。边缘计算技术可以将计算资源部署到数据产生的源头，实现对数据的本地化处理，提高数据处理的速度和响应能力。

（三）隐私保护和安全性

在当今信息化时代，数据泄露和隐私问题日益突出，成为制约大数据技术发展的重要因素之一。未来，大数据技术将更加注重数据的隐私保护和安全性，加强数据加密、权限管理等方面的技术应用，以应对不断增长的数据安全挑战。通过对数据进行加密处理，可以有效防止数据在传输和存储过程中被窃取或篡改。未来的大数据技术将更加注重对数据的加密处理，采用更加先进的加密算法和技术，提高数据的安全性。

合理设置数据访问权限，对不同级别的用户进行权限控制，可以有效防止未经授权的用户访问数据，减少数据泄露的风险。未来的大数据技术将更加注重对权限管理的加强，提高数据访问的安全性。未来的大数据技术将更加注重网络安全，加强网络安全防护措施，提高网络安全防护能力，防止黑客攻击和恶意软件感染，保护数据的安全性。

（四）多模态数据处理

随着多模态数据（如文本、图像、视频等）的广泛应用，大数据技术将更加注重多模态数据的处理和分析。这种趋势的实现将使得数据挖掘和分析变得更加全面和深入，为各行业带来更多创新应用和发展机遇。多模态数据处理将使得数据分析更加全面。传统的数据分析往往局限于单一类型的数据，无法全面了解数据的内在关联和规律。而多模态数据处理可以将不同类型的数据整合在一起进行分析，从而更全面地理解数据的特征和规律，为决策提供更全面的支持。

不同类型的数据往往包含着丰富的信息，传统的数据挖掘往往无法挖掘出其中的潜在规律。而多模态数据处理可以将不同类型的数据结合起来进行挖掘，发掘出数据之间的深层次关联，为发现隐藏在数据背后的规律提供更深入的分析。多模态数据处理还可以实现更加智能的数据分析。结合人工智能和机器学习等技术，可以实现对多模态数据的智能化处理和分析，从而提高数据分析的效率和准确性。例如，通过对文本、图像、视频等多模态数据的综合分析，可以实现对用户行为和偏好的智能识别和预测，为个性化推荐和服务提供更好的支持。

（五）数据共享和开放性

大数据技术将更加注重促进数据在不同领域和组织之间的流动和共享，推动数据驱动的创新和发展。数据共享和开放性将促进跨领域和跨组织的数据交流和合作。不同领域和组织拥有的数据往往具有不同的特点和价值，通过数据共享和开放性，可以实现不同领域和组织之间的数据共享和交流，促进数据在不同领域和组织之间的流动和共享，为跨领域和跨组织的数据合作提供更多可能性。

数据共享和开放性可以使得更多的人和组织可以获得数据资源，从而可以开展更多基于数据的创新活动。通过数据共享和开放性，可以促进数据的交叉应用和创新，推动数据驱动的创新和发展。数据共享和开放性还可以促进数据治理和管理的规范化和标准化。通过数据共享和开放性，可以促进数据的规范化和标准化，建立统一的数据管理标准和规范，提高数据的质量和可信度，为数据的有效管理和利用提供更好的支持。

（六）可解释性和透明性

随着人工智能和机器学习的广泛应用，大数据技术将更加注重数据处理过程的可解释性和透明性。这一趋势的实现将有助于确保数据处理过程的公正和合法性，增强人们对数据分析结果的信任和接受度。在人工智能和机器学习领域，许多算法和模型往往被视为黑盒子，即人们很难理解其内部工作原理和决策过程。通过提高数据处理过程的可解释性和透明性，可以使得人们更容易理解数据分析的结果是如何得出的，增强对数据分析结果的信任度。

可解释性和透明性可以帮助发现数据分析过程中的潜在偏差和错误。在大数据分析中，由于数据量庞大和复杂性高，往往容易出现一些偏差或错误，而这些偏差或错误可能对分析结果产生重大影响。通过提高数据处理过程的可解释性和透明性，可以使得人们更容易发现数据分析过程中的偏差和错误，及时进行修正和调整，保证数据分析结果的准确性和可靠性。在一些敏感领域如医疗、金融等，数据的处理往往需要符合一定的法律法规和行业标准，确保数据处理过程的合法性和合规性。通过提高数据处理过程的可解释性和透明性，可以使得数据处理过程更加符合法律法规和行业标准，确保数据处理的合法性和合规性。

（七）生态系统建设和产业融合

大数据技术将更加注重构建大数据生态系统，促进不同行业和领域的产业融合和创新，推动经济社会的发展和进步。大数据生态系统将促进数据资源的共享和流动。不同行业和领域拥有的数据往往具有不同的特点和价值，通过构建大数据生态系统，可以实现不同行业和领域之间的数据共享和流动，促进数据在不同领域和行业之间的跨界应用和创新。

随着大数据技术的发展，越来越多的行业开始意识到数据对于业务发展的重要性。通过构建大数据生态系统，可以促进不同行业之间的合作与融合，推动产业的协同发展，实现资源共享、优势互补，推动整个产业链的升级和转型。大数据生态系统还将推动创新模式和商业模式的重构。传统的商业模式往往难以适应数据时代的发展需求，需要通过创新来适应新的市场环境。通过构建大数据生态系统，可以促进创新模式和商业模式的重构，推动各行业和领域的创新发展，为经济社会的发展注入新动力。

第四章　大数据创新研究

第一节　数据挖掘与机器学习

一、数据挖掘与机器学习融合的价值

（一）更准确的模型

在数据挖掘与机器学习融合的过程中，更准确的模型构建是一个重要的方面。数据挖掘技术可以帮助发现数据中的模式和规律，为机器学习提供更好的特征选择和数据预处理，从而提高模型的准确性和可靠性。数据挖掘可以通过聚类技术帮助识别数据中的相似性和群集，为机器学习提供更好的特征选择。聚类可以帮助将数据划分为不同的类别，从而帮助机器学习算法更好地理解数据的结构和特征，提高模型的准确性。

数据挖掘还可以通过分类技术帮助识别数据中的类别和标签，为机器学习提供更好的数据预处理。分类可以帮助将数据划分为不同的类别，从而帮助机器学习算法更好地理解数据的标签和类别，提高模型的准确性。数据挖掘还可以通过关联规则挖掘等技术帮助发现数据中的关联性和规律性，为机器学习提供更好的输入数据。关联规则挖掘可以帮助发现数据中不同属性之间的关联关系，从而帮助机器学习算法更好地理解数据的属性和特征，提高模型的准确性。

（二）更高效的数据处理

数据挖掘与机器学习的结合是当今数据处理领域的一大趋势，它们共同为更高效的数据处理提供了可能。数据挖掘技术可以深入挖掘数据中的潜在信息，帮助识别和过滤掉无用的数据，从而减少了后续机器学习任务的计算负担，提高了数据处理的效率。在数据挖掘的过程中，可以运用各种算法和技术发现数据之间的关联性和规律性，如聚类、分类、关联规则挖掘等。这些发现可以为机器学习提供重要的特征和模式，有助于构建更加精准和高效的机器学习模型。通过数据挖掘，我们可以快速筛选出对机器学习任务有价值的特征和数据子集，避免了对整个数据集进行无效分析的浪费。

机器学习与数据挖掘的融合还可以实现对数据的自动处理和分析。基于数据挖掘的特征提取，机器学习模型可以更好地理解数据，从而实现对数据的自动分类、预测和决策。这种自动化处理大大提高了数据处理的效率，同时也降低了人工干预的成本和错误率。数据挖掘与机器学习的结合还可以为数据处理提供更深入的洞察和分析。通过挖掘数据背后的规律和模式，我们可以更好地理解数据所反映的现象和问题，并采取针对性的措施和策略。这种深入分析有助于发现数据的潜在价值，为决策提供更有力的支持。

（三）更广泛的应用场景

数据挖掘与机器学习的融合在各个领域拓展了广泛的应用场景。在医疗健康领域，这种融合可以用于疾病诊断、治疗方案制定、药物研发等方面。数据挖掘可以帮助医生挖掘患者的健康数据中的潜在规律和模式，为机器学习提供更丰富的特征，从而实现个性化的医疗诊断和治疗方案。例如，结合数据挖掘和机器学习技术，可以根据患者的基因数据、病史和临床表现，预测患者对某种药物的反应，从而实现个性化用药。

在金融领域，数据挖掘与机器学习的结合可以用于风险评估、欺诈检测、信用评分等方面。通过挖掘客户的交易数据和行为模式，结合机器学习算法进行分析，可以及时发现异常交易和潜在风险，提高金融机构的风险管理能力。同时，利用数据挖掘和机器学习技术，可以构建更准确和可靠的信用评分模型，帮助金融机构更好地评估客户的信用风险。

在市场营销领域，数据挖掘与机器学习的结合可以用于客户分析、市场预测、推荐系统等方面。通过挖掘客户的购买历史、浏览行为等数据，结合机器学习算法进行分析，可以实现对客户需求的精准预测，从而制定更有效的营销策略。同时，利用数据挖掘和机器学习技术，可以构建个性化推荐系统，根据用户的偏好和行为习惯推荐相关产品或服务，提升用户体验和购买转化率。

在交通运输领域，数据挖掘与机器学习的结合可以用于交通流量预测、路径规划、智能交通管理等方面。通过挖掘交通数据，如车辆轨迹、道路状况等，结合机器学习算法进行分析，可以预测交通拥堵情况，优化路径规划，提高交通运输效率。同时，利用数据挖掘和机器学习技术，可以实现智能交通管理，通过控制信号灯、调整路段限行等方式，优化交通流量分配，减少交通拥堵。

（四）更深入的数据理解

在当今信息爆炸的时代，数据成为我们生活中不可或缺的一部分。然而，仅仅拥有大量的数据并不能带来深刻的理解和洞察力。数据挖掘和机器学习的融合为我们提供了一种强大的工具，可以帮助我们更深入地理解数据。数据挖掘能够帮助我们发现数据中的隐藏模式和趋势。通过数据挖掘技术，我们可以从大量的数据中提取出有用的信息，发现数据之间的关联关系和规律性。这些隐藏的模式和趋势可能对于我们理解数据背后的规律和机制至关重要。

在实际的数据中，往往存在一些异常值或者异常模式，这些异常可能会对我们的数据分析和建模造成影响。通过数据挖掘技术，我们可以及时发现这些异常，并采取相应的措施进行处理，保证数据分析和建模的准确性和可靠性。而机器学习则可以利用数据挖掘发现的模式和趋势，构建和优化模型。机器学习可以通过对数据进行学习和训练，从而自动发现数据中的规律性，并将这些规律性应用到新的数据中。通过数据挖掘和机器学习的融合，我们可以更好地理解数据，构建更加准确和高效的机器学习模型，提高模型的性能和效果。

二、数据挖掘与机器学习融合的途径

（一）特征工程

特征工程是机器学习中至关重要的一环，它不仅仅是简单地将原始数据输入模型中，更是需要对数据进行深入的处理和转换，以提取出对模型训练和预测有用的信息。数据挖掘技术在特征工程中发挥着重要作用，通过数据挖掘技术，我们可以发现数据中的重要特征和模式，从而指导特征工程的设计和实现，提高特征的质量和效果。在进行特征工程时，第一步是对数据进行探索性数据分析（EDA），通过可视化和统计方法分析数据的分布、相关性等特征。数据挖掘技术可以帮助我们发现数据中的重要特征和模式，指导我们选择哪些特征进行后续的处理和转换。

一种常见的特征工程方法是数据清洗，即处理缺失值、异常值等问题。数据挖掘技术可以帮助我们发现数据中的缺失值和异常值，并采取相应的措施进行处理，以保证数据的质量和可靠性。另一种常见的特征工程方法是数据变换，即将原始数据转换成适合模型训练的形式。数据挖掘技术可以帮助我们发现数据中的重要特征和模式，指导我们选择合适的数据变换方法，以提高特征的表达能力和模型的性能。此外，特征选择也是特征工程中的重要步骤。特征选择旨在选择对模型训练和预测有用的特征，去除对模型没有贡献的特征，从而提高模型的性能和效果。数据挖掘技术可以帮助我们发现数据中的重要特征和模式，指导我们选择哪些特征进行后续的处理和转换。

（二）数据预处理

在数据挖掘和机器学习的过程中，数据预处理是至关重要的一环。数据预处理包括数据清洗、数据集成、数据变换和数据规约等步骤，其目的是将原始数据转换为适合模型训练和预测的数据形式，提高数据的质量和可用性。数据挖掘技术在数据预处理中的应用可以帮助我们更好地理解数据的特点和规律，指导数据预处理的过程，提高数据的质量和可用性。数据挖掘技术可以帮助我们发现数据中的缺失值、异常值等问题，并采取相应的措施进行处理，以保证数据的质量和可靠性。数据清洗的好坏直接影响着后续数据分析和建模的结果，因此在实际应用中，数据清洗的重要性不容忽视。

在实际应用中，往往会有多个数据源，数据集成的目的是将这些不同数据源的数据整合在一起，以便于后续的数据分析和建模。数据挖掘技术可以帮助我们发现不同数据源之间的关联关系和规律性，指导数据集成的过程，提高数据的完整性和一致性。数据变换也是数据预处理中的重要环节。数据挖掘技术可以帮助我们选择合适的数据变换方法，将原始数据转换成适合模型训练和预测的形式，提高数据的表达能力和模型的性能。数据规约的目的是减少数据的复杂性，提高数据的效率和可用性。数据挖掘技术可以帮助我们选择合适的数据规约方法，提高数据的质量和可用性。

（三）模型选择和优化

在机器学习中，选择合适的模型和优化模型的参数是非常重要的一步。数据挖掘技术可以帮助我们分析和理解数据，指导模型的选择和优化，提高模型的性能和效果。在选择模型时，我们需要考虑数据的特点、任务的要求以及模型的复杂度等因素。数据挖掘技术可以帮助我们分析和理解数据，指导模型的选择，选择适合数据和任务的模型，从而提高模型的性能和效果。模型的性能往往取决于模型的参数设置和优化方法。数据挖掘技术可以帮助我们分析和理解数据，指导模型的优化，选择合适的参数设置和优化方法，从而提高模型的性能和效果。

数据挖掘技术可以帮助我们设计合适的评估和验证方法，评估模型的性能和效果，指导模型的优化，提高模型的性能和效果。模型的解释和可解释性也是模型选择和优化过程中的重要考虑因素。数据挖掘技术可以帮助我们分析和理解模型的预测结果，解释模型的预测过程，提高模型的可解释性，从而提高模型的可信度和可用性。

（四）模型解释和评估

在机器学习中，模型的解释和评估是评价模型性能的重要指标。数据挖掘技术可以帮助我们解释模型的预测结果，评估模型的性能，从而指导模型的改进和优化。模型解释是指通过分析模型的结构和参数，以及输入数据与输出结果之间的关系，来理解模型如何做出预测的过程。解释模型有助于我们了解模型在不同情况下的决策依据，从而提高模型的可信度和可解释性。常用的模型解释方法包括特征重要性分析、局部可解释性分析和全局可解释性分析等。

特征重要性分析是一种常用的模型解释方法，它可以帮助我们了解模型对不同特征的重视程度。通过分析特征重要性，我们可以发现哪些特征对模型的预测结果影响最大，从而在特征工程和模型调优过程中有针对性地进行优化。局部可解释性分析是指对于单个样本，分析模型对其预测结果的影响因素。通过局部可解释性分析，我们可以了解模型在某个样本上的决策过程，帮助我们理解模型的预测逻辑，并发现模型可能存在的问题。

全局可解释性分析则是对整个模型进行解释，帮助我们理解模型的整体决策规则和预测方式。通过全局可解释性分析，我们可以了解模型的整体表现和优劣势，为模型改进提供指导。模型评估是指通过一系列指标和方法来评价模型的性能。常用的模型评估指标包括准确率、精确率、召回率、F1 值等。这些评估指标可以帮助我们全面地了解模型的性能，发现模型存在的问题，并提出改进方案。除了传统的评估指标外，还可以使用交叉验证、混淆矩阵、ROC 曲线等方法来评估模型的性能。这些方法可以帮助我们更加全面地评估模型的性能，并为模型的改进和优化提供参考依据。

（五）增量学习和迁移学习

在数据挖掘和机器学习领域，增量学习和迁移学习是两种重要的学习方法，它们可以帮助模型更好地适应不断变化的数据和任务需求。增量学习是一种持续学习的方法，可以让模型在不断接收新数据的同时不断改进和优化自身。与传统的批量学习不同，增量学习可以实现模型的持续优化，使模型能够随着数据的变化而变化，更好地适应新的数据分布和任务需求。增量学习的优势在于可以实现实时更新和持续优化，适用于需要不断适应变化环境的场景，如金融风控、智能推荐等领域。

迁移学习是一种利用已有知识和模型来帮助新任务学习的方法。在迁移学习中，已有的知识可以是在一个任务上学习到的模型参数、特征表示等信息，通过迁移学习，这些知识可以被有效地应用于新任务中，帮助新模型更快地学习和适应新任务。迁移学习的优势在于可以利用已有的知识和模型，减少新任务的学习成本，提高模型的泛化能力和效果。

（六）领域知识的引入

数据挖掘和机器学习的融合在实践中经常面临一个关键挑战：如何更好地利用领域知识来指导模型的构建和优化，以提高模型的性能和效果。领域知识是指对特定领域内的专业知识和经验的理解和掌握，它包括对数据的特征、背景信息、关联规律等方面的深刻认识。在数据挖掘和机器学习中，将领域知识融入模型中可以帮助我们更好地理解数据，挖掘数据潜在的规律，提高模型的泛化能力和预测性能。领域知识可以帮助我们更好地理解数据。在许多领域中，数据往往具有一定的特殊性和规律性，需要通过专业的领域知识才能更好地理解。例如，在医疗领域，对疾病的诊断和治疗需要深入了解疾病的发生机制和病理变化，这些领域知识可以帮助我们更好地理解医疗数据中的特征和规律。将这些领域知识融入数据挖掘和机器学习模型中，可以更准确地挖掘数据的潜在规律，提高模型的预测性能。

在实际应用中，往往需要根据具体的领域需求和特点来选择合适的模型和算法。通过将领域知识融入模型中，可以更好地指导模型的构建和参数调整，提高模型的性能和效果。例如，在金融领域，对风险管理和交易预测的需求很高，需要根据金融市场的特点和规律选择合适的模型和算法来构建预测模型。领域知识还可以帮助我们更好地解释模型的预测结果。在许多应用中，模型的可解释性很重要，需要能够清晰地解释模型的预测结果。通过将领域知识融入模型中，可以使模型的预测结果更具有解释性，更好地满足实际应用的需求。

第二节　流式数据处理与实时分析

一、流式数据处理

流式数据处理是指对连续不断生成的数据流进行实时处理和分析的一种数据处理方式。与传统的批处理不同，流式数据处理能够实时处理数据，并在数据到达时立即对其进行处理和分析，从而可以更快地获取数据的价值和洞察。

（一）优势

1. 实时性

流式数据处理的一个重要优势在于其实时性。传统的数据处理方式往往是批处理，需要等待一定量的数据积累后才能进行处理，导致数据处理和分析的结果不能及时反映数据的最新状态。而流式数据处理能够实时处理数据流，使得数据处理和分析的结果能够立即反映数据的最新状态，帮助用户及时做出决策。

实时性对于许多应用场景至关重要。例如，在金融领域，对股票价格、交易数据等的实时监控和分析可以帮助投资者及时调整投资策略，把握市场机会。在电商领域，对用户行为数据的实时分析可以帮助电商平台实时调整推荐策略，提高用户购买转化率。在物联网领域，对传感器数据的实时处理可以帮助监控设备状态，及时发现设备故障并采取措施修复，确保设备的正常运行。

实现流式数据处理的关键在于构建高效的流式数据处理系统。这种系统需要具备高性能的数据处理和分析能力，能够实时处理高速生成的数据流，并在数据到达时立即对其进行处理。此外，流式数据处理系统还需要具备良好的容错性和扩展性，能够在处理过程中保持稳定运行，并能够根据需求动态扩展处理能力，以应对数据量的变化和系统负载的增加。

2. 高吞吐量

高吞吐量的流式数据处理系统是当今信息时代的关键技术之一，它能够处理高速生成的数据流，具有处理大规模数据的能力。这种系统的重要性在于，随着互联网和物联网技术的发展，数据的生成速度呈现出爆炸性增长的趋势，传统的数据处理方法已经无法满足对实时性和效率的需求。高吞吐量的流式数据处理系统通过实时处理数据流，能够快速提取有价值的信息，为实时决策和业务分析提供支持。

流式数据处理系统的高吞吐量主要体现在以下几个方面。它能够同时处理多个数据流，实现并行处理，从而提高数据处理的效率。系统能够动态调整资源分配，根据数据流量的变化进行灵活的扩展，保证系统在处理高负载时依然能够保持高吞吐量。流式数据处理系统还采用了一系列优化技术，如数据分区、压缩、缓存等，进一步提高了数据处理的效率和吞吐量。

在实际应用中，高吞吐量的流式数据处理系统被广泛应用于各个领域。在金融领域，它可以用于实时交易监控和风险管理；在电商领域，可以用于实时推荐和个性化营销；在物联网领域，可以用于实时监测和控制。总的来说，高吞吐量的流式数据处理系统已经成为各行业实现数字化转型和智能化升级的重要工具，对提升企业竞争力和创新能力具有重要意义。

3. 低延迟

流式数据处理系统的低延迟是其优越性之一，这使得系统能够在接收数据后迅速进行处理和分析，从而实现实时性要求。低延迟对于许多应用场景至关重要，特别是对于需要及时响应的业务和应用来说，如金融交易、在线游戏、智能交通等。在这些场景下，即使是微小的延迟都可能导致严重的后果，因此流式数据处理系统的低延迟能够有效地提高系统的响应速度和性能。

低延迟的流式数据处理系统实现低延迟的关键在于优化系统架构和算法，以及有效管理数据流。系统需要采用高效的数据处理算法和数据结构，以减少数据处理的时间复杂度和空间复杂度。系统需要合理设计数据流的处理流程，避免不必要的数据传输和处理，从而降低延迟。系统还需要采用一些优化技术，如数据预取、数据压缩、并行处理等，来进一步提高数据处理的效率和降低延迟。

在实际应用中，低延迟的流式数据处理系统被广泛应用于各个领域。在金融领域，它可以用于实时风险控制和交易监控；在智能交通领域，可以用于实时交通管控和路况监测；在工业生产领域，可以用于实时生产监控和设备故障预警。总的来说，低延迟的流式数据处理系统已经成为许多行业提高效率和服务质量的重要工具，对于推动数字化转型和智能化发展具有重要意义。

4. 适应动态变化

流式数据处理系统具有适应动态变化的能力，这使得系统能够处理不同类型和速度的数据流，保持系统的稳定性和高效性。在实际应用中，数据流的类型和速度可能会随着时间的推移而发生变化，流式数据处理系统的适应能力可以帮助系统在面对这种变化时保持高效运行。

流式数据处理系统的适应能力主要体现在以下几个方面：系统能够根据数据流的特点

动态调整数据处理的策略和算法，以适应不同类型数据的处理需求。系统能够根据数据流的速度动态调整资源分配，保证系统在处理高速数据流时依然能够保持高吞吐量和低延迟。流式数据处理系统还可以采用自适应的流控制策略，根据系统负载和数据流量的变化调整数据处理的速度，保证系统在处理不同速度数据流时能够保持稳定性和高效性。

在实际应用中，适应动态变化的流式数据处理系统被广泛应用于各个领域。在物联网领域，它可以用于实时监测和控制不同类型的传感器数据；在电商领域，可以用于实时分析和推荐不同类型的用户行为数据；在生产制造领域，可以用于实时监控和调整不同速度的生产线数据。总的来说，适应动态变化的流式数据处理系统已经成为许多行业实现数据驱动决策和智能化发展的重要工具，对于提高业务效率和创新能力具有重要意义。

5. 实时监控

流式数据处理的实时监控功能是其重要特性之一，它能够帮助用户实时监测数据流，及时发现数据异常或变化，从而帮助用户进行实时监控和管理。实时监控对于许多应用场景至关重要，特别是需要及时响应和调整的业务和应用来说，如金融交易监控、网络安全监控等。流式数据处理的实时监控功能能够帮助用户及时发现潜在问题，减少损失，提高效率。

流式数据处理系统的实时监控功能主要体现在以下几个方面：系统能够实时监测数据流的数据量、速度和质量等指标，及时发现数据异常或变化。系统能够实时生成数据流的统计信息和报告，帮助用户了解数据流的实时状态。系统还能够实时检测数据流中的规则和模式，发现数据中的潜在问题或异常行为。

在实际应用中，实时监控功能被广泛应用于各个领域。在金融领域，它可以用于实时监控交易行为和风险事件；在网络安全领域，可以用于实时监控网络流量和异常行为；在工业生产领域，可以用于实时监控生产过程和设备状态。总的来说，实时监控功能使流式数据处理系统成为许多行业实现实时监控和管理的重要工具，对于提高业务效率和降低风险具有重要意义。

（二）挑战

1. 数据顺序性

在数据处理中，数据的顺序性是一个重要的考虑因素。特别是在处理数据流时，保持数据的顺序性至关重要。数据的顺序性指的是数据在处理过程中的先后顺序与数据本身产生的顺序相一致。在流式数据处理中，数据通常按照产生的顺序被传送到处理系统，因此处理系统需要确保数据在处理过程中的顺序不会被打乱，以避免数据处理错误。

保持数据的顺序性在流式数据处理系统中具有挑战性。由于数据流的高速和大规模，处理系统需要采用一系列策略和技术来确保数据的顺序性。其中，一个重要的策略是数据分区和分片。通过将数据流分成多个分区或分片，并在处理过程中保持每个分区或分片的顺序，可以有效地保证数据的顺序性。另一个重要的策略是使用缓冲区。通过使用缓冲区，处理系统可以暂时存储数据，等待数据的顺序被整理好后再进行处理，从而避免数据的顺序混乱。

在实际应用中，保持数据的顺序性对于许多场景都是至关重要的。例如，在金融交易处理中，需要确保交易数据的顺序与交易发生的顺序一致，以避免交易错误或欺诈行为。在网络数据传输中，需要确保数据包的顺序与传输的顺序一致，以避免数据丢失或乱序传输。总的来说，保持数据的顺序性是流式数据处理系统中的一个重要挑战，但通过合理的策略和技术，可以有效地确保数据的顺序性，从而提高数据处理的准确性和效率。

2. 数据丢失

在处理数据流时，数据丢失是一个常见的问题。由于数据流的高速和连续性，处理系统可能无法及时处理所有的数据，导致部分数据被丢失。数据丢失可能会导致信息不完整或不准确，影响数据处理的结果和可靠性。因此，在流式数据处理系统中，需要采取一定的措施来确保数据的完整性和可靠性。

为了减少数据丢失的问题，流式数据处理系统可以采取一些措施：可以使用缓冲区来暂时存储数据，等待处理系统准备好后再进行处理，从而避免数据的丢失。可以采用数据备份和冗余存储的方式来保证数据的可靠性。通过将数据备份到多个存储介质或节点，可以避免因单点故障而导致数据丢失。可以采用数据重放和回放的方式来处理数据丢失问题。通过记录数据流并定期回放，可以找回丢失的数据，并确保数据的完整性和准确性。

在实际应用中，数据丢失对于许多场景都是不可接受的。例如，在金融交易处理中，数据丢失可能会导致交易记录不完整或不准确，从而影响交易的结果和结算。在网络数据传输中，数据丢失可能会导致信息传递不完整或不准确，影响通信的效果和可靠性。因此，流式数据处理系统需要采取一定的措施来确保数据的完整性和可靠性，从而提高数据处理的准确性和可靠性。

3. 系统复杂性

流式数据处理系统的复杂性主要体现在系统设计和管理方面。由于流式数据处理涉及高速、连续的数据流，系统需要设计和管理复杂的数据处理流程和系统架构，以确保数据的准确性、完整性和可靠性。在系统设计方面，流式数据处理系统需要考虑多个方面的复杂性。首先，系统需要设计高效的数据处理算法和数据结构，以处理高速数据流。其次，系统需要设计灵活的数据流处理流程，以适应不同类型和速度的数据流。此外，系统还需要设计可扩展的系统架构，以支持大规模数据处理和高并发访问。

在系统管理方面，流式数据处理系统需要考虑多个方面的复杂性。首先，系统需要管理大量的数据流，包括监控数据流的质量和速度，处理数据流的异常和变化等。其次，系统需要管理数据处理的并发和分布式计算，以确保数据处理的准确性和效率。此外，系统还需要管理系统的性能和资源利用率，以确保系统能够稳定运行。在实际应用中，流式数据处理系统的复杂性对于系统设计和管理都是一个挑战。需要采用合适的技术和工具，如流式数据处理框架、分布式计算平台等，来帮助设计和管理复杂的系统。总的来说，流式数据处理系统的复杂性是一个需要认真对待的问题，只有合理设计和管理系统，才能保证数据处理的准确性、完整性和可靠性。

4. 容错性

在流式数据处理系统中，容错性是一个至关重要的特性。由于数据流处理是实时进行的，系统需要能够在出现错误或异常时保持稳定运行，以确保数据处理的准确性和可靠性。容错性可以帮助系统在面对各种故障和异常情况时保持稳定性，避免数据丢失或处理错误。

实现容错性的关键在于设计合适的容错机制和策略。系统需要具有数据备份和冗余存储的能力，以确保数据在发生故障时能够及时恢复。系统需要具有自动故障检测和恢复的能力，以及时发现并处理系统中的故障，避免故障的扩散。系统还需要具有事务处理和数据重放的能力，以确保数据在处理过程中的一致性和完整性。

在实际应用中，容错性对于许多场景都是至关重要的。例如，在金融交易处理中，容错性可以帮助系统在交易过程中保持稳定性，避免交易数据丢失或错误。在网络数据传输中，容错性可以帮助系统在网络故障或攻击时保持通信的可靠性，避免数据传输中断或丢失。总的来说，容错性是流式数据处理系统中一个重要的特性，只有具备较强的容错性，系统才能在面对各种异常情况时保持稳定运行，确保数据处理的准确性和可靠性。

5. 资源管理

在流式数据处理系统中，有效管理系统资源是确保系统高效运行的关键。资源管理包括对处理器、内存、存储等关键资源的管理，以确保系统在处理数据流时能够充分利用资源，提高系统的性能和可靠性。流式数据处理系统需要合理分配处理器资源。处理器是系统中最重要的资源之一，它负责处理数据流中的数据，并执行各种数据处理算法和操作。系统需要根据数据流的特性和处理需求，动态调整处理器资源的分配，以保证系统在处理高负载时依然能够保持高性能。

内存是系统中用于存储数据和临时计算结果的关键资源。系统需要合理使用内存，避免内存溢出或过度使用导致系统性能下降。可以采用内存分配和回收策略，动态调整内存的分配，以满足系统的处理需求。系统还需要有效管理存储资源。存储是系统中用于存储数据流和处理结果的重要资源。系统需要合理使用存储资源，避免存储空间不足或过度使用导致系统性能下降。可以采用数据压缩、数据分区等策略，有效管理存储资源，提高系统的性能和可靠性。

（三）应用

1. 实时监控

在当今信息时代，实时监控已经成为流式数据处理系统中的一个重要应用场景。流式数据处理系统可以通过监控系统运行状态、网络流量、交易数据等实时数据流，及时发现问题并采取措施，从而保证系统的稳定运行和数据处理的准确性。实时监控在各个领域都有广泛的应用，如金融、电商、物联网等。金融交易是一个高速且对实时性要求极高的过程，任何延迟或错误都可能导致严重的后果。流式数据处理系统可以实时监控交易数据流，及时发现异常交易和风险事件，并采取措施进行处理，保护投资者的利益和金融系统的稳定。

在电商平台上，流式数据处理系统可以实时监控用户的行为和购买数据，及时调整推荐算法和营销策略，提高用户购买转化率和用户满意度，促进电商平台的发展。实时监控在物联网领域也发挥着重要作用。物联网设备产生的数据流非常庞大且速度很快，需要及时监控和处理。流式数据处理系统可以实时监控物联网设备的数据流，及时发现设备状态异常或故障，并采取措施进行修复，保证物联网系统的正常运行。

2. 实时分析

在当今大数据时代，实时分析已成为流式数据处理系统中的一个重要应用场景。流式数据处理系统可以通过实时分析数据流，发现数据的趋势和规律，帮助用户做出实时决策。实时分析在各个领域都有广泛的应用，如金融、电商、智能交通等。实时分析在金融领域具有重要意义。金融市场变化迅速，需要及时分析市场数据并做出相应决策。流式数据处理系统可以实时分析金融数据流，发现市场趋势和交易信号，帮助投资者做出及时的买卖决策，提高投资收益率。

在电商平台上，用户行为数据和销售数据都是实时生成的，需要及时分析并做出相应调整。流式数据处理系统可以实时分析用户行为数据和销售数据，发现用户需求和产品热点，帮助电商平台调整推荐算法和营销策略，提高用户购买转化率和用户满意度。实时分析在智能交通领域也发挥着重要作用。智能交通系统需要实时监控交通流量和车辆行驶情况，并做出实时调整，以提高交通效率和减少交通拥堵。流式数据处理系统可以实时分析交通数据流，发现交通瓶颈和拥堵情况，帮助交通管理部门调整信号灯控制和路线规划，提高交通运输效率。

3. 智能推荐

通过流式数据处理，系统可以实时分析用户的行为和偏好，并基于分析结果为用户提供个性化的推荐服务。智能推荐在电商、社交媒体、视频流媒体等领域都有广泛的应用。在电商领域，智能推荐可以帮助用户发现符合其兴趣和需求的商品。通过实时分析用户的浏览和购买历史，系统可以为用户推荐相关的商品，提高用户的购买转化率和购物体验。同时，智能推荐还可以帮助电商平台优化库存管理和促销策略，提高销售额和利润率。

在社交媒体领域，智能推荐可以帮助用户发现感兴趣的内容和用户。通过实时分析用户的社交行为和兴趣点，系统可以为用户推荐相关的内容和用户，增加用户的参与度和粘性。智能推荐还可以帮助社交媒体平台提高广告投放的精准度和效果，提高广告收入。在视频流媒体领域，智能推荐可以帮助用户发现符合其口味的视频内容。通过实时分析用户的观看历史和喜好，系统可以为用户推荐相关的视频，提高用户的观看体验和满意度。智能推荐还可以帮助视频流媒体平台提高内容的推广和推广效果，提高平台的用户活跃度和市场竞争力。

4. 网络安全

在当今数字化时代，网络安全已成为各个组织和企业面临的重要挑战之一。流式数据处理技术可以帮助实现实时监控网络流量和异常行为，及时发现并阻止网络攻击和安全威胁，保护网络安全。流式数据处理系统可以实时监控网络流量，分析数据包的来源、目的地、内容等信息，识别网络攻击和异常流量。通过使用流式数据处理技术，网络管理员可以及时发现潜在的网络安全威胁，采取相应的防御措施，保护网络安全。

流式数据处理技术还可以用于实时检测和预防各种类型的网络攻击，如 DDoS（分布式拒绝服务）攻击、SQL 注入攻击、恶意软件传播等。通过分析网络流量和行为数据，系统可以及时发现异常活动，并采取措施进行阻止和防范，保护网络安全。流式数据处理技术还可以用于实时监控和管理网络安全事件。通过分析网络日志、事件和警报数据，系统可以及时发现并响应网络安全事件，帮助网络管理员快速识别并解决安全问题，提高网络的安全性和可靠性。

5. 物联网

物联网是指通过互联网连接和管理各种物理设备的网络。流式数据处理在物联网中扮演着重要的角色，可以实现对物联网设备生成的数据流的实时处理和分析，实现物联网设备之间的实时通信和数据交换。流式数据处理可以帮助实现对物联网设备生成的大量数据的实时处理和分析。物联网设备产生的数据量巨大且速度快，传统的批处理方式已经无法满足实时性和灵活性的需求。流式数据处理系统可以实时接收、处理和分析物联网设备生成的数据流，帮助用户及时了解设备状态和环境变化。

流式数据处理可以实现物联网设备之间的实时通信和数据交换。物联网设备通常需要与其他设备或系统进行实时通信和数据交换，以实现协同工作和联动控制。流式数据处理系统可以实时处理设备之间的数据流，实现设备之间的实时通信和数据交换，提高物联网系统的响应速度和可靠性。流式数据处理可以实现对物联网设备的实时监控和管理。通过实时分析物联网设备生成的数据流，系统可以及时发现设备的异常行为和故障状态，帮助用户进行实时监控和管理，保证物联网系统的稳定运行和安全性。

二、流式数据实时分析

（一）数据接入和处理

在流式数据实时分析中，数据接入和处理是非常关键的步骤。数据接入是指从各种数据源中获取数据流的过程。数据源可以包括传感器、日志、网络等多种形式的数据。数据接入需要考虑到数据源的类型、数据格式、数据传输方式等因素，以确保数据能够被正确地获取到系统中进行处理。接入的数据需要进行预处理和清洗，以确保数据的质量和准确性。预处理包括数据去重、数据格式转换、缺失值处理等操作。数据去重可以避免重复数据对分析结果的影响，数据格式转换可以将数据转换为系统能够处理的格式，缺失值处理可以填补数据中的缺失值，使数据完整性得到保证。数据接入和处理还需要考虑到数据的时效性和实时性。流式数据处理要求系统能够及时地处理接入的数据流，以满足实时分析的需求。因此，数据接入和处理需要具备高效的处理能力和速度，以确保数据能够在短时间内被处理和分析出有用的信息。

（二）实时计算

在流式数据处理中，实时计算是关键的环节，它涉及对数据流进行实时的处理和分析，以提取数据中的有用信息和洞察。实时计算需要采用高效的算法和技术来实现数据的实时聚合、过滤、计算等操作，以满足实时性和准确性的要求。实时计算需要考虑到数据流的速度和规模。由于数据流的速度通常很快，系统需要具备高效的处理能力和速度，以确保能够及时地处理数据流。同时，由于数据流的规模可能很大，系统还需要具备良好的扩展性和容错性，以应对大规模数据流的处理需求。

实时计算需要采用适当的算法和技术来实现数据的实时处理和分析。常用的实时计算技术包括流式处理引擎（如 Apache Flink、Apache Storm 等）、复杂事件处理（CEP）引擎等。这些技术可以帮助系统实现对数据流的实时处理、聚合和计算，以提取数据中的有用信息和洞察。实时计算还需要考虑到数据的准确性和一致性。由于数据流是连续不断的，系统需要保证数据的准确性和一致性，以避免因数据处理错误导致的分析结果不准确或失效。

（三）数据存储和管理

在流式数据处理中，数据存储和管理是非常重要的环节。流式数据处理产生的数据需要被存储起来，以便后续的查询和分析。同时，数据存储和管理也需要考虑到数据的实时性和可靠性，以确保数据能够被及时地访问和使用。流式数据处理可以采用内存数据库来存储实时数据。内存数据库具有高速读写的特点，适合存储实时数据并实现实时查询和分析。通过使用内存数据库，可以提高数据的访问速度和响应性能，满足实时数据处理的需求。

流式数据处理还可以采用 NoSQL 数据库来存储实时数据。NoSQL 数据库具有良好的扩展性和容错性，适合存储大规模的实时数据。通过使用 NoSQL 数据库，可以实现对实时数据的高效存储和管理，满足数据存储和管理的需求。流式数据处理还需要考虑到数据的备份和恢复。由于实时数据的重要性，系统需要定期对数据进行备份，以防止数据丢失或损坏。同时，系统还需要具备数据恢复的能力，以确保在数据丢失或损坏时能够及时恢复数据。

（四）结果展示和可视化

在流式数据处理中，结果展示和可视化是将实时分析结果呈现给用户的重要方式。通过数据可视化工具和技术，可以将复杂的数据分析结果以直观的图表、仪表盘等形式展示出来，帮助用户更好地理解和利用数据。结果展示和可视化需要考虑到数据的实时性和及时性。由于流式数据处理是实时进行的，结果展示和可视化也需要具备实时展示的能力，以确保用户能够及时地了解到数据的分析结果。

结果展示和可视化需要根据用户的需求和使用场景进行设计。不同的用户可能对数据的展示形式有不同的需求，因此需要根据用户的需求和使用场景，选择合适的数据可视化方式，如折线图、柱状图、热力图等，以提高用户的数据理解和使用效果。结果展示和可视化还需要考虑到数据的维度和粒度。流式数据处理产生的数据可能具有多个维度和不同的粒度，需要根据数据的特点，选择合适的展示方式，以便用户能够全面地了解数据的分析结果。

（五）实时监控和告警

在流式数据处理中，实时监控和告警是确保系统稳定运行和数据安全的重要环节。实时监控可以帮助及时发现数据流的异常和问题，及时采取措施进行处理和修复，保障数据处理的准确性和可靠性。同时，通过设置阈值、规则等方式实现实时告警，可以在数据流超出预设范围时及时发出警报，提醒用户注意和采取相应措施，保障数据处理的及时性和有效性。实时监控需要对数据流进行持续监测和分析。监控可以包括对数据流速度、数据质量、数据完整性等方面进行监测，以确保数据流的正常运行和处理。

实时告警需要根据业务需求设置相应的阈值和规则。可以根据数据流的特点和业务需求设置阈值和规则，当数据流超出预设范围时触发告警，及时通知相关人员并采取相应措施。实时监控和告警需要考虑到数据处理的实时性和效率。监控和告警系统需要具备高效的处理能力和速度，以确保数据的实时监控和告警能够及时地发出并得到响应，保障数据处理的及时性和有效性。

（六）性能优化和调优

在流式数据处理中，性能优化和调优是确保系统高效运行的关键步骤。通过采用各种技术和策略，可以提高系统的处理速度、准确性和效率，从而更好地满足实时数据处理的需求。流式数据处理可以采用并行计算技术来优化系统性能。通过将数据流分成多个并行处理任务，可以同时处理多个数据流，提高处理速度和效率。并行计算还可以利用多核处理器和分布式计算资源，实现数据的并行处理，加快数据处理速度。流式数据处理可以采用分布式计算技术来优化系统性能。通过将数据流分布到多台计算机上进行处理，可以实现数据的并行处理和分布式存储，提高系统的处理能力和扩展性。分布式计算还可以利用集群计算资源，实现对大规模数据流的处理，加快数据处理速度。流式数据处理还可以采用流水线处理技术来优化系统性能。流水线处理可以将数据处理过程分成多个阶段，每个阶段处理一部分数据，从而实现数据的流水线处理，提高系统的处理速度和效率。

（七）安全性和隐私保护

在流式数据处理中，确保数据的安全性和隐私保护是非常重要的。由于流式数据处理涉及大量实时数据的传输和处理，数据的安全性和隐私保护面临着更大的挑战。因此，需要采用一系列技术和策略来保护数据的安全性和隐私。通过对数据进行加密，可以确保数据在传输和存储过程中不被未授权访问和泄露。可以采用对称加密和非对称加密等技术，根据数据的特点和安全需求选择合适的加密算法和密钥管理方案，保护数据的安全性。

流式数据处理可以采用权限控制技术来保护数据的安全性和隐私。通过设置访问权限和控制策略，可以限制数据的访问范围，确保数据只被授权用户访问。可以采用身份认证、访问控制列表等技术，实现对数据的权限控制，保护数据的安全性和隐私。流式数据处理还可以采用数据脱敏、数据掩码等技术来保护数据的隐私。通过对数据进行脱敏和掩码处理，可以隐藏数据的真实内容，保护数据的隐私。可以采用数据加密、数据脱敏等技术，根据数据的特点和隐私需求选择合适的隐私保护方案，保护数据的隐私。

第三节　大数据可视化与决策支持

一、大数据可视化

（一）数据可视化的意义

大数据可视化是指利用图表、图形等可视化方式来展示大数据，以便用户更直观地理解和分析数据的过程。它在当今信息化时代具有重要的意义和价值，可以帮助人们更好地理解和利用大数据，从而促进各行业的发展和进步。大数据可视化可以提高数据理解和分析的效率。通过可视化方式展示数据，可以使数据更具有直观性和可读性，帮助用户快速理解数据的含义和内在规律。相比于传统的数据分析方法，可视化能够更直观地展示数据，使数据分析过程更加高效。

大数据可视化可以帮助用户发现数据之间的关联和规律。通过可视化方式展示数据，可以使数据之间的关系更加清晰明了，帮助用户发现数据中隐藏的规律和趋势。这对于制定商业策略、优化运营流程等方面具有重要意义。大数据可视化可以支持数据驱动的决策。通过将大数据可视化展示给决策者，可以帮助他们更好地理解数据，从而做出更准确、更有效的决策。这对于企业和组织的发展具有重要的推动作用。

（二）可视化工具和技术

在当今信息爆炸的时代，大数据已经成为各个行业的常态，如何有效地处理和展示大数据成为一个亟待解决的问题。在这个背景下，大数据可视化技术应运而生，它通过图表、仪表盘、地图可视化、网络图可视化等形式，将庞大复杂的数据转化为直观易懂的图形展示，帮助人们更好地理解和分析数据。以下将介绍几种常用的大数据可视化工具和技术。数据图表是最常见的大数据可视化形式之一。它可以通过柱状图、折线图、饼图等形式展示数据的分布、趋势和比例，直观地呈现数据的特征。例如，柱状图可以清晰地展示不同类别数据的大小关系，折线图可以展示数据随时间变化的趋势，饼图可以展示数据的占比情况，这些图表形式都能帮助人们快速了解数据背后的信息。

仪表盘是一种集成了多个数据图表的可视化形式，通常用于展示多个指标的实时数据。仪表盘可以将各种图表、指标、报表等信息集成到一个界面中，帮助用户全面了解数据的整体情况。例如，企业可以通过仪表盘实时监控销售额、库存情况、客户满意度等指标，及时调整经营策略。地图可视化是一种将数据与地理位置信息结合起来展示的可视化形式，通常用于展示地理空间数据。地图可视化可以帮助人们直观地了解地区之间的数据差异和分布规律。例如，可以通过地图展示不同地区的人口分布、经济发展水平、自然资源分布等信息，帮助政府和企业制定相关政策和策略。

网络图可视化是一种用于展示网络关系的可视化形式，通常用于展示网络拓扑结构、社交网络关系等。网络图可视化可以帮助人们直观地了解网络中节点之间的连接关系和重要性。例如，可以通过网络图展示社交网络中用户之间的关注关系、影响力分布等信息，帮助用户了解社交网络的结构和特点。基于 Web 的可视化工具和框架在大数据可视化中扮演着重要角色。这些工具和框架通常具有跨平台、交互性强、界面友好等特点，可以帮助用户快速、灵活地创建各种形式的大数据可视化。例如，D3. js 是一个基于 Web 的数据可视化工具，它可以帮助用户创建各种复杂的数据图表和交互式可视化界面，极大地丰富了大数据可视化的表现形式和应用场景。

（三）可视化设计原则

在设计良好的可视化时，需要遵循一些原则，以确保图表具有吸引力并有效传达信息。数据映射指的是将数据属性映射到图形属性上，如将数据的大小映射到柱状图的高度上。合理的数据映射可以帮助人们快速理解数据的含义，避免歧义和误解。视觉编码是设计可视化时需要考虑的另一个重要原则。视觉编码指的是利用图形的视觉属性（如颜色、形状、大小、位置等）来表达数据属性。不同的视觉编码方式可以传达不同的信息，如颜色可以表示类别，大小可以表示数量等。合理的视觉编码可以使图表更具吸引力和表现力，提高信息传达效率。

信息密度指的是在单位面积或单位长度内包含的信息量。合理的信息密度可以使图表更加紧凑，减少不必要的空白，提高数据的展示效率。但是，过高的信息密度可能会导致信息过载，使图表难以理解，因此需要在信息密度和可读性之间取得平衡。可交互性指的是用户可以与图表进行互动，如缩放、过滤、排序等操作。合理的可交互性可以帮助用户更深入地探索数据，发现隐藏的模式和关联，提高用户体验和数据分析效率。

在设计具有吸引力和有效传达信息的可视化图表时，可以遵循以下几点原则：选择合适的图表类型。不同的数据适合不同的图表类型，如趋势数据适合使用折线图，比较数据适合使用柱状图等。保持图表简洁清晰。避免使用过多的颜色和图形，保持图表的简洁性可以提高信息的传达效率。强调重要信息。通过调整颜色、大小、形状等视觉属性，突出重要信息可以帮助用户更快地理解数据。考虑受众需求。不同的受众可能对同一份数据有不同的需求，因此在设计可视化时需要考虑受众的背景和需求，确保图表能够有效传达信息。

（四）大数据可视化应用场景

大数据可视化在各个领域都有着广泛的应用，可以帮助人们更好地理解和分析数据，发现隐藏的模式和关联，指导决策和行动。以在商业智能领域，大数据可视化被广泛应用于销售分析、市场营销、客户关系管理等方面。通过可视化分析销售数据，企业可以了解产品销售情况、市场趋势和竞争对手动态，从而优化产品组合、制定营销策略。例如，一家电商公司可以通过可视化分析销售数据，发现不同产品的销售情况和用户购买行为，进而调整商品定价和促销活动，提高销售额和用户满意度。

在金融分析领域，大数据可视化被广泛应用于股票市场分析、风险管理、投资决策等方面。通过可视化分析市场数据和投资组合情况，投资者可以更好地了解市场走势和风险状况，从而做出更加明智的投资决策。例如，一家投资公司可以通过可视化分析股票市场数据，发现不同行业和公司的股票走势和投资价值，为客户提供投资建议。

在医疗健康领域，大数据可视化被广泛应用于疾病监测、医疗资源管理、患者诊疗等方面。通过可视化分析医疗数据，医疗机构可以更好地监测疾病传播情况、优化医疗资源配置、提高诊疗效率。例如，一家医院可以通过可视化分析患者就诊数据，了解就诊人数、科室就诊情况等信息，从而合理安排医疗资源，提高医疗服务水平。

在社交网络分析领域，大数据可视化被广泛应用于社交网络关系分析、舆情监测、用户行为分析等方面。通过可视化分析社交网络数据，企业和政府可以更好地了解用户行为和需求，指导产品设计和政策制定。例如，一家社交媒体公司可以通过可视化分析用户行为数据，了解用户偏好和互动方式，从而优化平台功能和内容，提高用户粘性和活跃度。

（五）可视化技术与趋势

当今，大数据可视化领域正处于快速发展阶段，涌现出许多新技术和趋势，为数据分析和可视化带来了新的可能性和机遇。增强现实（AR）和虚拟现实（VR）技术在大数据可视化中的应用逐渐增多。AR 和 VR 技术可以将数据可视化展示到现实世界中或者通过虚拟环境进行展示，增强用户对数据的理解和体验。例如，利用 AR 技术，可以将地理信息数据叠加到现实世界中，帮助用户更直观地了解地理空间数据；而利用 VR 技术，可以创建一个虚拟环境，让用户在其中探索和分析数据，提高数据分析的效率和准确性。

深度学习技术在大数据可视化中的应用也越来越广泛。深度学习技术可以帮助从海量数据中发现隐藏的模式和规律，为可视化提供更丰富和准确的数据分析结果。例如，利用深度学习技术可以对图像和文本数据进行特征提取和分析，为可视化展示提供更多元化的表现形式和视角。大数据可视化领域还出现了一些新的技术趋势，如实时可视化、自适应可视化、多维度可视化等。实时可视化技术可以实时监测和展示数据的变化，帮助用户及时发现并应对数据变化；自适应可视化技术可以根据用户需求和数据特点自动调整可视化展示方式，提高用户体验和数据分析效率；多维度可视化技术可以同时展示多个数据维度的关系，帮助用户深入理解数据之间的复杂关系。

大数据可视化领域的发展方向可能包括更加智能化、交互性更强、跨平台和多设备适配等。随着人工智能和机器学习技术的发展，可视化系统可能会更加智能化，能够自动分析和解释数据，为用户提供更深入的数据洞察力；交互性更强的可视化系统可以让用户更灵活地探索和分析数据，提高用户参与度和体验；跨平台和多设备适配的可视化系统可以让用户在不同设备上都能够方便地访问和使用可视化功能，提高可视化的普及率和应用范围。

二、大数据决策支持

（一）数据收集与整合

大数据技术在数据收集与整合方面发挥着重要作用，可以帮助组织和个人收集和整合各种类型和来源的数据，为决策提供全面的信息基础。大数据技术可以帮助实现数据的自动化收集和整合。传统的数据收集方法通常需要人工介入，耗时耗力且容易出错。而大数据技术可以通过自动化的方式实现数据的收集和整合，大大提高了数据收集的效率和准确性。

现代社会中，数据来源多样化，包括传感器数据、社交媒体数据、日志数据等，这些数据通常具有不同的格式和结构，难以直接进行整合。大数据技术可以通过数据清洗、数据转换等手段，实现多源数据的整合，为决策提供全面的信息支持。大数据技术还可以帮助实现数据的实时收集和整合。随着数据产生速度的加快，传统的数据收集和整合方法往往无法满足实时性要求。大数据技术可以通过流式处理等技术，实现数据的实时收集和整合，为决策提供及时的数据支持。

（二）数据分析与挖掘

数据分析与挖掘是当今信息时代的重要组成部分，随着大数据技术的发展和应用，海量数据蕴藏着丰富的信息和价值，而数据分析与挖掘技术的应用，则成为实现数据变现、促进科学决策和推动社会进步的关键手段。数据分析与挖掘通过对海量数据进行处理和分析，揭示了许多隐藏在数据背后的模式、趋势和规律，为企业、政府和科研机构等提供了客观、科学的决策依据。

在数据分析方面，统计分析是最基础、最常用的方法之一。通过对数据的描述性统计、推断性统计和相关性分析等手段，可以深入了解数据的特征和规律。此外，机器学习和人工智能技术的广泛应用，使得数据分析具有了更高的智能化和自动化水平。机器学习算法能够通过对数据的学习和模式识别，不断优化模型，提高预测和分类的准确性。人工智能技术则在数据挖掘中发挥着重要作用，能够从数据中挖掘出更加复杂、深层次的规律和信息。

数据分析与挖掘在各个领域都有着广泛的应用。在商业领域，通过对市场数据、用户行为数据的分析，可以帮助企业更好地了解市场需求，优化产品设计和营销策略，提高市场竞争力。在医疗健康领域，数据分析与挖掘可以帮助医疗机构优化医疗资源配置，提高医疗服务效率，实现个性化医疗诊疗方案。在社会管理领域，通过对社会经济、环境等方面数据的分析，可以为政府部门提供科学的政策建议，促进社会和谐稳定。

然而，数据分析与挖掘也面临着一些挑战和问题。数据的质量对分析结果影响巨大，数据质量低下可能导致分析结果失真。数据隐私和安全问题备受关注，如何在保证数据安全的前提下进行有效的数据分析成为一个重要课题。此外，数据分析与挖掘技术本身的复杂性和专业性也是一个挑战，需要相关领域的专业人士和技术支持。

（三）实时监测与预测

实时监测与预测是大数据技术的重要应用方向之一，它通过对数据的实时采集、处理和分析，及时发现数据的变化和趋势，为组织提供及时的决策支持和战略调整。实时监测与预测的应用领域广泛，涵盖了商业、金融、医疗、交通等各个领域。在商业领域，实时监测与预测可以帮助企业更好地了解市场需求和竞争态势，及时调整产品和营销策略。通过对销售数据、用户行为数据等的实时监测和分析，企业可以及时发现市场变化，做出灵活的调整，提高市场竞争力。同时，实时监测还可以帮助企业预测市场走势，制定更加有效的经营策略。

在金融领域，实时监测与预测可以帮助金融机构及时发现市场波动和风险，做出及时应对措施。通过对股票、汇率、利率等金融数据的实时监测和分析，金融机构可以及时调整投资组合，降低风险，提高投资收益。同时，实时监测还可以帮助金融机构预测市场趋势，制定更加稳健的投资策略。在医疗领域，实时监测与预测可以帮助医疗机构及时发现患者的病情变化和疫情的传播趋势，采取及时的诊疗措施。通过对患者的生理数据、病历数据等的实时监测和分析，医疗机构可以及时调整治疗方案，提高治疗效果。同时，实时监测还可以帮助医疗机构预测疾病的传播趋势，制定更加有效的防控策略。

在交通领域，实时监测与预测可以帮助交通管理部门及时掌握道路交通状况，优化交通运输组织。通过对车流量、道路畅通情况等数据的实时监测和分析，交通管理部门可以及时调整交通信号灯、路线规划等，提高道路通行效率。同时，实时监测还可以帮助交通管理部门预测交通拥堵情况，制定更加合理的交通管理措施。

（四）可视化与展示

数据可视化与展示是将数据转化为直观、易于理解的图表和报表的过程，通过可视化技术，可以帮助人们更好地理解数据，发现数据之间的关系和规律，从而更加准确地做出决策。数据可视化技术在各个领域都有着广泛的应用，包括商业、科学、医疗等领域。在商业领域，数据可视化可以帮助企业更好地了解市场需求和竞争态势，优化产品设计和营销策略。通过对销售数据、用户行为数据等的可视化分析，企业可以直观地看到产品的销售情况和用户行为特征，从而及时调整策略，提高市场竞争力。此外，数据可视化还可以帮助企业进行财务分析和业绩评估，发现业务中的问题和机会，指导企业发展战略。

在科学领域，数据可视化可以帮助科研人员更好地理解和分析科学数据，发现科学规律和新知识。通过对实验数据、模拟数据等的可视化分析，科研人员可以直观地看到数据之间的关系和趋势，从而深入研究科学问题，推动科学进步。数据可视化还可以帮助科研人员将复杂的科学概念和理论用图表和动画形式展示出来，便于教学和科普。在医疗领域，数据可视化可以帮助医疗人员更好地了解患者的病情和治疗效果，指导临床诊疗。通过对患者的生理数据、影像数据等的可视化分析，医疗人员可以直观地看到患者的病情变化和治疗效果，及时调整治疗方案，提高治疗效果。数据可视化还可以帮助医疗机构进行医疗资源管理和疫情监测，提高医疗服务效率，保障公共卫生安全。

（五）智能推荐与决策辅助

智能推荐与决策辅助是大数据分析技术的重要应用之一，它通过对大数据进行分析和挖掘，识别用户的偏好和行为模式，为用户提供个性化的推荐和决策建议，帮助用户更好地做出决策。在电商领域，智能推荐系统可以根据用户的浏览和购买历史，推荐符合用户兴趣和需求的商品。通过对用户行为数据的分析，系统可以了解用户的偏好和购买习惯，从而为用户推荐最合适的商品，提高用户的购物体验和购买满意度。同时，智能推荐系统还可以帮助电商企业优化销售策略，提高销售额和客户忠诚度。

在内容推荐领域，智能推荐系统可以根据用户的兴趣和需求，推荐符合用户口味的新闻、文章、视频等内容。通过对用户浏览历史和点击行为的分析，系统可以了解用户的兴趣爱好和阅读习惯，从而为用户推荐最相关和有趣的内容，提高用户的阅读体验和内容消费效率。智能推荐系统还可以帮助内容提供商优化内容推荐策略，提高内容的曝光和传播效果。在金融领域，智能推荐系统可以根据用户的财务状况和投资偏好，推荐最适合的理财产品和投资组合。通过对用户的财务数据和投资历史的分析，系统可以了解用户的风险承受能力和投资目标，从而为用户推荐最合适的理财方案，帮助用户实现财务目标和增加财富积累。智能推荐系统还可以帮助金融机构优化产品推广策略，提高产品销售和客户满意度。

在医疗领域，智能推荐系统可以根据患者的病情和治疗历史，推荐最适合的诊疗方案和医疗服务。通过对患者的病历数据和医疗记录的分析，系统可以了解患者的病情特征和治疗效果，从而为医生推荐最合适的诊疗方案，提高治疗效果和患者满意度。智能推荐系统还可以帮助医疗机构优化医疗资源分配，提高医疗服务效率和质量。

（六）风险管理与决策优化

风险管理与决策优化是大数据技术的重要应用领域之一，它通过对大数据进行分析和挖掘，识别和评估潜在风险，并通过优化决策过程，降低风险，提高决策的效率和准确性。在金融领域，风险管理是银行、保险公司等金融机构的重要任务之一。大数据技术可以帮助金融机构识别和管理各种风险，包括信用风险、市场风险、操作风险等。通过对客户数据、交易数据等的分析，金融机构可以更准确地评估客户的信用风险，制定更合理的信贷政策；同时，通过对市场数据的分析，金融机构可以更好地把握市场走势，降低投资风险。此外，大数据技术还可以帮助金融机构优化风险管理流程，提高风险管理的效率和准确性。

在企业管理领域，风险管理是企业管理的重要组成部分。大数据技术可以帮助企业识别和管理各种风险，包括市场风险、供应链风险、财务风险等。通过对市场数据、供应链数据、财务数据等的分析，企业可以更准确地评估各种风险，制定更合理的风险管理策略；同时，通过对内部数据的分析，企业可以及时发现和解决潜在的风险隐患，提高企业的风险抵御能力。此外，大数据技术还可以帮助企业优化决策过程，提高决策的效率和准确性，从而降低风险。

在医疗领域，风险管理是医疗机构的重要任务之一。大数据技术可以帮助医疗机构识别和管理患者的风险，包括疾病风险、医疗风险等。通过对患者的病历数据、医疗记录等的分析，医疗机构可以更准确地评估患者的风险，制定更合理的诊疗方案；同时，通过对医疗数据的分析，医疗机构可以及时发现和解决潜在的医疗风险，提高医疗服务的质量和安全性。此外，大数据技术还可以帮助医疗机构优化资源配置，提高医疗服务的效率和效益。

第五章 计算机信息技术在行业中的应用

第一节 金融科技与区块链

一、金融科技与区块链的发展

（一）金融科技的快速发展

金融科技的快速发展是当今金融领域的一大亮点，它是指利用现代科技手段，改进和优化金融服务和运营方式的行业。近年来，随着互联网、移动支付、大数据、人工智能等技术的迅猛发展，金融科技在全球范围内得到了广泛应用和迅速普及。这一发展趋势不仅改变了传统金融业务的模式，还推动了金融服务的创新和升级，为用户提供了更加便捷、高效的金融服务体验。在互联网的推动下，金融科技逐渐融入人们的日常生活。移动支付、在线理财、数字货币等金融科技产品和服务的普及，使得用户可以随时随地进行金融交易和管理，极大地提高了金融服务的便捷性和效率。例如，移动支付的普及让人们可以通过手机完成各种支付，不再受限于传统的银行卡和现金支付方式，极大地提升了支付体验。

大数据和人工智能的发展为金融科技的创新提供了强大支持。通过对海量数据的分析和挖掘，金融机构可以更好地了解用户需求和行为习惯，为用户提供个性化的金融服务。同时，人工智能技术的应用也使得金融服务更加智能化和自动化，提高了服务的效率和质量。金融科技的快速发展也带来了一些挑战和问题，如数据隐私和安全性、监管政策和法律法规等方面的挑战。金融科技企业需要与监管机构密切合作，建立健全的监管制度和风险控制机制，确保金融科技的发展是健康可持续的。

（二）区块链技术的应用

区块链技术是一种基于分布式账本的数据存储、传输和共享技术，具有去中心化、安全可信、不可篡改等特点。近年来，随着区块链技术的不断发展和成熟，它在金融领域得到了广泛应用，为金融行业带来了巨大的变革和机遇。区块链技术可以用于构建安全、高效的支付系统。传统的支付系统存在着中心化、安全性差、交易速度慢等问题，而区块链技术可以通过去中心化的方式，实现支付系统的安全、高效。例如，比特币和以太坊等加密货币就是基于区块链技术构建的支付系统，用户可以通过区块链网络进行安全、快速的交易。

传统的跨境支付和清算需要经过多个中介机构和银行，费用高昂且时间长。而区块链技术可以通过智能合约等技术手段，实现跨境支付和清算的直接、快速，降低了交易成本和时间成本。区块链技术还可以用于构建智能合约平台，实现合同自动执行和管理。智能合约是一种基于区块链技术的自动化合同，它可以在不需要第三方的情况下，自动执行合同条款，并将执行结果记录在区块链上，确保合同的安全性和可信度。智能合约可以应用于各种场景，如物流管理、供应链金融等领域，提高了合同执行的效率和可靠性。

区块链技术还可以用于数字身份认证、供应链金融、证券交易等领域。例如，利用区块链技术可以建立起安全可信的数字身份认证系统，确保用户的身份信息安全；又如，区块链技术可以实现供应链金融的透明化和高效化，提高了供应链金融的运作效率；还如，区块链技术可以用于证券交易，实现证券交易的快速、安全。

（三）金融科技与区块链的结合

金融科技与区块链技术的结合，可以进一步推动金融行业的数字化转型。例如，结合人工智能和大数据技术，可以实现对金融市场的智能分析和预测；结合区块链技术和智能合约，可以实现金融交易的自动化和安全性。

（四）挑战与未来发展

金融科技与区块链技术的结合，是当前金融行业数字化转型的重要趋势之一。这种结合可以通过多种方式实现，包括结合人工智能和大数据技术实现智能分析和预测、结合区块链技术和智能合约实现金融交易的自动化和安全性等。这种结合不仅可以提高金融服务的效率和质量，还可以推动金融行业向着更加智能、安全、高效的方向发展。结合人工智能和大数据技术可以实现对金融市场的智能分析和预测。通过利用人工智能算法对海量数据进行分析，可以更准确地预测金融市场的走势，为投资者提供更可靠的投资建议。例如，利用机器学习算法分析历史交易数据，可以发现隐藏在数据中的规律和趋势，帮助投资者做出更明智的投资决策。

智能合约是一种基于区块链技术的自动化合同，它可以在不需要第三方的情况下，自动执行合同条款，并将执行结果记录在区块链上，确保合同的安全性和可信度。通过利用智能合约，可以实现金融交易的自动化，提高交易效率；同时，由于智能合约的不可篡改性，还可以保证交易的安全性，避免交易中的欺诈行为。除此之外，金融科技与区块链技术的结合还可以推动金融行业其他方面的创新。例如，结合区块链技术和数字身份认证技术可以建立起安全可信的数字身份认证系统，提高金融服务的安全性和可靠性；结合区块链技术和供应链金融技术可以实现供应链金融的透明化和高效化，促进供应链的良性发展。

二、区块链在金融科技中的应用

（一）安全支付系统

在当今数字化时代，安全支付系统是金融科技领域中至关重要的一环。传统的支付系统存在着中心化、安全性差、交易速度慢等问题，这些问题随着金融科技的发展变得愈发突出。而区块链技术的出现，为构建安全、高效的支付系统提供了全新的解决方案。区块链技术通过去中心化的方式，实现了支付系统的安全性。传统的中心化支付系统存在单点故障的风险，一旦中心服务器遭受攻击或故障，整个系统就会瘫痪。而区块链技术通过分布式账本的方式，将数据存储在网络的每个节点上，避免了单点故障的发生，提高了支付系统的安全性。

传统的支付系统由于存在多个中介环节和繁琐的结算流程，导致交易速度较慢，尤其是在跨境支付中更为明显。而区块链技术可以通过智能合约等技术手段，实现支付系统的自动化和实时结算，大大提高了交易速度和效率。区块链技术可以提高支付系统的安全性。传统的支付系统存在着信息泄露和篡改的风险，导致用户的资金和个人信息容易受到攻击。而区块链技术通过加密算法和去中心化的特点，确保了交易信息的安全性和不可篡改性，有效防止了信息泄露和篡改的问题。

（二）智能合约平台

在当今数字化时代，智能合约平台是区块链技术的一大应用亮点。区块链技术的去中心化和不可篡改性为智能合约的实现提供了基础，使得合同的执行更加高效、安全和可靠。智能合约是基于区块链技术的自动化合同，其核心特点是自动执行合同条款。传统合同执行需要借助第三方机构，而智能合约可以在不需要第三方的情况下，通过程序代码自动执行合同条款。这种自动化执行提高了合同执行的效率，减少了人为干预的可能性，降低了合同执行的成本。

智能合约的执行结果被记录在区块链上，确保了合同的安全性和可信度。区块链技术的去中心化和不可篡改性保证了合同执行过程中数据的安全，任何人都无法篡改或删除已经记录在区块链上的数据。这为合同的执行提供了强有力的保障，确保了合同的可信度。智能合约可以应用于各种场景，如物流管理、供应链金融等领域。在物流管理方面，智能合约可以用于跟踪物流信息，自动执行物流合同条款，提高了物流管理的效率和透明度。在供应链金融方面，智能合约可以实现供应链金融的自动化，确保资金的安全和及时到账，推动了供应链金融的发展。

（三）数字身份认证

在当今数字化时代，数字身份认证已成为各行业中不可或缺的一环。传统的身份认证方式存在安全性差、易被篡改等问题，而区块链技术的出现为建立安全可信的数字身份认证系统提供了全新的解决方案。区块链技术通过将身份信息记录在区块链上，确保了身份信息的安全性。传统的身份认证方式存在着身份信息被盗用或篡改的风险，而区块链技术通过加密算法和去中心化的特点，确保了身份信息的安全性和不可篡改性，有效地防止了身份信息被盗用或篡改的问题。

区块链技术可以提高数字身份认证的可靠性。传统的身份认证方式需要依赖第三方机构，存在着信息泄露和篡改的风险，而区块链技术通过去中心化的特点，将身份信息分布在网络的每个节点上，避免了单点故障的发生，提高了身份认证的可靠性。区块链技术可以提高数字身份认证的便捷性。传统的身份认证方式需要用户多次提交身份信息，繁琐且易出错，而区块链技术可以通过一次身份验证，将用户的身份信息记录在区块链上，用户在需要进行身份认证时，只需提供相应的身份标识，即可完成认证，提高了身份认证的便捷性和效率。

（四）供应链金融

在当今全球化和数字化的背景下，供应链金融的透明化和高效化已成为各行业关注的焦点。区块链技术的出现为实现这一目标提供了新的可能性。通过利用区块链技术，可以建立起供应链上的信任机制，确保交易的安全和可信度，提高了供应链金融的运作效率。区块链技术通过建立不可篡改的分布式账本，确保了供应链金融交易的安全性。传统的供应链金融存在着信息不对称和信任缺失的问题，而区块链技术通过加密算法和去中心化的特点，确保了交易信息的安全和不可篡改性，有效地解决了信任问题，提高了供应链金融的安全性。

传统的供应链金融存在着繁琐的审批流程和高昂的交易成本，而区块链技术可以通过智能合约等技术手段，实现供应链金融的自动化和实时结算，大大提高了交易的效率和速度，降低了交易的成本。传统的供应链金融存在着信息不对称和不透明的问题，而区块链技术通过将交易信息记录在区块链上，实现了交易信息的公开透明，任何参与者都可以查看交易信息，提高了供应链金融的透明度和可信度。

（五）证券交易

在金融领域，证券交易是一个重要的领域，涉及大量的资金和信息流动。传统的证券交易存在着诸多问题，如交易速度慢、结算成本高等，这些问题随着金融科技的发展变得更加突出。而区块链技术的出现，为证券交易的快速、安全提供了新的解决方案。区块链技术可以通过智能合约等技术手段，实现证券交易的快速。传统的证券交易存在着繁琐的交易流程和多个中介环节，导致交易速度慢，尤其是在跨境交易中更为明显。而区块链技术通过智能合约可以实现证券交易的自动化和实时结算，大大提高了交易速度和效率。

区块链技术可以实现证券交易的安全。传统的证券交易存在着信息泄露和篡改的风险，导致交易不安全，而区块链技术通过加密算法和去中心化的特点，确保了交易信息的安全和不可篡改性，有效地防止了信息泄露和篡改的问题，提高了交易的安全性。区块链技术可以降低证券交易的成本。传统的证券交易存在着多个中介环节和高昂的交易成本，而区块链技术通过去中心化的特点，减少了中介环节，降低了交易成本，提高了交易的效率和便捷性。

第二节　医疗健康与远程医疗

一、大数据在医疗健康中的应用

（一）个性化医疗

在医疗领域，个性化医疗是一项重要的发展趋势，而大数据分析在实现个性化医疗方面发挥着关键作用。通过分析患者的基因组、生理参数、病史等个人信息，医生可以为每位患者提供定制化的诊断和治疗方案，从而提高治疗效果和患者生活质量。个性化医疗的关键在于精准医学，即根据每个患者的个体特征和疾病情况，制定个性化的治疗方案。大数据分析可以帮助医生更好地理解患者的病情和病因，预测疾病的发展趋势，为患者提供更加精准的治疗建议。例如，在癌症治疗中，大数据分析可以根据患者的基因组信息和病理学特征，为患者提供个性化的化疗方案，提高治疗的效果和生存率。大数据分析还可以帮助医生预测患者可能面临的健康风险，从而采取相应的预防措施。例如，通过分析患者的生理参数和生活习惯，可以预测患者是否有患心脏病的风险，为患者提供健康管理建议，帮助其预防心脏病的发生。

（二）临床决策支持

医学领域的临床决策是一个复杂而严谨的过程，医生需要根据患者的病情、病史、实验室检查结果等信息，做出正确的诊断和治疗方案。而随着医疗数据的不断增多和临床知识的不断更新，传统的临床决策已经不能满足医生和患者的需求。大数据分析在这方面发挥着重要作用，通过分析大量的临床数据和医学文献，为医生提供临床决策支持，帮助其做出更加准确的诊断和治疗决策。大数据分析可以帮助医生更好地理解疾病的发展规律和变化趋势。通过分析大量的患者数据和临床研究结果，可以发现疾病的新特征和变化规律，为医生提供更准确的诊断依据。

大数据分析可以帮助医生更好地选择治疗方案。通过分析大量的临床试验数据和医学文献，可以了解不同治疗方案的疗效和副作用，为医生提供治疗方案的参考依据，帮助其选择最适合患者的治疗方案。大数据分析可以帮助医生更好地预测疾病的发展趋势和预后。通过分析大量的患者数据和病例资料，可以建立预测模型，帮助医生预测疾病的发展趋势和预后，为患者提供更好的治疗和护理建议。

（三）疾病监测和控制

疾病监测和控制是公共卫生领域的重要任务之一，而大数据分析在这方面发挥着关键作用。通过分析患者的病例数据、医院就诊数据、流行病学调查数据等大量数据，可以及时发现疾病的暴发和流行趋势，帮助卫生部门和政府采取有效的控制措施，减少疾病的传播和影响。大数据分析可以帮助监测传染病的传播路径和规律。通过分析患者的病例数据和流行病学调查数据，可以确定传染病的传播路径和潜在传播途径，帮助卫生部门采取相应的防控措施，控制疾病的传播。

大数据分析可以帮助监测慢性病的流行趋势和影响因素。通过分析患者的就诊数据和生活方式数据，可以了解慢性病的流行趋势和患病风险因素，帮助卫生部门和政府采取预防措施，减少慢性病的发生和影响。大数据分析可以帮助监测疫苗接种覆盖率和效果。通过分析疫苗接种数据和疾病发病数据，可以评估疫苗接种的覆盖率和效果，为疫苗接种工作提供科学依据，保障公众健康。

（四）医疗资源管理

在医疗健康领域，医疗资源管理是一个至关重要的环节，而大数据分析在医疗资源管理中发挥着重要作用。通过分析患者的就诊数据、医疗设备的使用情况、医院人员的工作效率等数据，可以帮助医疗机构更好地管理医疗资源，提高医疗服务的效率和质量。大数据分析可以帮助医疗机构优化医疗资源的配置。通过分析患者的就诊数据和病情严重程度，可以合理安排医院的医疗资源，如医生、护士、床位等，以满足不同患者的需求，提高医疗服务的效率。

大数据分析可以帮助医疗机构提高医疗服务的质量。通过分析医疗设备的使用情况和效率，可以及时发现设备的故障和问题，提高设备的利用率和效率，保障患者的治疗质量和安全。大数据分析可以帮助医疗机构提高医疗服务的效率。通过分析医院人员的工作效率和工作负荷，可以合理安排医院的人员资源，提高工作效率，缩短患者的等待时间，提高患者就诊的满意度。

（五）健康管理与预防

健康管理与预防是现代医疗领域中的重要议题，大数据分析技术的出现为其提供了新的发展机遇。大数据分析能够深入挖掘个人健康数据和生活方式信息，为个人提供定制化的健康管理建议和预防措施，有效地帮助个人保持身体健康。大数据分析可以帮助个人管理健康。传统的健康管理方式主要依靠医生的经验和患者的主观感受，存在着信息不对称和个体差异大的问题。而大数据分析可以基于庞大的数据样本，结合机器学习和人工智能技术，对个人的健康数据进行深度分析，为个人提供个性化的健康管理方案。比如，根据个人的基因信息和生活习惯，提供针对性的饮食和运动建议，帮助个人更科学地管理健康。

传统的疾病预防主要依靠广泛的健康宣教和常规的体检，但效果有限。而大数据分析可以通过对大规模的健康数据进行分析，挖掘疾病的潜在风险因素和发病规律，为个人提供更加精准的疾病预防措施。比如，通过分析个人的疾病史、家族遗传史和生活环境等信息，提前预测个人可能患病的风险，并给出相应的预防建议，帮助个人避免疾病的发生。

（六）药物研发与临床试验

药物研发与临床试验是医药领域中的重要环节，也是长期以来备受关注和投入的领域。随着大数据分析技术的不断发展和应用，药物研发和临床试验的效率和准确性得到了显著提升。传统的药物研发过程需要耗费大量时间和资源，而且成功率较低。通过利用大数据分析技术，可以对大量的生物信息数据进行深入分析，发现潜在的药物靶点和治疗方法。比如，通过分析基因组数据和蛋白质组数据，可以更准确地预测药物与靶点的相互作用，为药物研发提供更可靠的依据。此外，大数据分析还可以帮助研究人员更好地理解疾病的发病机制，为药物研发提供更深入的思路和方向。

临床试验是评价新药安全性和有效性的关键步骤，但传统的临床试验过程需要耗费大量时间和金钱，并且存在着样本数量有限、研究设计不合理等问题。通过利用大数据分析技术，可以对临床试验数据进行深入分析，挖掘出更多有价值的信息。比如，可以通过分析临床试验数据中的患者特征、治疗方案和疗效评价等信息，发现不同患者群体对药物的反应差异，为个体化治疗提供依据，从而提高临床试验的效率和准确性。

二、大数据在远程医疗中的应用

（一）远程医疗诊断与监控

远程医疗诊断与监控是大数据在医疗领域中的重要应用之一，通过大数据分析技术，可以实现对患者健康状况的实时监控和远程诊断，为医疗服务提供了全新的可能性和效率。大数据在远程医疗诊断中的应用能够辅助医生进行更准确的诊断。传统的医疗影像诊断依赖于医生的经验和判断，存在主观性和误诊率高的问题。而大数据分析技术可以通过对大量的医疗影像数据进行分析和比对，帮助医生快速准确地诊断病情，提高诊断的准确性和效率。此外，大数据还可以分析患者的生理指标数据，如心率、血压、血糖等，结合患者的病史和临床表现，为医生提供更全面的诊断依据。

大数据在远程医疗监控中的应用可以实现对患者健康状况的实时监测。通过在患者身上植入传感器或佩戴可穿戴设备，可以实时采集患者的生理参数和健康数据，如心电图、脑电图、血氧饱和度等。这些数据可以通过网络传输到远程医疗监测中心，医生可以通过大数据分析技术实时监测患者的健康状况，及时发现异常情况并采取相应措施，提高患者的生活质量和健康水平。

（二）医疗资源调度与管理

医疗资源调度与管理是医疗卫生领域中的重要问题，大数据分析技术的应用为优化医疗资源配置提供了新的途径和方法。通过大数据分析，可以更加精确地预测医疗资源的需求，合理调度资源，提高医疗服务的效率和质量。大数据分析可以帮助医院和卫生部门根据患者需求和疾病流行情况预测医疗资源需求。传统的医疗资源配置主要依靠医院的经验和统计数据，存在着信息不足和不准确的问题。而大数据分析技术可以通过对大量的医疗数据进行分析，挖掘出疾病的流行规律和患者的就诊特点，预测未来的医疗资源需求。例如，可以通过分析过去几年的流感疫情数据，预测未来流感季就诊人数的增长趋势，合理调配医疗资源，提前做好准备。

大数据分析可以帮助医院和卫生部门优化医疗资源配置，提高医疗服务效率和质量。通过分析医疗数据和患者就诊信息，可以发现医疗资源利用不均衡的问题，合理调整资源配置，提高资源利用率。例如，可以根据患者就诊的时间分布情况，调整医生和护士的排班安排，确保在高峰期有足够的医疗人员提供服务，避免资源浪费和医疗服务不足的情况发生。

（三）远程医疗健康档案管理

远程医疗健康档案管理是利用大数据技术建立和管理患者的健康档案，为医生提供远程诊断和治疗所需的信息。这种管理方式可以提高医疗服务的效率和质量，同时也更加方便患者获取医疗服务。远程医疗健康档案管理可以将患者的病历、检查报告、用药记录等信息集中管理。传统的健康档案管理方式主要依赖于纸质档案，存在信息不全、不易查找和传输不便等问题。而利用大数据技术建立的远程医疗健康档案可以将患者的相关信息集中存储在电子系统中，方便医生随时查阅，提高诊断和治疗的效率。

通过大数据技术，医疗机构可以将患者的健康档案信息进行加密和传输，确保信息的安全性和隐私性。这样，不同医疗机构之间可以共享患者的健康档案信息，避免重复检查和用药，提高医疗资源的利用效率。远程医疗健康档案管理还可以实现医生和患者之间的远程沟通和协作。患者可以通过远程医疗健康档案管理系统向医生咨询问题、上传病历资料等，医生可以根据患者的需求和病情提供远程诊断和治疗建议，提高医疗服务的及时性和便利性。

（四）远程医疗服务优化

远程医疗服务的优化是利用大数据分析技术对患者病历和医疗数据进行分析，为医生提供个性化的诊疗方案，提高治疗效果和患者满意度的过程。大数据分析技术可以帮助医生更好地了解患者的病情和治疗反应，为医疗决策提供科学依据，提高远程医疗服务的质量和效率。大数据分析可以根据患者的病历和医疗数据为医生提供个性化的诊疗方案。传统的诊疗方案主要基于医生的经验和专业知识，存在着一定的主观性和局限性。而利用大数据分析技术可以对大量的患者病历和医疗数据进行分析，挖掘出不同患者之间的治疗差异和规律，为医生提供个性化的诊疗方案，提高治疗效果和患者满意度。

大数据分析可以挖掘医疗数据中的规律和趋势，为远程医疗服务的优化提供决策支持。通过分析医疗数据，可以发现患者就诊的时间分布、就诊原因、用药情况等信息，为医院和卫生部门制定远程医疗服务的策略和规划提供依据。例如，可以根据就诊时间的分布情况调整医生的排班安排，提高医疗资源的利用效率；可以根据患者的用药情况调整药品的采购和库存，避免药品的浪费。

（五）远程医疗教育与培训

远程医疗教育与培训是利用大数据分析技术为医护人员提供远程教育和培训服务，旨在提高他们的专业水平和服务质量。大数据分析技术可以帮助医护人员获取最新的医疗知识和技能，优化教育资源配置，提高医疗人员的培训效果和学习体验。数据分析可以帮助医护人员进行远程教育和培训。传统的医疗教育和培训方式主要依靠面对面的课堂教学，存在着时间和地点限制的问题。而利用大数据分析技术可以通过互联网平台提供远程教育和培训服务，医护人员可以根据自己的时间和地点选择合适的教育资源进行学习，提高学习的灵活性和效率。

大数据分析可以优化教育资源配置，提高医疗人员的培训效果和学习体验。通过分析医疗教育数据，可以了解医护人员的学习需求和学习习惯，为医疗机构提供有针对性的教育资源，提高医护人员的学习积极性和学习效果。同时，大数据分析还可以根据医护人员的学习情况和反馈信息及时调整教育内容和方式，提高教育的针对性和实效性。

第三节　智能制造与工业互联网

一、智能制造与工业互联网的发展

（一）技术驱动

智能制造和工业互联网代表了信息技术在制造业中的最新应用，其发展受益于物联网、大数据、人工智能和云计算等技术的迅猛发展。这些技术的进步不仅极大地提升了制造业的效率和质量，还为制造业带来了全新的发展模式和商业机会。物联网的发展为智能制造和工业互联网的实现提供了基础。通过物联网技术，各种设备、机器和传感器可以实现互联互通，实现信息的实时采集和传输。这使得制造企业能够更加精准地掌握生产过程中的各种数据，为生产决策提供科学依据。

大数据技术的应用为智能制造和工业互联网注入了新的活力。大数据分析可以帮助企业从海量数据中挖掘出有价值的信息，帮助企业更好地了解市场需求、优化生产流程、提升产品质量。同时，大数据技术还可以为企业提供更准确的预测和决策支持，有助于降低生产成本，提高经营效益。人工智能的应用也为智能制造和工业互联网的发展提供了重要支持。人工智能技术可以帮助制造企业实现智能化生产，提升生产效率和产品质量。例如，通过人工智能技术，生产设备可以实现自动化控制和优化调度，大大提高了生产效率和灵活性。

（二）智能工厂

量子计算的迅猛发展对传统加密算法提出了严峻挑战，尤其是对大数据加密的挑战。传统加密算法如 RSA 算法依赖于大整数质因数分解的困难性来确保安全性，但是量子计算的出现威胁着这种安全性。量子计算以其并行计算的能力，可以在相对较短的时间内破解当前传统加密算法所需的复杂问题，例如分解大整数的质因数，这对于保护大数据在传输和存储过程中的安全性构成了严重威胁。

传统的加密算法在量子计算面前显得力不从心。为了解决这一挑战，人们开始研究和发展量子安全的加密算法，其中最有代表性的就是基于量子密钥分发（QKD）的算法。QKD 利用了量子力学的原理，确保密钥分发的安全性，即使在量子计算的攻击下也能保持信息的机密性。QKD 算法通过量子态传输密钥，保证了信息传输过程中的安全性，为大数据在传输和存储中提供了更加可靠的保障。

QKD 算法的发展为大数据安全提供了新的可能性。它不仅可以应对量子计算带来的挑战，还可以为大数据加密提供更高效、更安全的解决方案。然而，QKD 算法的实际应用还存在一些挑战，如设备的稳定性和成本的问题，需要进一步的研究和改进。

（三）工业互联网平台

在当今信息时代，智能工厂作为制造业的新发展模式，正逐渐改变着传统制造业的生产方式和管理理念。智能工厂以数字化、网络化和智能化技术为支撑，致力于实现生产设备、生产过程和生产资源的智能管理和协同，从而提高生产效率和产品质量。智能工厂通过数字化技术实现了生产过程的数字化管理。传感器、数据采集设备等数字化设备的广泛应用，使得生产过程中的各项数据可以被准确、实时地采集、传输和处理。这为企业提供了更加准确和全面的生产数据，有利于企业管理者及时了解生产状况，做出科学决策。

智能工厂通过网络化技术实现了生产过程的网络化协同。各个生产环节之间通过网络实现了信息共享和资源调配，不同部门之间的协作更加紧密高效。生产计划、生产调度、供应链管理等各个环节之间实现了无缝对接，大大提高了生产效率和资源利用率。智能工厂通过智能化技术实现了生产过程的智能化控制。人工智能、机器学习等技术的应用，使得生产设备能够实现自动化控制和智能化调度，提高了生产效率和产品质量。同时，智能工厂还可以通过预测性维护等技术，实现对设备状态的实时监测和预测，降低了设备故障率，提高了设备利用率。智能工厂通过信息化技术实现了生产过程的信息化管理。信息化系统可以帮助企业实现对生产过程的全面监控和管理，提高了生产过程的透明度和可控性。同时，信息化系统还可以为企业提供全面的数据分析和决策支持，帮助企业管理者更好地制定生产计划和调度。

（四）定制化生产

在当前市场竞争日趋激烈的背景下，定制化生产作为一种灵活的生产模式，正受到越来越多制造企业的重视和采用。智能制造和工业互联网的发展为定制化生产提供了有力支撑，使得企业能够根据客户需求快速调整生产线，提供个性化产品和服务，满足市场需求多样化的特点。定制化生产可以满足消费者个性化需求。随着消费者需求的不断升级，传统的批量生产模式已经不能完全满足市场需求。定制化生产可以根据消费者的具体需求，灵活调整生产线，提供符合消费者个性化需求的产品，增强了产品的市场竞争力。

传统的批量生产模式存在着生产线固定、生产过程复杂等问题，导致资源浪费和生产效率低下。定制化生产可以根据订单需求灵活调整生产线，避免了不必要的资源浪费，提高了生产效率和资源利用率。定制化生产可以降低库存和风险。传统的批量生产模式往往需要大量的库存储备，而定制化生产可以根据订单需求生产，减少了库存压力和库存成本，降低了企业经营风险。定制化生产可以提升企业的品牌价值和市场竞争力。定制化生产可以提供个性化产品和服务，增强了产品的差异化竞争优势，提升了企业的品牌价值和市场竞争力。

（五）智能供应链

在当今全球化和信息化的背景下，供应链的管理变得越来越复杂，传统的供应链管理方式已经不能完全满足市场需求。工业互联网的发展为供应链管理带来了全新的机遇和挑战，通过连接供应链上下游的企业，实现供应链的可视化、透明化和智能化管理，提高供应链的响应速度和灵活性，从而推动了供应链向智能化、数字化和智慧化方向发展。通过信息技术的应用，企业可以实时监控供应链上下游的情况，了解订单、库存、生产进度等关键信息，有助于企业及时调整生产计划和库存策略，提高供应链的响应速度和灵活性。

工业互联网可以实现供应链的透明化管理。传统的供应链管理存在信息不对称的问题，企业往往难以获取到供应链上游的信息。工业互联网通过连接供应链上下游的企业，实现了信息的共享和透明化，有助于企业更加准确地了解供应链的情况，降低了信息不对称带来的风险。工业互联网可以实现供应链的智能化管理。通过人工智能、大数据等技术的应用，企业可以对供应链的数据进行深度分析和挖掘，从而实现对供应链的智能化调度和管理。智能化管理可以帮助企业更好地预测市场需求、优化供应链配置，提高供应链的运作效率和资源利用率。工业互联网可以提高供应链的响应速度和灵活性。传统的供应链管理往往需要长时间的沟通和协调，而工业互联网可以实现供应链的实时监控和调度，使得企业能够更加快速地响应市场变化，提高供应链的灵活性和应变能力。

（六）智能制造标准

智能制造和工业互联网的发展需要建立一系列标准和规范，以确保不同系统和设备之间的互操作性和数据共享。这些标准和规范涵盖了数据格式标准、通信协议标准、安全标准等多个方面，对推动智能制造和工业互联网的发展具有重要意义。数据格式标准是智能制造和工业互联网的基础。通过统一的数据格式标准，不同设备和系统可以更好地共享和理解数据，实现信息的无障碍流通。例如，制定统一的数据模型和数据描述语言，可以帮助企业更好地管理和分析数据，提高生产效率和产品质量。

不同设备和系统之间通过通信协议进行数据交换和传输，通信协议标准的制定可以确保设备之间能够正确地解析和处理数据，实现数据的可靠传输和信息交换。例如，制定适用于工业互联网的通信协议，可以帮助企业构建高效稳定的工业互联网系统，提高生产管理水平。安全标准是保障智能制造和工业互联网安全运行的重要保障。智能制造和工业互联网涉及大量的数据交换和信息传输，安全标准的制定可以确保数据的安全性和隐私保护。例如，制定适用于工业互联网的数据加密和身份验证标准，可以防止数据被非法篡改和窃取，保障企业数据的安全。

二、智能制造与工业互联网的融合途径

（一）技术融合与创新

智能制造是当今制造业发展的必然趋势，它利用物联网、大数据、人工智能等技术实现生产过程的智能化和自动化。而工业互联网则是这些技术在制造业中的具体应用，通过连接设备、系统和人员，实现生产过程的数字化和网络化管理。融合智能制造和工业互联网是推动制造业转型升级的重要途径之一，需要在技术上实现创新。技术融合与创新意味着在智能制造和工业互联网的基础上，进一步整合和优化现有技术，以提升生产效率和产品质量。例如，利用人工智能技术对生产数据进行分析和预测，实现智能化生产计划和优化生产过程，从而提高生产效率和产品质量。

智能工厂是智能制造的核心，它通过物联网技术实现设备间的互联互通，使生产过程更加灵活高效。例如，通过在生产设备上安装传感器和智能控制系统，实现设备的远程监控和智能化控制，提升生产效率和产品质量。技术融合与创新还包括在生产过程中引入新的技术和工艺，以实现生产过程的智能化和自动化。例如，利用大数据技术分析产品生命周期数据，实现产品设计和制造过程的优化，提高产品质量和用户满意度。

（二）数据共享与协同

工业互联网的发展为智能制造提供了重要支撑，其中数据共享与协同是其核心特征之一。工业互联网通过实现设备、系统之间的数据共享和协同，可以实现生产过程的可视化、透明化和智能化。智能制造需要借助工业互联网技术实现生产数据的实时采集、分析和应用，从而实现生产过程的优化和智能化管理。数据共享与协同是工业互联网的基础。通过连接设备、系统和人员，工业互联网可以实现生产过程中各种数据的共享和协同。例如，生产设备可以通过传感器实时采集生产数据，并将这些数据传输到云端进行存储和分析，供相关人员实时查看和分析，从而实现生产过程的可视化和透明化。

通过对生产数据进行分析和挖掘，工业互联网可以帮助企业发现生产过程中的潜在问题，并及时采取措施进行调整和优化，从而提高生产效率和产品质量。例如，通过分析设备运行数据，可以预测设备可能出现的故障，并提前进行维护，避免生产中断。数据共享与协同也可以带来生产过程的灵活性和高效性。通过实现设备间的数据共享和协同，可以实现生产过程的灵活调度和优化，提高生产效率和资源利用率。例如，通过实时监测生产线上各设备的运行状态，可以及时调整生产计划，以适应市场需求的变化。

（三）平台建设与生态构建

平台建设与生态构建是智能制造和工业互联网融合的重要组成部分。在这个过程中，建设适合制造业的工业互联网平台是关键所在，同时也需要构建包括设备、物料、供应链

等在内的完整生态系统。通过平台建设和生态构建，可以实现企业内外各环节的信息共享和资源整合，提升整个价值链的效率和竞争力。一个完善的工业互联网平台应该具备数据采集、数据存储、数据分析、数据展示等功能，能够实现对制造过程中各种数据的实时监测和分析。通过建设这样的平台，可以实现对制造过程的全面监控和管理，提高生产效率和质量。

构建完整的生态系统需要考虑到不同环节的协同和配合，包括设备厂商、物料供应商、生产企业等。通过构建生态系统，可以实现各个环节之间的信息共享和资源整合，优化整个价值链的运作，提高生产效率和产品质量。平台建设和生态构建的最终目标是实现制造业的数字化转型和智能化升级。通过建设适合制造业的工业互联网平台，构建完整的生态系统，可以实现对制造过程的全面监控和管理，提高生产效率和产品质量，推动制造业向数字化、智能化发展。

（四）标准与规范

智能制造和工业互联网的融合需要建立统一的标准和规范，以促进不同设备、系统之间的互操作性和信息交换。这些标准和规范是确保设备、系统之间能够无缝连接，实现智能制造和工业互联网良性互动和发展的基础。建立统一的标准和规范有助于解决设备、系统之间的互操作性问题。不同厂家生产的设备和系统往往采用不同的通信协议和数据格式，导致它们之间无法互相通信和协作。通过建立统一的标准和规范，可以使不同设备、系统之间实现互操作，实现数据共享和协同。

建立统一的标准和规范有助于提高信息交换的效率和安全性。在智能制造和工业互联网的环境下，大量的数据需要在设备、系统之间进行交换和共享。通过建立统一的标准和规范，可以确保数据交换的高效性和安全性，避免数据泄露和不必要的数据传输。建立统一的标准和规范还有助于推动智能制造和工业互联网的发展。标准和规范的制定需要各方共同参与，可以促进技术创新和经验分享，推动智能制造和工业互联网的不断发展和完善。

（五）人才培养与管理

智能制造与工业互联网融合需要培养具备跨领域知识和技能的复合型人才，他们既懂得制造业的生产流程和技术，又了解工业互联网的应用和发展。此外，企业需要加强对人才的管理和培训，提升员工的综合素质和创新能力，适应智能制造与工业互联网融合发展的需求。

第四节　教育科技与在线教育

一、教育科技在智能制造与工业互联网融合中的应用

（一）虚拟仿真技术的应用

在智能制造与工业互联网融合中，教育科技的虚拟仿真技术应用极为重要。虚拟仿真技术可以模拟实际工业生产场景，为学生提供更安全、更便捷的学习环境，帮助他们更好

地理解和掌握实际工业生产过程中的操作技能和流程。虚拟仿真技术可以提供高度仿真的实践操作环境。学生可以通过虚拟仿真系统进行实际的操作，如机械加工、装配、调试等，而无需真实设备和场地。这种方式可以降低学习成本，提高学习效率，同时也可以避免由于实际操作带来的安全风险。

虚拟仿真技术可以帮助学生更深入地理解和掌握工业生产过程中的操作技能和流程。通过虚拟仿真系统，学生可以实时观察和分析操作过程中的各种情况，包括设备运行状态、工艺参数等，从而更好地理解和掌握实际操作所需的技能和知识。虚拟仿真技术还可以提供个性化的学习体验。系统可以根据学生的学习进度和能力水平，自动调整难度和内容，为学生提供个性化的学习路径和任务，从而更好地满足不同学生的学习需求。

（二）智能化教学系统的应用

智能化教学系统在智能制造与工业互联网融合中的应用，可以带来许多优势和改进。这种系统可以根据学生的学习情况和需求，自动调整教学内容和方式，为学生提供个性化的学习体验，从而提高学生的学习效果和培养能力。智能化教学系统可以根据学生的专业背景和学习目标，为其提供针对性的教学内容和实践任务。在智能制造和工业互联网领域，学生可能具有不同的专业背景和学习目标，需要针对性地学习相关知识和技能。智能化教学系统可以根据学生的个性化需求，为其提供符合其学习需求的教学内容和实践任务，从而更好地满足学生的学习需求。

智能化教学系统可以根据学生的学习情况和反馈信息，自动调整教学内容和方式。通过分析学生的学习数据和行为，系统可以了解学生的学习状态和困难，为其提供相应的帮助和指导。这种个性化的教学方式可以提高学生的学习积极性和效果，提高学生的学习效率和培养能力。智能化教学系统还可以提供丰富多样的学习资源和学习工具，帮助学生更好地理解和掌握相关知识和技能。系统可以结合虚拟仿真技术、互动式学习工具等，为学生提供实践操作和工艺流程的学习体验，从而提高学生的学习效果和培养能力。

（三）互动式学习工具的应用

在智能制造与工业互联网融合中，互动式学习工具的应用对于学生获得更多实践经验和技能、提高学习兴趣和动力具有重要意义。这些工具可以包括虚拟实验室、在线模拟软件等，通过让学生在自主探索和实践中学习，有效提高他们在实际工艺流程中所需的技能和经验。互动式学习工具可以提供高质量的实践操作环境。学生可以通过虚拟实验室等工具进行各种实践操作，如机械加工、装配等，而无需真实设备和场地。这种方式既降低了学习成本，又提供了安全可控的学习环境，使学生能够在实践中学习，提高他们的实际操作能力。

系统可以根据学生的学习情况和需求，为其提供个性化的学习路径和任务，从而更好地满足不同学生的学习需求。这种个性化的学习方式可以提高学生的学习效果和培养能力。互动式学习工具还可以提高学生的学习兴趣和学习动力。通过让学生在自主探索和实践中学习，可以激发他们的学习兴趣，提高他们的学习动力。这种学习方式不仅可以提高学生的学习效果，还可以培养他们的创新能力和实践能力。

二、在线教育在人才培养中的作用

（一）灵活的学习方式

在线教育的灵活学习方式是其最大的优势之一，尤其在智能制造与工业互联网人才培养中发挥着重要作用。这种学习方式的灵活性体现在时间和空间的自由度上。在传统的教育模式中，学生需要按照固定的课程表去学习，而在在线教育中，学生可以根据自己的工作和生活安排，自主选择学习的时间。这种灵活性使得那些已经在工作岗位上的学生也能够进行学习，不受时间的限制，更好地提高自身素质和能力。

在线教育可以通过互联网实现学习资源的共享，学生可以在任何有网络的地方进行学习，不再受到地点的限制。这种灵活性使得学生可以在家中、办公室、图书馆等任何地方进行学习，提高了学习的便利性和效率。在线教育还提供了多样化的学习方式和资源。学生可以通过文字、图片、视频等多种形式获取知识，也可以通过在线讨论、实验模拟等方式进行交流和实践。这种多样化的学习方式能够满足不同学生的学习需求，提高学习的效果和培养能力。

（二）跨地域的教育资源共享

在线教育的跨地域教育资源共享是其独特的优势，对于智能制造与工业互联网人才培养具有重要意义。通过网络教学平台，学生可以获取来自全国各地甚至全球范围内的优质教育资源。例如，一位就读于中国某地的学生可以通过在线教育平台学习到来自北美、欧洲等地的优秀教师讲授的课程内容，获取国际化的教育资源，拓宽学习视野，提高学习水平。

跨地域的教育资源共享可以促进不同地区、不同学校之间的教育资源互补和优化配置。一些地区可能拥有丰富的教育资源，而另一些地区可能资源匮乏。通过在线教育，资源丰富的地区可以与资源匮乏的地区共享教育资源，实现资源的优化配置，提高教育资源的利用效率。跨地域的教育资源共享还可以促进教育教学理念和方法的交流与融合。不同地区、不同国家的教育教学理念和方法各具特色，通过在线教育平台，学生可以接触到来自不同地区、不同国家的教育理念和方法，促进教育理念和方法的交流与融合，提高教育教学的质量和水平。

（三）个性化学习

在数字经济时代，大数据技术将成为经济发展的核心驱动力。随着互联网、物联网等技术的快速发展，大数据的收集、存储、分析和应用已经成为企业竞争的关键因素，推动经济社会的发展。大数据技术的发展将促进经济结构的优化和升级。通过大数据分析，企业可以更好地了解市场需求和消费者行为，从而调整产品结构和服务模式，提高产品和服务的质量和效率。这将推动传统产业向数字化、智能化方向转型，促进经济结构的优化和升级。

通过大数据分析，企业可以发现市场趋势和新兴需求，及时调整产品和服务，推出更具创新性的产品和解决方案。这将带动企业的创新能力提升，增强企业的竞争力，推动经济社会的持续发展。大数据技术还将促进资源的合理利用和节约。通过大数据分析，企业可以更好地管理资源，提高资源利用效率，降低生产成本，实现资源的合理利用和节约。这将有助于推动经济的可持续发展，建设资源节约型社会。大数据技术还将推动经济的数字化转型。随着大数据技术的发展，企业将更多地依赖数据来进行经营管理和决策。数字化经济将成为未来经济发展的主要形式，推动经济社会向着数字化、智能化方向发展。

（四）实践与理论相结合

在线教育的个性化学习是其突出特点之一，对于智能制造与工业互联网人才培养有着重要的意义。个性化学习可以根据学生的学习情况和需求，提供个性化的学习内容。通过学习平台的智能化系统，可以根据学生的学习进度和能力水平，为其推荐适合的学习内容和任务。例如，对于学习进度较快的学生，可以提供更深入和复杂的学习内容，帮助其进一步提高学习水平；而对于学习进度较慢的学生，则可以提供更简单和易懂的学习内容，帮助其更好地理解和掌握知识。

个性化学习可以根据学生的学习方式和偏好，提供个性化的学习方式。不同学生有不同的学习方式和偏好，有些学生喜欢通过阅读来学习，有些学生喜欢通过观看视频来学习，而有些学生则喜欢通过实践操作来学习。在线教育可以根据学生的学习方式和偏好，为其提供符合其学习习惯的学习方式，提高学习的效果和培养能力。个性化学习还可以根据学生的兴趣和需求，提供个性化的学习任务。学生在学习过程中可能对某些领域或主题特别感兴趣，而对其他领域或主题则不太感兴趣。在线教育可以根据学生的兴趣和需求，为其提供符合其兴趣的学习任务，激发其学习的兴趣和动力，提高学习的效果和培养能力。

三、教育科技和在线教育对人才培养的影响

（一）改变人才培养模式

教育科技和在线教育的发展，显著改变了传统的人才培养模式，为学生提供了更加灵活和多样化的学习方式，促进了学生的全面发展和创新能力的提升。教育科技和在线教育引入了虚拟仿真技术和智能化教学系统，使得学生可以在虚拟环境中进行实践操作和工艺流程的学习。这种方式不仅提供了更安全、更便捷的学习环境，还可以帮助学生更好地理解和掌握实际工业生产过程中的操作技能和流程。通过自主学习和实践操作，学生可以更加深入地了解和应用所学知识，培养了他们的自主学习能力和创新思维。

教育科技和在线教育提供了更加灵活的学习方式，学生可以根据自己的时间和地点安排学习，不受时间和空间的限制。特别是对于已经在工作岗位上的学生来说，可以在工作之余通过在线教育学习相关知识和技能，提高自身素质和能力，更好地适应智能制造与工业互联网的发展需求。这种灵活的学习方式使得学习更加便捷和高效。教育科技和在线教育注重培养学生的实践能力和创新能力。通过互动式学习工具和实践性任务，学生可以在实践中探索和创新，培养了他们的创新思维和创新能力。这种注重实践的教学方式有助于学生将理论知识应用到实际工作中，提高了他们的实际能力和竞争力。

（二）提升学生综合素质

教育科技和在线教育的发展为提升学生的综合素质提供了重要支持，通过多样化的学

习方式和资源，学生可以获得更广泛、更深入的知识，同时也能够培养实践能力、创新能力、团队合作能力等综合素质，更好地适应社会发展的需求。教育科技和在线教育拓展了学习的空间和资源，使学生可以跨越地域和时间的限制获取知识和技能。学生可以通过网络平台学习来自全球各地的优质教育资源，拓展了他们的学习视野，提高了学习的深度和广度。这种多样化的学习资源有助于学生获取更广泛、更深入的知识，提升了他们的学习效果和综合素质。

教育科技和在线教育注重培养学生的实践能力和创新能力。通过虚拟仿真技术、互动式学习工具等方式，学生可以在实践中探索和创新，培养了他们的创新思维和实践能力。这种实践性的学习方式有助于学生将理论知识应用到实际工作中，提高了他们的实际能力和竞争力。教育科技和在线教育强调知识与能力的结合，注重培养学生的综合素质。通过多样化的学习方式和资源，学生不仅可以获得丰富的知识，还可以培养实践能力、创新能力、团队合作能力等综合素质。这种综合素质的培养有助于学生更好地适应社会发展的需求，提高了他们的综合素质和竞争力。

（三）提高学生创新能力

教育科技和在线教育的发展为提高学生的创新能力提供了重要支持，重视培养学生的创新思维和实践能力，通过互动式学习工具、实践性任务等方式，激发学生的创新潜能，为他们未来的发展打下了良好的基础。教育科技和在线教育注重培养学生的实践能力。通过虚拟仿真技术、互动式学习工具等方式，学生可以在实践中探索和创新，培养了他们的实践能力和动手能力。这种实践性的学习方式有助于学生将理论知识应用到实际工作中，提高了他们的创新能力。

通过提供丰富多样的学习资源和任务，鼓励学生自主学习和探索，激发了他们的创新思维和创造力。学生在自主探索和实践中培养了解决问题的能力，提高了他们的创新能力。教育科技和在线教育注重培养学生的团队合作能力。通过合作式学习和项目实践，学生学会了与他人合作、交流和协作，培养了他们的团队合作精神和创新意识。这种团队合作的学习方式有助于学生充分发挥集体智慧，促进了他们的创新能力的提升。

（四）拓展学习空间和资源

教育科技和在线教育的发展为拓展学生的学习空间和资源提供了重要支持，使学生可以跨越地域和时间的限制获取知识和技能。通过网络平台，学生可以获取来自全球各地的优质教育资源，拓展了他们的学习视野，提高了学习的深度和广度。教育科技和在线教育突破了传统教育的时空限制，使学生可以在任何时间、任何地点进行学习。无论是在家中、工作场所还是在校园外，学生都可以通过网络平台获取到所需的学习资源，进行自主学习。这种灵活的学习方式有助于学生更好地安排学习时间，提高学习效率。

通过网络平台，学生可以获取到各种形式的教育资源，包括文字、图片、视频、音频等，丰富了学习内容，提高了学习的趣味性和吸引力。学生可以根据自己的学习需求和兴趣选择合适的学习资源，自主学习，提高了学习的自主性和积极性。教育科技和在线教育促进了学习资源的共享和交流。通过网络平台，教师和学生可以轻松地共享教学资源，进行互动交流。教师可以分享自己的教学经验和教学材料，学生可以相互交流学习心得和体会，促进了学习资源的共享和交流，提高了学习的效果和质量。

四、教育科技和在线教育的发展趋势

（一）个性化教育

在智能制造与工业互联网融合中，个性化教育是教育科技和在线教育发展的重要方向之一。个性化教育强调根据学生的学习情况和需求，提供个性化的学习内容和方式，以提高学生的学习效果和培养能力。个性化教育通过分析学生的学习数据，实现智能化的教学设计和评估。教育科技和在线教育可以收集学生的学习数据，如学习进度、学习兴趣、学习习惯等，通过数据分析和挖掘，为每个学生量身定制学习计划和教学内容，提高学习的针对性和有效性。

每个学生的学习能力和学习方式都不同，个性化教育可以根据学生的特点和需求，提供适合他们的学习内容和方式，激发学生的学习兴趣，增强学习动力，提高学习效果。个性化教育还可以促进教师和学生之间的互动和沟通。教育科技和在线教育可以提供多种形式的教学资源和学习工具，如在线课程、虚拟实验室、互动式学习平台等，帮助教师更好地了解学生的学习情况和需求，及时调整教学内容和方式，提高教学效果。

（二）智能化教学系统

教育科技和在线教育的智能化教学系统是未来发展的重要趋势。这种系统利用人工智能、大数据等技术，通过分析学生的学习数据和行为，实现智能化的教学设计和评估，为学生提供个性化的学习体验，从而提高学习效果。智能化教学系统可以根据学生的学习情况和需求，自动调整教学内容和方式。通过分析学生的学习数据，系统可以了解每个学生的学习进度、学习习惯、学习兴趣等信息，根据这些信息为学生量身定制学习计划和教学内容，提供个性化的学习体验。

系统可以根据学生的学习需求和兴趣，为其推荐适合的学习资源和教学方式，如在线课程、虚拟实验室、互动式学习平台等，帮助学生更好地学习和成长。智能化教学系统还可以促进教师和学生之间的互动和沟通。教师可以通过系统了解学生的学习情况和需求，及时调整教学内容和方式，提供个性化的教学指导，激发学生的学习兴趣和动力，提高教学效果。

（三）跨平台学习

跨平台学习是教育科技和在线教育领域的一个重要发展趋势。随着移动互联网的普及和智能设备的发展，学生们可以通过多种设备（如电脑、平板、手机等）进行学习，随时随地获取学习资源，极大地提高了学习的便捷性和灵活性。这种跨平台学习的模式不仅改变了传统教育的形式，也对学习方式和教学方法提出了新的要求。跨平台学习使学生可以根据自己的实际情况选择最适合的学习设备，无论是在家、在校还是在外，都能随时随地进行学习。这种灵活性不仅提高了学习效率，还能够更好地满足学生个性化学习的需求。例如，学生可以利用碎片化的时间进行学习，比如在公交车上、等候时等，从而更好地利用时间。

传统教育往往局限于教室内的教学，而跨平台学习可以通过多种方式呈现教学内容，比如文字、图片、视频、音频等，使学生能够更加直观地理解知识，提高学习的趣味性和互动性。同时，教师也可以通过不同的平台进行教学，比如利用在线直播进行课堂教学，利用在线论坛进行学习讨论，从而更好地与学生互动。通过跨平台学习，学生可以获得全球范围内的教育资源，比如可以参加来自不同地区的在线课程、观看国际知名学者的讲座等，从而拓宽了视野，提高了学习的深度和广度。同时，跨平台学习也促进了教育教学经验的交流，各地的教育工作者可以通过跨平台学习平台分享自己的教学经验，共同提高教育教学水平。

（四）数据驱动的教育决策

数据驱动的教育决策是教育科技和在线教育的一个重要趋势。随着大数据技术的发展和应用，教育机构可以更好地收集、分析和利用学生的学习数据，从而深入了解学生的学习状况和需求，调整教学策略，提高教育质量，实现个性化教育。数据驱动的教育决策可以帮助教育机构更好地了解学生的学习情况。通过收集学生的学习数据，包括学习行为、学习进度、学习成绩等，教育机构可以对学生的学习状况进行全面分析，发现学生的优势和劣势，及时发现学习问题，并针对性地提供帮助和支持。

数据驱动的教育决策可以帮助教育机构调整教学策略，提高教育质量。通过分析学生的学习数据，教育机构可以了解到不同学生的学习特点和需求，针对性地调整教学内容和教学方法，使教学更加贴近学生的实际需求，提高学生的学习效果和学习满意度。数据驱动的教育决策可以实现个性化教育。通过分析学生的学习数据，教育机构可以了解到每个学生的学习特点和需求，从而针对性地为每个学生制定个性化的学习计划，提供个性化的学习资源和学习支持，帮助每个学生实现更好的学习效果。

（五）在线教育与企业需求的对接

教育科技和在线教育将更加与企业需求对接，这将对教育教学模式和教学内容提出更高的要求。教育机构将更加注重培养学生的实践能力和就业能力，与企业合作开发实践性课程，提高学生的就业竞争力。教育机构将更加注重培养学生的实践能力。随着社会的不断发展和变化，企业对人才的需求也在不断变化，他们更加看重学生的实践能力和动手能力。因此，教育机构将更加注重培养学生的实践能力，通过与企业合作开发实践性课程，让学生在实践中学习，提高实践能力。

随着经济的全球化和市场的竞争加剧，企业对人才的要求也越来越高，他们更加看重学生的就业能力。因此，教育机构将更加注重培养学生的就业能力，通过与企业合作开发就业导向课程，提高学生的就业竞争力。教育机构将更加注重与企业的对接合作。教育机构和企业是相互依存的关系，只有教育机构与企业紧密合作，才能更好地培养出符合企业需求的人才。因此，教育机构将更加注重与企业的对接合作，通过与企业合作开发课程、提供实习机会等方式，提高学生的实践能力和就业能力。

（六）开放式教育资源

教育科技和在线教育将更加注重开放式教育资源的共享和交流，这将为教育提供更广阔的发展空间，促进教育的公平与共享。开放式教育资源能够为学生提供更多的学习机会和选择。通过开放式教育资源，学生可以根据自己的需求和兴趣选择适合自己的学习内容和学习方式，从而提高学习的积极性和主动性。比如，学生可以通过开放式在线课程选择自己感兴趣的课程进行学习，而不受时间和空间的限制。

开放式教育资源能够为教育提供更多元化的教学内容和教学方法。传统教育往往局限于教材和教师的讲解，而开放式教育资源可以通过多种方式呈现教学内容，包括文字、图片、视频、音频等，使学生能够更加直观地理解知识，提高学习的趣味性和互动性。开放式教育资源能够促进教育资源的共享和交流。通过开放式教育资源，教育机构可以将自己的教育资源与其他机构共享，从而提高教育资源的利用效率，节约教育资源的开支。同时，教育机构也可以通过开放式教育资源获取其他机构的教育资源，从而丰富自己的教学内容，提高教育质量。

第六章　计算机信息技术在企业中的应用

第一节　企业信息化与管理系统

一、企业信息化

（一）信息化发展历程

企业信息化的发展历程可以说是一部从传统向现代的跨越式发展史。最初，企业的信息化水平相对较低，主要依靠手工操作和简单的记录方式进行管理。随着科技的进步和计算机技术的普及，企业逐渐开始引入计算机辅助操作，这标志着企业信息化迈出了第一步。

随着计算机技术的不断发展和完善，企业信息化水平不断提升。计算机网络的普及使得信息在企业内部可以更加快速、方便地流通，企业管理者可以通过计算机系统更加及时地获取和处理信息，提高了管理效率和决策水平。这一阶段的信息化发展，为企业的管理带来了革命性的变化，使得企业管理更加科学化、规范化。

随着云计算、大数据、人工智能等前沿技术的快速发展和广泛应用，企业信息化进入了全新的阶段。云计算技术使得企业可以更加便捷地获取和管理大量数据，大数据技术使得企业可以从海量数据中挖掘出有价值的信息，人工智能技术则赋予了计算机更加智能化的能力，可以辅助企业管理者更加精准地进行决策和管理。

（二）信息化对企业的意义

信息化对企业的重要意义不可低估，它不仅可以提高企业的生产效率，降低生产成本，还可以加快信息传递速度，提高决策效率，拓展市场空间等。首先，信息化可以极大地提高企业的生产效率。通过信息化技术，企业可以实现生产过程的智能化、自动化，从而大大缩短生产周期，提高生产效率，实现更高质量和更快速的生产。其次，信息化还可以降低企业的生产成本。通过信息化技术的应用，企业可以优化生产流程，降低人力成本和物资成本，提高资源利用率，从而降低生产成本，提高企业的竞争力。

信息化还可以加快企业内部信息的传递速度。在传统的企业管理中，信息传递往往需要通过各种手段进行，效率较低。而信息化可以实现信息的快速传递和共享，使得企业内部的决策更加及时和准确。此外，信息化还可以提高企业的决策效率。通过信息化技术，企业可以收集、分析各种信息，为决策提供更多的数据支持，使得决策更加科学、合理，提高企业的管理水平和决策效率。随着信息化的发展，互联网等新兴技术的应用，企业可以通过网络拓展市场，实现线上线下的融合发展，开拓更广阔的市场空间，提高企业的市场竞争力。综上所述，信息化对企业的意义重大，可以极大地提高企业的生产效率和竞争力，加快决策效率，拓展市场空间，是企业发展的必然选择。

（三）企业信息化的关键技术

企业信息化的关键技术涵盖了云计算、大数据、物联网、人工智能等多个方面，它们的应用对企业管理起着至关重要的作用。云计算通过网络提供计算资源和服务，可以实现按需获取和使用计算资源，大大降低了企业建设和维护信息化基础设施的成本，提高了资源利用率和灵活性。在企业管理中，云计算可以实现信息的集中存储和管理，便于信息共享和协作，提高了管理效率和决策的准确性。大数据指的是规模大、类型多样的数据集合，通过大数据技术可以对这些数据进行采集、存储、处理和分析，从中挖掘出有价值的信息。在企业管理中，大数据技术可以帮助企业分析市场趋势、消费者行为等信息，为企业决策提供数据支持，提高企业的竞争力。

物联网通过将传感器和设备连接到互联网，实现对物体的远程监控和管理，可以实现设备的智能化和自动化。在企业管理中，物联网可以实现对生产过程和设备的实时监控，及时发现问题并采取措施，提高生产效率和质量。人工智能可以通过机器学习、深度学习等技术实现对数据的智能分析和处理，可以帮助企业实现智能决策、客户服务、生产调度等方面的优化。在企业管理中，人工智能可以帮助企业提高管理效率、降低成本，提高企业的竞争力。

（四）企业信息化的实施策略

企业信息化的实施策略是企业实现信息化转型的关键。首先，企业需要进行信息系统规划。信息系统规划是企业信息化的基础，需要全面分析企业的业务需求和现有信息化水平，确定信息化的目标和方向，制定详细的实施计划和时间表。其次，企业需要进行系统集成。系统集成是将各个信息系统进行整合，实现信息共享和协同工作，提高信息化的效率和效果。在实施系统集成时，企业需要选择适合自身业务需求的系统，并确保系统之间的互通性和兼容性。随着信息化的发展，企业面临的信息安全威胁也在增加，因此，企业需要制定完善的信息安全策略和措施，加强对信息的保护和管理，确保信息的安全性和可靠性。同时，企业还需要加强对人才的培养和引进。信息化需要具备一定的技术和管理人才，企业需要通过培训和引进来提高人才队伍的素质和能力，为信息化的实施提供保障。

在企业信息化实施过程中，可能会遇到一些挑战，如技术更新换代、成本控制、员工抵触情绪等。针对这些挑战，企业可以采取一些应对方法。首先，企业需要密切关注技术的发展动态，及时进行技术更新换代，保持信息系统的先进性和稳定性。其次，企业需要制定合理的成本控制策略，确保信息化投资的合理性和效益。此外，企业还需要加强对员工的培训和沟通，化解员工的抵触情绪，提高员工对信息化的认同和支持。

（五）企业信息化的案例分析

企业信息化是企业发展的重要战略之一，既有成功的案例，也有失败的教训。以某知名企业为例，该企业在信息化方面取得了显著成功。该企业通过引入先进的信息化技术，如云计算、大数据分析等，优化了生产流程和管理模式，提高了生产效率和产品质量，拓展了市场空间，取得了良好的经济效益。

该企业的成功经验主要体现在以下几个方面。首先，对信息化的认识和重视。该企业高度重视信息化建设，将信息化视为提升企业核心竞争力的重要手段，从而在决策层上形成了对信息化建设的坚定支持。其次，科学合理的信息化规划。该企业在信息化规划上，注重对企业实际情况的分析，根据企业的发展需求和信息化水平确定了详细的实施计划和目标。再次，强大的技术支持和团队建设。该企业在信息化建设中，拥有一支技术过硬、团队配合默契的专业团队，为信息化建设提供了强有力的支持。

然而，企业信息化也并非一帆风顺，有时会遇到失败和挫折。以某企业为例，该企业在信息化建设中遇到了一些困难和挑战，导致了信息化项目的失败。主要教训包括：首先，对信息化价值的认识不足。该企业在信息化建设前并未深入思考信息化对企业发展的重要性，缺乏全面的信息化规划和目标。其次，项目管理不善。该企业在信息化项目实施过程中，缺乏有效的项目管理和控制，导致项目进度延误和成本超支。再次，人员培训和沟通不畅。该企业在信息化项目中，未能有效培训员工，引起员工抵触情绪，影响了信息化建设的顺利进行。

（六）未来企业信息化的发展趋势

未来企业信息化的发展将继续呈现出多样化、智能化和全面化的趋势。首先，人工智能技术将在企业信息化中发挥更加重要的作用。随着人工智能技术的不断发展，企业可以利用人工智能技术实现更加智能化的生产和管理，如智能制造、智能客服等，提高生产效率和服务质量。大数据技术可以帮助企业分析海量数据，挖掘出有价值的信息和规律，为企业决策提供更加科学的依据，提高企业的竞争力和创新能力。同时，大数据技术还可以帮助企业优化生产和供应链管理，实现资源的高效利用。

区块链技术可以实现信息的去中心化存储和传输，提高信息的安全性和可靠性，为企业间的合作提供更加可信的基础。在供应链管理、资金流动等方面，区块链技术都有着巨大的潜力。企业信息化还将对企业管理模式和组织结构产生深远影响。信息化将加速企业向平台化、网络化发展，促使企业加强与供应商、客户和合作伙伴之间的合作与共享，实现产业链的整合和优化。同时，信息化还将推动企业管理模式向数据驱动、智能化发展，强调数据分析和预测，提高管理决策的科学性和准确性。

二、企业信息管理系统

企业信息管理系统（Enterprise Information Management System，EIMS）是企业内部用于管理和处理信息的系统。它整合了企业内部的各种信息资源，包括文档、数据、知识等，通过统一的平台和标准化的流程，实现信息的收集、存储、分析和共享，为企业决策和管理提供支持。以下是关于企业信息管理系统的分点论述：

（一）特点

1. 数据整合与共享

企业信息管理系统（EIMS）在数据整合与共享方面发挥着重要作用。通过 EIMS，企业可以整合各种信息资源，包括结构化数据（如数据库中的数据）和非结构化数据（如文档、图像、音频、视频等），实现这些信息的共享和协同处理。这一功能对企业的发展和管理具有重要意义。在传统的信息管理中，企业的信息往往分散存储在不同的系统和部门中，导致信息孤岛现象严重。通过 EIMS，企业可以将各个部门和系统中的信息整合到统一的平台中，实现信息的共享和流通，避免信息孤岛现象，提高信息的利用率和价值。

在信息共享的基础上，企业内部的各个部门和员工可以更加方便地共享信息、协作工作，提高工作效率和质量。例如，销售部门可以及时获取到生产部门的生产情况，调整销售计划；研发部门可以与市场部门共享市场调研数据，指导产品研发方向。通过整合客户信息、交易记录等数据，企业可以更全面地了解客户需求，提供个性化的产品和服务，提高客户满意度和忠诚度。例如，企业可以根据客户的购买记录和偏好，推荐符合其需求的产品，提高销售额和市场份额。

在实现数据整合与共享时，企业也面临一些挑战。其中最主要的挑战是数据安全和隐私保护。随着信息共享的增加，企业的信息面临着更大的安全风险，如数据泄露、信息被篡改等。因此，企业在实现数据整合与共享时，需要加强对数据的安全保护措施，包括加强数据加密、访问权限控制等，确保信息的安全性和完整性。

2. 信息安全和权限控制

在当今信息化时代，信息安全和权限控制是企业信息管理系统（EIMS）中至关重要的功能。EIMS 通过一系列技术和措施，对信息进行安全管理，包括数据加密、访问权限控制、安全审计等，从而保障信息的安全性和完整性，确保企业信息资产的安全。通过对数据进行加密处理，可以有效防止数据在传输和存储过程中被非法获取或篡改。常见的数据加密算法包括对称加密算法（如 AES）和非对称加密算法（如 RSA），企业可以根据实际需求选择合适的加密算法进行数据保护。

EIMS 可以通过访问控制列表（ACL）或角色-based 访问控制（RBAC）等方式，对用户的访问权限进行精细化管理，确保只有经过授权的用户才能访问相应的信息资源，防止信息泄露和非法访问。通过安全审计，企业可以监控和记录系统的操作行为，包括对信息资源的访问、操作和修改等，及时发现和应对潜在的安全威胁，保障信息的安全性和完整性。

对于企业而言，信息安全和权限控制至关重要。一方面，信息资产是企业最重要的资产之一，信息泄露和丢失将给企业带来严重的经济损失和声誉损害。另一方面，随着信息化程度的提高，企业面临的信息安全威胁也在不断增加，如病毒攻击、网络钓鱼等，信息安全已成为企业发展过程中不可忽视的重要问题。

3. 工作流程管理

在现代企业管理中，工作流程管理是企业信息管理系统（EIMS）的重要功能之一。通过 EIMS，企业可以设计和管理内部的工作流程，包括任务分配、审批流程等，从而提高工作效率和质量，实现组织内部的协作和协调。工作流程管理可以帮助企业优化工作流程，提高工作效率。通过 EIMS，企业可以对工作流程进行分析和优化，消除冗余和瓶颈，实现工作流程的自动化和标准化，从而提高工作效率，减少人为错误和延误。

通过 EIMS，企业可以将工作流程中的关键步骤和标准化要求固化到系统中，确保每个环节都按照规定的流程和标准进行，提高工作质量和一致性，降低错误率和差错风险。通过 EIMS，企业可以实时监控工作流程的执行情况，了解每个环节的进度和执行情况，及时发现问题并采取措施解决，提高工作的透明度和监控能力。

4. 知识管理

企业内部信息管理系统（EIMS）是一种重要的工具，可以有效地管理企业的知识资产。它涵盖了知识的采集、存储、分享和应用等方面，有助于促进知识的创造和创新。EIMS的作用不仅仅是将知识集中存储在一个平台上，更重要的是通过合适的方式和工具，使得这些知识能够被广泛地分享和应用，从而为企业的发展提供支持和动力。EIMS可以帮助企业更好地采集知识。通过系统化的方式，将各个部门和员工所持有的知识进行整合和归纳，从而形成全面的知识库。这样一来，企业就可以更加方便地获取各种知识资源，为决策和创新提供参考。

传统的知识管理方式往往依赖于人工记录和整理，存在信息不全、不及时等问题。而EIMS可以将知识以数字化的形式存储在系统中，确保信息的完整性和时效性。这样不仅可以节省存储空间，还能够更方便地进行知识检索和利用。通过建立起交流平台和共享机制，员工可以更加方便地分享自己的经验和见解，促进团队之间的协作和学习。同时，EIMS也可以通过智能化的方式，将知识应用到实际的工作中，提高工作效率和质量。通过对知识进行整合和分析，系统可以发现其中的规律和趋势，从而为企业的创新提供启示和支持。同时，EIMS还可以通过激励机制和评估体系，鼓励员工积极参与知识创造，推动企业不断迈向前沿。

5. 移动办公支持

在当今信息化发展日新月异的时代，移动办公已成为企业提高工作效率、降低成本的重要手段。而企业内部信息管理系统（EIMS）作为支持移动办公的关键工具，具有着不可替代的作用。EIMS能够实现员工随时随地访问和处理企业信息，极大地提高了工作的灵活性和效率。通过建立统一的信息管理平台，员工可以通过手机、平板电脑等移动设备访问企业的信息系统，实现与办公室相同甚至更高效的工作模式。这种灵活的工作方式，不仅可以提高员工的工作积极性和满意度，还可以为企业节省办公成本和提高工作效率。

随着信息技术的不断发展，信息安全问题也日益突出。而EIMS可以通过严格的权限管理和数据加密技术，确保企业信息的安全性和保密性。这样一来，员工在移动办公的过程中就能够更加放心地处理各类信息，提高工作的效率和质量。传统的办公模式往往需要员工在固定的时间和地点完成工作，而移动办公则可以让员工更加自由地选择工作时间和地点。通过EIMS，员工可以随时随地查看和处理企业信息，极大地提高了工作的便捷性和灵活性。企业在推行移动办公的过程中，往往会遇到各种问题和挑战，如设备兼容性、网络稳定性等。而EIMS可以通过提供全方位的技术支持和培训服务，帮助企业解决这些问题，确保移动办公的顺利推进。

（二）应用领域

1. 企业内部管理

在现代企业管理中，信息化已经成为提高管理效率和决策水平的重要手段。企业内部信息管理系统（EIMS）作为支持企业内部管理的关键工具，能够帮助企业管理内部的各种信息资源，包括人力资源、财务信息、生产数据等，从而提高管理效率和决策水平。通过建立完善的员工信息管理系统，包括员工档案、考勤记录、绩效评估等，企业可以更加全面地了解员工的情况，从而更好地进行人才管理和人力资源规划。这样一来，企业就能够更好地发挥员工的潜力，提高员工的工作效率和满意度。传统的财务管理往往需要大量的人力和物力投入，而 EIMS 可以通过数字化的方式，实现对财务信息的全面管理和分析。企业可以通过 EIMS 实时监控财务状况，及时调整经营策略，降低经营风险，提高经营效率。

生产过程中产生的大量数据如果不能有效管理和利用，将会对企业的生产效率和产品质量造成影响。而 EIMS 可以通过建立生产数据管理系统，实现对生产数据的实时监控和分析，帮助企业及时发现和解决生产过程中的问题，提高生产效率和产品质量。通过将各种信息资源集中管理，企业可以更加方便地获取和利用信息，从而更好地指导管理和决策。同时，EIMS 还可以通过数据分析和预测功能，为企业提供决策支持，帮助企业做出更加科学和准确的决策。

2. 客户关系管理（CRM）

在当今竞争激烈的市场环境下，客户关系管理（CRM）对于企业的发展至关重要。企业内部信息管理系统（EIMS）作为支持 CRM 的重要工具，能够帮助企业管理客户信息，包括客户资料、交易记录等，实现对客户的全面管理和服务。通过收集客户的基本信息、购买记录、偏好等数据，企业可以更好地了解客户的需求和行为习惯，从而更有针对性地提供产品和服务。这样一来，企业就能够更好地把握市场动态，提高产品销售和客户满意度。通过对客户信息的分析和挖掘，企业可以识别出不同客户群体的特点和需求，从而针对性地开展营销活动和服务。这样不仅可以提高客户的满意度，还可以提升客户忠诚度，为企业长期发展奠定良好基础。

通过建立客户关系管理系统，企业可以及时记录客户的反馈和投诉，及时处理客户的问题，保持与客户的密切联系。这样一来，企业就能够更好地保持客户关系的稳定性和持续性，为企业的发展提供有力支持。通过对客户信息的分析和挖掘，企业可以识别出高价值客户，并针对这些客户开展个性化的营销和服务，从而提高客户的忠诚度和消费能力，实现对客户价值的最大化。

3. 供应链管理（SCM）

在现代企业管理中，供应链管理（SCM）是确保企业运作顺畅、提高竞争力的关键。企业内部信息管理系统（EIMS）作为支持 SCM 的重要工具，能够帮助企业管理供应链信息，包括供应商信息、库存管理等，从而优化供应链的运作。EIMS 可以帮助企业建立完善的供应链信息管理系统。通过收集和整合供应链上下游的信息，包括供应商信息、产品信息、库存信息等，企业可以全面了解供应链的情况，从而更好地规划生产和采购计划，降低库存成本，提高供应链的效率和灵活性。传统的供应链管理往往需要大量的人力和物力投入，而 EIMS 可以通过数字化的方式，实现对供应链的实时监控和管理。企业可以通过 EIMS 随时掌握供应链的情况，及时发现和解决问题，提高供应链的反应速度和灵活性。

通过对供应链信息的分析和挖掘，企业可以识别出供应链中存在的瓶颈和问题，并通过合理的调整和优化措施，提高供应链的效率和效益。这样不仅可以降低企业的运营成本，还可以提高供应链的整体竞争力。EIMS 还可以帮助企业实现供应链的协同管理和协作。通过建立供应链信息共享平台，企业可以与供应链上下游的合作伙伴实现信息共享和协同决策，从而提高供应链的整体运作效率和协同能力，为企业的发展提供有力支持。

4. 知识管理

在当今信息爆炸的时代，知识管理已成为企业提高竞争力、促进创新发展的重要手段。企业内部信息管理系统（EIMS）作为支持知识管理的关键工具，能够帮助企业管理和分享知识资源，促进知识的创造和共享，从而提高企业的竞争力。通过收集、整理和分类企业内部的各种知识资源，包括专业知识、经验教训、行业动态等，建立起全面的知识库。这样一来，企业就可以更加方便地获取和利用各种知识资源，提高工作效率和质量。

传统的知识管理往往依赖于个人的经验和传统的口头传授，存在信息不对称、传承困难等问题。而 EIMS 可以通过建立知识共享平台和机制，实现知识的集中存储和共享，促进知识的传承和创新。随着科技和市场的不断变化，知识也在不断更新和演进。而 EIMS 可以通过不断收集、整理和分析信息，及时更新和优化知识库，确保企业始终掌握最新的知识资源，保持竞争优势。通过对知识资源的整合和分析，EIMS 可以发现其中的规律和趋势，为企业的创新提供启示和支持。同时，EIMS 还可以通过激励机制和评估体系，鼓励员工积极参与知识创造，推动企业不断迈向前沿。

（三）挑战和解决方法

1. 数据质量和一致性

在当今信息爆炸的时代，企业面临着大量多样化的数据源，这为企业决策提供了更多可能性，同时也带来了数据质量和一致性的挑战。数据质量和一致性是确保企业数据可靠性和准确性的关键，对于企业的正常运营和发展至关重要。为了解决这些问题，企业需要建立完善的数据质量管理流程，加强数据清洗和验证等措施。企业可以制定数据质量管理政策，明确数据质量标准和指标，建立数据质量评估体系，确保数据质量可控可量化。同时，建立数据质量管理团队，负责数据质量监控、问题分析和解决，保障数据质量持续改进。企业可以通过数据清洗工具，对数据进行清洗、去重、标准化等处理，保证数据质量符合标准。同时，建立数据验证机制，对数据进行验证和校验，确保数据的一致性和准确性。通过加强数据清洗和验证，可以有效提高数据质量，降低数据质量问题带来的风险。

2. 系统集成和升级

在当今数字化转型的浪潮下，企业内部往往存在着多个信息系统，这些系统之间可能存在着数据孤岛，导致信息无法流畅共享，影响了企业的运营效率和决策效果。为了解决这一问题，企业需要进行系统集成和升级，以实现系统之间的无缝连接和数据的高效传递。企业可以根据自身的实际情况，选择适合的集成方案，包括点对点集成、中间件集成、服务总线集成等。在选择集成方案时，需要考虑系统之间的复杂性、集成成本、实施周期等因素，确保选择的方案能够最大程度地满足企业的需求。在进行系统集成和升级时，企业需要对现有系统进行全面的评估，了解系统的架构和功能，确保新系统能够与现有系统兼容，避免出现系统冲突和数据丢失等问题。同时，还需要对系统进行全面的测试，确保系统集成和升级后能够稳定运行，满足企业的业务需求。

3. 信息安全和隐私保护

在当今数字化时代，信息安全和隐私保护成为企业发展中不可忽视的重要问题。企业内部的信息涉及商业机密和个人隐私，一旦泄露或被窃取，将对企业造成严重的损失和影响。因此，加强信息安全和隐私保护对于企业来说至关重要。企业可以通过对敏感数据进行加密，确保数据在传输和存储过程中不被窃取或篡改。常见的加密方式包括对称加密和非对称加密，企业可以根据实际情况选择合适的加密算法和密钥管理方案，确保数据的安全性。

企业可以建立完善的访问控制策略，对员工和外部用户的访问进行严格控制，确保只有授权用户才能访问敏感信息。同时，企业还可以使用身份认证技术和多因素认证技术，增强对用户身份的验证，提高系统的安全性。此外，企业还可以通过加强网络安全、定期进行安全审计和漏洞扫描等方式，提高信息安全和隐私保护的能力。通过这些措施，企业可以有效保护商业机密和个人隐私，确保信息安全和隐私保护工作的顺利进行，为企业的可持续发展提供保障。

4. 人员培训和变革管理

在企业信息化管理系统（EIMS）的实施过程中，员工的技术和管理能力起着至关重要的作用。同时，EIMS 的实施可能涉及组织结构和流程的变革，需要引导员工适应变革。因此，加强员工培训和推行变革管理是解决这一问题的关键。企业可以根据 EIMS 的实施需求，开展针对性的培训计划，包括技术培训、管理培训等。通过培训，可以提高员工对 EIMS 的理解和应用能力，为系统的顺利实施打下基础。

企业可以制定变革管理计划，明确变革的目标和方向，建立变革管理团队，负责变革的规划和执行。同时，企业还可以采取有效的沟通和激励措施，引导员工积极参与变革，提高变革的成功率。企业还可以通过建立学习型组织机制，鼓励员工持续学习和提升能力，适应信息化发展的需要。通过这些措施，可以提升员工的技术和管理能力，推动 EIMS 的顺利实施，促进企业的持续发展。

第二节　电子商务与跨境贸易

一、电子商务与跨境贸易融合的意义

电子商务与跨境贸易的融合意义重大，对于促进国际贸易发展、提升经济效益和推动全球经济一体化具有重要意义。

（一）拓展市场和增加销售渠道

随着全球经济一体化的深入发展，电子商务在跨境贸易中扮演着日益重要的角色。电子商务为企业拓展市场和增加销售渠道提供了前所未有的机会和便利。首先，通过电子商务平台，企业可以突破传统贸易中的地域限制，实现全球范围内的销售和营销。企业可以通过在线商店、电子商务平台等方式，将产品推广至世界各地，吸引更多的国际客户。与传统贸易相比，电子商务的全球化特点使得企业能够更加便捷地进入国际市场，拓展海外客户群体，实现跨境贸易规模的快速增长。传统贸易往往受限于实体店面的开设和运营成本，而电子商务可以大大降低这些成本，使得企业可以通过网络直接销售产品，无需依赖实体店面。此外，电子商务还可以通过多种销售渠道，如社交媒体、搜索引擎营销等，将产品推广至更广泛的客户群体，增加销售机会和潜在收益。通过电子商务平台，企业可以根据客户的浏览、搜索和购买行为，对客户进行精准定位和个性化推荐，提高营销效果和销售转化率。同时，电子商务还可以通过大数据分析等手段，深入了解客户需求和市场趋势，为企业制定更加科学和有效的营销策略提供支持。

（二）降低交易成本和提高效率

随着电子商务的快速发展，跨境贸易的成本和效率也得到了显著提升。电子商务平台为企业提供了便捷的在线交易和支付方式，大大降低了传统跨境贸易中的中间环节和时间成本，提高了交易效率和速度。传统跨境贸易中，往往需要通过邮寄文件、传真等方式进行合同签订和支付，存在着时间成本和效率低下的问题。而通过电子商务平台，企业可以通过互联网直接进行线上交易和支付，无需受到时间和空间的限制，大大提高了交易的便捷性和效率。

电子商务平台减少了传统贸易中的中间环节，降低了交易成本。传统跨境贸易中，往往需要通过中间商、代理商等进行信息传递和沟通，存在着信息不对称和交易成本高昂的问题。而通过电子商务平台，企业可以直接与客户进行交流和沟通，无需通过中间商，减少了中间环节，降低了交易成本。传统跨境贸易中，往往需要等待文件的传递和处理，存在着时间成本高昂的问题。而通过电子商务平台，企业可以实现即时在线交易和支付，大大缩短了交易周期，提高了交易效率和速度。

（三）加强贸易信息透明度和可追溯性

电子商务平台的普及和发展为加强贸易信息透明度和可追溯性提供了重要支持。通过电子商务平台，企业可以实时掌握市场信息和需求变化，从而及时调整产品和营销策略，提高了贸易信息的透明度和可追溯性，降低了贸易风险。电子商务平台提供了实时的市场信息和需求反馈。企业可以通过电子商务平台了解客户的购买行为、偏好和评价，掌握市场的变化和趋势，及时调整产品结构和供应链，提高了贸易信息的透明度和可追溯性。

企业可以通过电子商务平台记录每一笔交易的详细信息，包括产品信息、交易时间、客户信息等，确保交易信息的完整性和可追溯性。这有助于企业在发生纠纷或争议时，能够及时提供证据，降低贸易风险。电子商务平台提供了便捷的客户反馈和投诉渠道。客户可以通过电子商务平台反馈产品质量、服务态度等信息，企业可以及时处理客户投诉，改进产品和服务质量，提高了贸易信息的透明度和可追溯性。

（四）促进贸易便利化和自由化

随着电子商务的快速发展，跨境贸易也在向着更加便利化和自由化的方向发展。电子商务平台的发展促进了贸易便利化和自由化，推动了全球贸易体系的升级和优化，促进了国际贸易的发展和繁荣。通过电子商务平台，企业可以实现在线展示产品、在线洽谈交易、在线签订合同、在线支付等一系列贸易活动，无需受制于时间和空间的限制，大大提高了贸易的便利化程度。传统跨境贸易往往需要填写大量的文件和表格，办理繁琐的手续，耗费大量的时间和精力。而通过电子商务平台，这些手续可以实现在线化、自动化处理，大大简化了贸易手续，提高了贸易效率。

电子商务平台促进了贸易规则的透明化和规范化。通过电子商务平台，贸易规则可以实现在线公开、统一适用，使得贸易规则更加透明和规范，降低了企业遵守贸易规则的成本，促进了贸易的自由化。电子商务平台促进了贸易流程的优化和升级。传统跨境贸易往往存在信息不对称、流程不透明等问题，影响了贸易的效率和质量。而通过电子商务平台，贸易流程可以实现信息共享、流程优化，提高了贸易的效率和质量，促进了贸易的便利化和自由化。

（五）推动产业结构升级和创新发展

电子商务与跨境贸易的融合不仅为企业提供了新的发展机遇，也推动了产业结构的升级和创新发展。这种融合促进了传统产业向智能制造和数字化转型，推动了产业的发展方式和模式的变革。通过电子商务平台，企业可以更加便捷地了解市场需求和产品反馈，实现生产定制化和个性化，提高了生产效率和产品质量。同时，跨境贸易的便利化和自由化为企业拓展海外市场提供了更多机会，推动了企业对生产方式和技术的升级，推动了产业向智能化、自动化方向发展。

传统产业往往面临着信息不对称、流程不透明等问题，影响了企业的效率和竞争力。通过电子商务平台，企业可以实现生产、销售、物流等环节的信息化管理，实现全流程数字化运营，提高了企业的运营效率和管理水平。同时，跨境贸易的便利化也促进了企业间信息的共享和交流，推动了产业间的协同发展，推动了产业数字化转型的进程。传统产业往往面临着同质化竞争和低附加值的困境，难以实现持续发展。通过电子商务平台，企业可以更好地进行品牌塑造和差异化竞争，提高了产品附加值和市场竞争力。同时，跨境贸易的开展也为企业提供了更广阔的发展空间和市场机会，促使企业进行产品结构和业务模式的调整，推动了产业结构的升级和优化。

二、电子商务与跨境贸易融合的方法

（一）建设跨境电商平台

在促进跨境贸易发展过程中，建设跨境电商平台是一项重要举措。政府支持建设跨境电商平台，旨在为企业提供全方位的在线贸易服务，为跨境贸易提供便捷的环境和平台。跨境电商平台可以整合资源，提供全方位的贸易服务。平台可以集成各类跨境贸易相关信息，包括政策法规、市场需求、商品信息等，为企业提供便捷的信息查询和交流平台。同时，平台还可以整合物流、支付、金融等服务，提供一站式的贸易服务，降低企业的交易成本和经营风险。

跨境电商平台可以拓展市场，促进贸易合作。通过平台，企业可以直接接触海外市场，拓展海外客户群体，实现跨境贸易的快速发展。平台还可以促进企业间的合作和交流，推动跨境贸易的深度和广度，为企业提供更多合作机会和发展空间。通过平台，企业可以实现在线展示产品、在线洽谈交易、在线签订合同、在线支付等一系列贸易活动，无需受制于时间和空间的限制，大大提高了贸易效率和速度。同时，平台的信息化和智能化特点，可以降低贸易成本，提高贸易的便利化程度。平台可以公开和发布贸易规则，使得贸易规则更加透明和规范，降低企业遵守贸易规则的成本，促进贸易的自由化。

（二）促进跨境电商人才培养

跨境电商的蓬勃发展对于各国经济都带来了新的机遇与挑战。为了更好地适应这一新形势，加强对跨境电商人才的培养成为当务之急。在此背景下，提高跨境电商从业人员的专业水平和素质，不仅可以满足市场需求，还能促进产业的健康发展。培训应该从基础知识开始，涵盖跨境贸易、电子商务平台操作、国际物流、外贸法律法规等方面。这种系统性培训能够帮助从业人员建立起全面的知识体系，提高其在跨境电商领域的专业素养。同时，培训内容也应该与时俱进，紧跟行业发展的最新趋势和技术，以确保培训的实效性和前瞻性。

可以通过引进海外专家、开展国际交流合作等方式，吸引更多具有丰富经验和先进理念的人才加入到跨境电商行业。这不仅可以为本国从业人员提供学习和借鉴的机会，还能够促进跨境电商行业的国际化发展，提升其在全球市场中的竞争力。除了传统的培训课程外，还可以通过设立奖学金、提供实习机会、举办比赛等方式，激发跨境电商人才的创新潜力和竞争意识。同时，要注重培养人才的实践能力和团队合作精神，培养出既具有专业知识又具备实战经验的跨境电商人才。

政府、企业和高校应该加强合作，共同推动跨境电商人才培养工作的深入开展。政府可以出台相关政策，提供资金支持和政策倾斜，为人才培养提供良好的政策环境；企业可以提供实践平台和行业经验，与高校合作开展校企合作项目，为学生提供更多实践机会和岗位培训；高校则应根据市场需求调整专业设置，开设相关课程，培养更多适应跨境电商行业发展的优秀人才。

（三）制定跨境电商政策和规范

跨境电商的迅猛发展给全球贸易带来了新的机遇和挑战，为了维护贸易秩序、保障消费者权益，政府应当及时制定相关政策和规范，加强对跨境电商行为的监管和管理。政府可以通过立法手段，制定跨境电商相关法律法规，明确跨境电商的经营主体、经营范围、责任义务等内容。这些法律法规应当包括对跨境电商平台、电商企业以及相关从业人员的规范，从而建立起完善的跨境电商法律体系。例如，规定跨境电商平台应当承担起对平台上商品质量、信息真实性等方面的监管责任，保障消费者的合法权益；同时，对于违法违规行为也应当进行明确的制裁和处罚。

政府可以制定贸易政策，促进跨境电商的健康发展。这包括简化跨境贸易手续、降低进出口关税、提供跨境电商企业税收优惠等方面。通过这些政策的制定，可以降低跨境电商的经营成本，提升其国际竞争力，促进跨境电商行业的繁荣发展。同时，政府还可以加强与其他国家的贸易合作，签署跨境电商合作协议，推动跨境电商贸易便利化，促进全球贸易的良性发展。政府还可以建立跨境电商行业的监管机构，加强对跨境电商行为的监督和管理。监管机构应当具备专业的监管能力和技术手段，能够及时发现和处置跨境电商领域存在的问题和风险。同时，政府还可以建立跨境电商行业的信用监管系统，对跨境电商企业和从业人员的信用状况进行评估和监督，提高市场主体的诚信意识，维护市场秩序的稳定。

政府可以加强对跨境电商行业的宣传和指导，提高企业和消费者对跨境电商政策和规范的认识和遵守意识。可以通过举办宣传活动、发布政策解读等方式，向企业和消费者普及相关政策和规范，引导他们依法合规经营和消费。同时，政府还可以建立跨境电商行业的研究机构，开展政策研究和政策评估工作，及时调整和完善跨境电商政策和规范，促进跨境电商行业的健康发展。

（四）加强跨境贸易数字化转型

随着信息技术的飞速发展，传统贸易模式已难以满足企业快速、高效、低成本的贸易需求。因此，支持企业加强跨境贸易的数字化转型，不仅能够提高贸易效率和竞争力，也能够推动传统贸易向电子商务的转变。通过数字化平台，企业可以实现信息的快速传递和共享，加快贸易流程，降低交易成本。例如，利用电子商务平台，企业可以直接与海外客户进行交易，节省了中间环节的时间和成本，提高了贸易效率。

传统贸易面临着市场局限和信息不对称的问题，而数字化转型可以打破地域限制，让企业更加便捷地接触到全球市场。通过网络推广、搜索引擎优化等手段，企业可以吸引更多海外客户，拓展贸易市场。传统贸易存在着信息不对称和信任问题，而数字化转型可以通过区块链等技术手段实现贸易信息的可追溯性和安全性，提高了跨境贸易的信任度，降低了交易风险。数字化平台为企业提供了更多的创新机会，可以通过数据分析、人工智能等技术手段，发现和挖掘新的商机，推动贸易模式和业务流程的创新升级，提高了企业的竞争力。

（五）促进跨境贸易物流发展

促进跨境贸易物流发展，是提升国际贸易便利化水平、促进经济全球化的重要举措。随着全球化进程的加速，跨境贸易规模不断扩大，物流在跨境贸易中的地位和作用日益凸显。因此，加强跨境贸易物流基础设施建设，提高物流效率和服务水平，降低贸易成本，对于促进跨境贸易发展具有重要意义。物流基础设施是支撑物流运作的重要基础，包括港口、机场、铁路、公路等基础设施。通过加强这些基础设施的建设和改造，可以提高物流设施的运营效率，缩短货物运输时间，降低物流成本，提高物流效率。

物流服务水平是衡量一个国家或地区物流水平的重要指标，包括物流信息化、物流管理水平、物流人才等方面。通过加强物流基础设施建设，可以提升物流信息化水平，优化物流管理模式，培养更多的物流人才，提高物流服务水平，为跨境贸易提供更加便捷、高效的物流服务。物流成本是影响跨境贸易竞争力的重要因素，包括运输成本、仓储成本、包装成本等。通过加强物流基础设施建设，可以降低物流成本，进而降低贸易成本，提高跨境贸易的竞争力。贸易便利化是指简化贸易手续、加快通关速度、降低贸易成本等措施，促进贸易畅通的发展。通过加强物流基础设施建设，可以提高物流效率和服务水平，进而促进贸易便利化，推动跨境贸易的发展。

（六）加强国际合作与交流

加强国际合作与交流，是促进跨境电商和跨境贸易发展，推动全球经济一体化进程的重要途径。在经济全球化背景下，各国之间的联系日益紧密，加强国际合作与交流不仅有利于共同应对全球性挑战，也有助于促进经济发展、提高人民生活水平。随着互联网和信息技术的发展，跨境电商成为推动国际贸易发展的重要力量。加强国际合作与交流，可以促进跨境电商平台之间的互联互通，降低跨境电商的进入壁垒，促进跨境贸易的便利化和规范化发展。

经济全球化是当今世界经济发展的主要特征，各国经济之间的联系日益紧密。加强国际合作与交流，可以促进各国之间的经济互利合作，推动资源、技术、人才等要素跨国流动，促进全球经济一体化的进程。文化交流是各国人民增进了解、加深友谊的重要途径。加强国际合作与交流，可以促进各国之间的文化交流，增进彼此了解，促进民心相通，为各国之间的合作与发展打下良好基础。加强国际合作与交流可以应对全球性挑战。全球性挑战，如气候变化、疫情防控等，需要各国携手合作、共同应对。加强国际合作与交流，可以促进各国在全球性挑战中的合作，共同维护全球和平与稳定，促进全球可持续发展。

第三节　供应链管理与物流优化

一、供应链管理与物流优化的意义

（一）降低成本

在当今竞争激烈的市场环境中，降低成本是企业保持竞争优势、实现可持续发展的关键之一。通过优化供应链管理和物流，企业可以减少库存和仓储成本。库存和仓储是企业运作过程中必不可少的环节，但过多的库存会增加资金占用和仓储成本。通过供应链管理和物流优化，企业可以实现库存的合理控制，避免因库存积压导致的资金浪费和仓储成本增加。运输是供应链中不可或缺的环节，运输成本的高低直接影响着企业的总体成本。通过合理规划运输路线、优化运输方式和加强运输管理，企业可以降低运输成本，提高运输效率。

优化供应链管理可以提高资金利用率。供应链中的资金流动涉及采购、生产、销售等环节，优化供应链管理可以缩短资金周转周期，提高资金利用效率，减少资金占用成本。优化供应链管理还可以减少生产环节的浪费，提高生产效率，降低生产成本。通过优化供应链管理，企业可以实现生产过程的精细化管理，减少废品率和不良品率，提高生产效率，降低生产成本。

（二）提高效率

提高效率是企业追求的重要目标之一，供应链管理与物流优化是实现这一目标的关键。优化供应链管理与物流可以缩短订单处理周期，提高订单交付速度。通过建立高效的供应链管理系统，企业可以实现订单信息的实时传递和处理，减少订单处理时间，提高订单响应速度。同时，优化物流可以提高货物的运输速度和准时交付率，进一步缩短订单交付周期，提高客户满意度。库存周转时间是衡量供应链效率的重要指标，通过优化供应链管理，企业可以实现库存的精准控制和管理，减少库存积压，缩短库存周转周期，降低库存成本。

优化物流可以减少运输时间和货物滞留时间，提高货物的快速运输能力。通过合理规划运输路线、优化运输方式和加强运输管理，企业可以缩短货物的运输时间，降低货物滞留的风险，提高货物的快速运输能力，保证货物及时到达目的地。优化供应链管理与物流还可以提高供应链的整体运作效率。通过优化供应链管理，企业可以实现供应链各环节的协同合作和无缝衔接，提高整个供应链的运作效率，降低运营风险，提高企业的竞争力。

（三）提高服务水平

通过供应链管理与物流优化，企业可以提高客户满意度。建立高效的供应链管理系统，可以实现订单信息的及时传递和处理，保证订单准确交付，提高客户满意度。同时，优化物流可以提高货物的运输速度和准时交付率，提高客户对企业的信赖和满意度。优化供应链管理与物流可以及时响应客户需求。通过建立快速反应的供应链管理系统，企业可以及时了解客户需求变化，快速调整生产和供应计划，及时满足客户需求，提高客户满意度。

通过供应链管理与物流优化，企业可以提供更快、更准确的交付服务。优化物流可以缩短货物的运输时间，提高货物的准时交付率，从而提高交付服务的效率和质量，提高客户满意度。优化物流还可以提高货物的安全性和可追溯性，保障货物的安全运输。通过加强对货物的监控和管理，企业可以降低货物丢失和损坏的风险，提高货物的质量和可靠性，增强客户对企业的信任和忠诚度。

（四）促进创新和竞争力

供应链管理和物流优化是现代企业竞争的重要战略工具。在当今充满挑战和机遇的市场环境中，企业需要不断创新和提高竞争力，以保持市场地位并取得长期成功。供应链管理和物流优化可以帮助企业实现这一目标。首先，优化供应链可以提高企业的响应速度和灵活性，使企业能够更快地适应市场需求的变化。其次，通过优化物流，企业可以降低成本，提高效率，从而增强市场竞争力。最后，供应链管理和物流优化还可以促进企业在产品设计、生产和营销方面的创新，推动企业不断发展壮大。

在现代经济发展中，供应链管理和物流优化已经成为企业提高竞争力的重要手段。通过不断优化供应链，企业可以更好地掌握市场信息，提高市场反应速度，从而增强市场竞争力。同时，优化物流可以降低企业的运营成本，提高效率，使企业能够以更低的成本生产更好的产品，从而在市场上获得更大的竞争优势。因此，供应链管理和物流优化对于促进企业创新和提高竞争力具有重要意义。

在实践中，企业可以通过多种方式优化供应链和物流。企业可以加强与供应商和客户的沟通与合作，建立稳定的供应链关系，提高供应链的可靠性和灵活性。企业可以利用信息技术，建立信息化的供应链管理系统，实现供应链的实时监控和管理。企业还可以不断优化物流网络，降低物流成本，提高物流效率。通过这些方式，企业可以不断优化供应链和物流，提高企业的创新能力和竞争力，实现可持续发展。

（五）促进经济发展

在当今全球化的背景下，供应链管理与物流优化在促进经济发展方面发挥着重要作用。通过优化供应链和物流，可以促进全球经济一体化，加强各国之间的经济联系和合作，推动国际贸易的发展。优化物流还可以促进物流产业的发展，带动相关产业的发展，推动经济的快速增长。供应链管理与物流优化可以促进全球经济一体化。随着全球化进程的加快，各国之间的经济联系日益密切。通过优化供应链和物流，可以加强各国之间的经济合作，促进资源的有效配置和流动，推动全球经济的发展。例如，跨国公司通过优化供应链和物流，可以更好地利用全球资源，提高生产效率，降低生产成本，从而提升竞争力，推动经济发展。物流作为现代经济的重要支撑，对于促进经济发展具有重要意义。通过优化物流，可以提高物流效率，降低物流成本，提升物流服务水平，从而促进物流产业的发展。物流产业的发展不仅可以带动相关产业的发展，还可以促进就业，推动经济的快速增长。

二、供应链管理与物流优化的方式

（一）信息技术的应用

信息技术在供应链管理和物流优化中的应用是促进企业发展的重要手段。通过信息技术，企业可以建立实时监控和管理系统，实现供应链各环节的信息共享和协同。同时，利用物联网技术可以实现设备的互联互通，提高物流信息的准确性和实时性。运用大数据分析和人工智能技术可以对供应链数据进行深度挖掘，提高决策的准确性和效率。信息技术可以帮助企业建立实时监控和管理系统，实现供应链各环节的信息共享和协同。通过实时监控系统，企业可以及时了解供应链中各环节的情况，包括供应商的生产情况、库存的变化、订单的处理情况等，从而及时调整生产计划和库存管理，提高供应链的运作效率。

利用物联网技术可以实现设备的互联互通，提高物流信息的准确性和实时性。物联网技术可以将各种设备连接到互联网上，实现设备之间的信息交换和共享。例如，物流公司可以通过物联网技术实时监控货物的运输情况，包括货物的位置、温度、湿度等信息，从而提高货物的运输安全性和运输效率。运用大数据分析和人工智能技术可以对供应链数据进行深度挖掘，提高决策的准确性和效率。大数据分析可以帮助企业从海量数据中发现隐藏的规律和趋势，为企业决策提供更加科学的依据。人工智能技术可以模拟人类的思维过程，帮助企业分析复杂的供应链数据，提出更加合理的决策方案。

（二）供应链网络的优化

通过优化供应链网络，企业可以降低成本、降低风险、提高效率、提高客户满意度，从而实现可持续发展。优化供应商选择和管理是供应链网络优化的重要环节。企业应该根据产品特性、市场需求和供应商实力等因素，选择合适的供应商。建立稳定的供应商关系，可以降低采购成本和风险。通过与供应商建立长期合作关系，可以享受到更多的优惠政策和服务，同时减少由于供应商变更带来的不稳定因素。

企业应该在供应链网络中引入多个供应商和合作伙伴，避免过度依赖单一供应商。这样可以在某一供应商出现问题时，快速切换到其他供应商，保证供应链的稳定性和连续性。同时，多元化的供应链网络还可以提高供应链的灵活性，更好地适应市场的变化和需求的变化。优化供应链网络还需要加强与供应链各环节的协调和合作。企业应该与供应商、生产商、物流公司等各方建立密切的合作关系，共同优化供应链网络，提高供应链的整体效率和竞争力。通过加强协作，可以优化供应链的各个环节，提高供应链的整体效率和绩效。

（三）库存管理的优化

通过实施“精益库存”管理策略，企业可以减少库存积压，降低库存成本，提高库存周转率，从而提高供应链的效率和竞争力。实施“精益库存”管理策略是优化库存管理的关键。精益库存管理是一种通过减少浪费、提高效率的方式来管理库存的方法。企业可以通过优化生产计划、提高生产效率、加强供应链协同等方式来减少库存积压，降低库存成本。同时，精益库存管理还可以帮助企业更好地应对市场需求的变化，提高供应链的灵活性和适应性。

利用库存管理软件进行库存预测和优化是提高库存周转率的有效途径。库存管理软件可以帮助企业根据历史数据和市场需求预测未来的库存需求，从而合理安排生产计划和库存管理。通过库存管理软件，企业可以及时调整库存水平，避免库存积压和库存短缺，提高库存周转率，降低库存成本。优化供应链协同也是优化库存管理的重要手段。企业可以与供应商、生产商、物流公司等各方加强合作，共同优化供应链，减少库存积压。通过加强供应链协同，企业可以更好地控制库存水平，避免过多的库存积压，提高库存周转率，降低库存成本。

（四）运输与配送的优化

运输与配送的优化是供应链管理中至关重要的一环。通过选择合适的运输方式和路线，企业可以降低运输成本，提高运输效率，从而提高供应链的整体效率和竞争力。选择合适的运输方式和路线是优化运输与配送的关键。企业应该根据货物的特性、运输距离、运输时间等因素，选择最合适的运输方式，如公路运输、铁路运输、水路运输或航空运输。同时，企业还应该选择最佳的运输路线，以降低运输成本和运输时间。通过选择合适的运输方式和路线，企业可以提高运输效率，降低运输成本，提高供应链的整体效率。

运用智能调度和路线优化技术可以进一步提高配送效率，减少运输时间和成本。智能调度技术可以根据货物的特性和运输需求，自动优化配送路线和运输计划，使配送过程更加高效和智能化。路线优化技术可以通过分析历史数据和实时交通信息，选择最佳的配送路线，减少运输时间和成本。通过运用智能调度和路线优化技术，企业可以进一步提高配送效率，降低运输时间和成本，提高供应链的竞争力。企业应该与运输公司和物流合作伙伴建立密切的合作关系，共同优化运输与配送过程，提高运输效率和配送效率。通过加强合作，企业可以享受到更多的优惠政策和服务，降低运输成本，提高供应链的整体效率。

（五）客户关系管理的强化

通过建立完善的客户信息管理系统，企业可以更好地了解客户需求，提高客户满意度。同时，实施定制化服务，提供个性化的产品和服务，可以增强客户黏性，促进客户忠诚度，从而实现可持续发展。企业应该收集客户的基本信息、购买记录、偏好等数据，建立客户档案，并通过客户关系管理（CRM）系统进行管理和分析。通过客户信息管理系统，企业可以更加全面地了解客户的需求和偏好，为客户提供更加个性化的服务。

实施定制化服务是提高客户满意度和增强客户黏性的重要途径。企业应该根据客户的需求和偏好，定制化产品和服务，提供个性化的购物体验。通过定制化服务，企业可以更好地满足客户的需求，提高客户满意度，增强客户黏性，促进客户忠诚度。加强客户沟通和互动也是强化客户关系管理的重要手段。企业应该与客户保持密切的联系，及时回应客户的需求和反馈，建立良好的沟通渠道和互动平台。通过加强客户沟通和互动，企业可以更好地了解客户的需求和意见，及时调整产品和服务，提高客户满意度，增强客户黏性。

（六）风险管理与应对措施

通过对供应链中可能出现的风险进行评估和管理，企业可以有效降低风险发生的可能性，同时建立相应的风险应对措施，确保在突发事件发生时能够及时响应和调整供应链，保障供应链的稳定运行。企业应该全面分析供应链中可能存在的各种风险，包括市场风险、供应商风险、物流风险等，并评估其可能对供应链造成的影响程度和发生概率。通过风险评估，企业可以有针对性地制定风险管理策略，降低风险发生的可能性。

企业应该根据风险评估结果，制定相应的风险应对措施，包括规避、转移、减轻和接受等策略。例如，对于市场风险，企业可以通过多元化产品和市场，降低单一市场的依赖程度；对于供应商风险，企业可以建立多元化的供应链网络，避免过度依赖单一供应商。建立应急预案是确保在突发事件发生时能够及时响应和调整供应链的重要措施。企业应该根据可能发生的突发事件，制定相应的应急预案，明确各方责任和行动方案，确保在突发事件发生时能够及时调整供应链，保障供应链的稳定运行。

（七）持续改进与创新

持续改进与创新是供应链管理中的重要战略，可以提高供应链的竞争力和适应性。通过不断进行供应链的评估和优化，企业可以及时发现问题，找到改进的机会，提高供应链的效率和灵活性。同时，鼓励创新，探索新的供应链管理模式和技术，可以帮助企业应对市场变化，提高供应链的竞争力。企业应该定期对供应链进行评估，发现问题，找到改进的机会。通过分析供应链的各个环节，找出瓶颈和问题所在，制定相应的改进措施，提高供应链的效率和灵活性。

鼓励创新，探索新的供应链管理模式和技术，可以提高供应链的竞争力和适应性。企业应该关注新兴技术和管理理念，不断尝试和应用，寻找适合自己的创新方式。通过创新，企业可以提高供应链的效率和质量，降低成本，提高客户满意度，从而提高供应链的竞争力。建立学习型组织和开放式创新平台也是持续改进和创新的重要手段。企业应该建立学习型组织，鼓励员工不断学习和创新，分享经验和知识，共同推动供应链的持续改进和创新。同时，企业还可以建立开放式创新平台，与供应商、合作伙伴和客户共同合作，共同探索新的供应链管理模式和技术，促进供应链的持续改进和创新。

第四节　数据安全与网络防护

一、计算机数据安全

计算机数据安全是指保护计算机系统中的数据不受未经授权的访问、使用、泄露、破坏或篡改的影响。数据安全是计算机系统安全的重要组成部分，对于保护个人隐私、企业机密和国家安全具有重要意义。

（一）加密技术

在当今信息化社会中，数据安全是至关重要的。加密技术作为一种重要的数据安全手段，通过将数据转换为密文，保护数据不受未经授权的访问和窃取。常见的加密算法包括对称加密算法和非对称加密算法，它们在保护数据安全、保障信息传输等方面发挥着重要作用。对称加密算法是一种加密和解密使用相同密钥的加密算法。其加密速度快、效率高，适合对大量数据进行加密。AES（Advanced Encryption Standard，高级加密标准）就是一种广泛使用的对称加密算法，被广泛应用于网络通信、数据存储等领域。但是，对称加密算法的缺点是密钥管理较为困难，需要安全地分发和存储密钥。

非对称加密算法使用一对密钥，公钥用于加密，私钥用于解密。RSA 算法就是一种典型的非对称加密算法，被广泛应用于安全通信、数字签名等领域。非对称加密算法相对于对称加密算法来说，更安全，因为公钥可以公开，而私钥只有用户自己拥有，不需要像对称加密算法那样需要保密传输密钥。除了对称加密算法和非对称加密算法，还有哈希算法等其他加密算法。哈希算法可以将任意长度的数据转换为固定长度的哈希值，具有不可逆性和唯一性等特点，常用于数据完整性校验和数字签名等领域。

（二）访问控制

在计算机系统中，访问控制是一种重要的安全措施，用于限制用户对数据和资源的访问权限。通过设置合理的访问控制策略，可以确保只有合法用户能够访问数据，提高数据安全性和保密性。访问控制包括身份验证、授权和审计等措施，对数据和资源的访问进行有效管理和控制。用户在访问系统或数据时，需要提供身份证明，系统通过验证用户提供的身份信息，确认用户的身份是否合法。常见的身份验证方式包括密码、指纹识别、面部识别等。身份验证的目的是确保只有合法用户才能访问系统或数据。

一旦用户身份验证通过，系统需要根据用户的身份和权限，确定用户能够访问哪些数据和资源。授权可以基于角色、组织架构等进行，确保用户只能访问其具有权限的数据和资源。授权的目的是保护数据的机密性和完整性，防止未经授权的访问。通过审计功能，系统可以记录用户的访问行为和操作，包括登录时间、访问的数据和资源等信息。审计可以帮助系统管理员监控用户的行为，及时发现异常访问和操作，保障系统和数据的安全。

（三）备份与恢复

数据备份与恢复是保障数据安全的重要措施之一，通过定期备份数据和建立完善的数据恢复机制，可以有效应对数据丢失、损坏或被攻击等问题，确保数据的安全性和完整性。企业应该根据数据的重要性和敏感性，制定合理的备份策略，包括备份的频率、备份的内容和备份的存储位置等。重要数据应该定期备份，并将备份数据存储在安全可靠的地方，以防止数据丢失或被破坏。

一旦数据出现丢失、损坏或被攻击的情况，企业应该能够及时恢复数据，确保业务的持续运行。建立数据恢复团队，并进行定期的数据恢复演练，以确保在发生紧急情况时能够迅速有效地恢复数据。加强数据备份和恢复的安全性也是保障数据安全的重要措施。备份数据应该加密存储，确保备份数据不会被未经授权的访问和窃取。同时，恢复数据时也应该进行严格的身份验证，确保只有合法用户才能恢复数据，防止数据被恶意篡改。

（四）安全意识教育

数据安全意识教育是保障数据安全的重要环节，通过对用户进行数据安全意识教育，可以提高其对数据安全的重视程度，减少因人为操作失误导致的数据泄露风险，从而有效保护数据安全。组织应该定期组织数据安全培训和教育活动，向员工普及数据安全知识，提高其对数据安全的认识和理解。通过培训，员工可以了解到数据安全的重要性，学习如何正确处理和保护数据，减少数据泄露的风险。

针对不同岗位和职责的员工，可以制定不同的培训计划，根据其工作需要和实际情况，重点强调数据安全知识和操作技巧。教育内容应该贴近实际工作，注重实战演练，让员工在实际操作中学习和掌握数据安全技能，提高数据安全的实效性。通过互动式的培训方式，让员工参与其中，提高学习兴趣和效果。同时，定期对员工进行数据安全知识测试和评估，及时发现问题并进行纠正，确保数据安全教育的效果。员工应该了解组织的安全政策和制度，遵守相关规定，确保数据安全工作的顺利进行。同时，组织应该建立健全的数据安全管理机制，加强对员工的监督和管理，确保数据安全工作的落实。

（五）安全审计与监控

建立安全审计与监控机制是保障系统安全的重要手段，可以帮助及时发现异常行为，保护系统免受攻击和数据泄露的风险。安全审计是对系统操作和访问行为的记录和审查。通过安全审计，可以了解系统的运行情况，监控用户的操作行为，及时发现异常行为。安全审计包括对系统日志、访问记录等进行分析和审查，发现异常行为后，可以采取相应措施进行处理。

通过安全监控，可以及时发现系统运行异常，如网络攻击、恶意程序等。安全监控包括对网络流量、系统资源利用率、登录行为等进行实时监控，一旦发现异常情况，立即采取措施进行应对，防止安全事件的发生。安全审计与监控应该与安全事件响应相结合。一旦发现异常行为或安全事件，应该立即采取措施进行响应，防止安全事件的扩大和影响。安全事件响应包括对安全事件进行分析、定位、修复和预防，确保系统的安全和稳定运行。在进行安全审计和监控时，应该保护用户的隐私信息，遵守相关法律法规和政策要求，确保安全审计与监控的合法性和合规性。

二、计算机网络防护

计算机网络防护是指保护计算机网络系统不受未经授权的访问、攻击和破坏的影响，确保网络系统的安全、稳定和可靠运行。

（一）防火墙

在当今信息化时代，网络已经成为人们工作、学习和生活中不可或缺的一部分。然而，随着网络的普及和应用，网络安全问题也日益突出。作为网络安全的第一道防线，防火墙在保护网络安全方面发挥着至关重要的作用。防火墙通过监控和控制网络流量，可以有效阻止恶意攻击和未经授权的访问。防火墙可以根据预先设定的规则，对进出网络的数据包进行检查和过滤，防止恶意程序和攻击者进入网络系统，保护网络的安全和稳定运行。

防火墙可以实现对网络流量的管理和控制，提高网络的可用性和性能。通过对网络流量进行监控和分析，防火墙可以识别和处理网络中的异常流量和攻击行为，避免网络拥塞和服务中断，保障网络的正常运行。防火墙还可以实现对网络资源的保护和隔离。防火墙可以根据安全策略，对网络资源进行分类和划分，实现不同安全级别之间的隔离，提高网络资源的安全性和保密性，保护重要数据和信息不被未经授权的访问。

（二）入侵检测与防御系统（IDS/IPS）

入侵检测与防御系统（IDS/IPS）是网络安全的重要组成部分，可以帮助组织及时发现和防御网络入侵，保护网络安全。入侵检测系统（IDS）用于监控网络流量和系统日志，发现可能的入侵行为。IDS 可以根据预先设定的规则和模式，对网络流量和日志进行分析，识别出异常行为和潜在的入侵行为。一旦发现异常行为，IDS 会生成警报并通知管理员进行进一步处理，从而及时发现并阻止潜在的网络攻击。

入侵防御系统（IPS）在检测到入侵行为后，立即采取措施进行防御，防止攻击造成进一步损害。IPS 可以根据预设的策略，对入侵行为进行阻断或过滤，防止攻击者进一步渗透或扩散。IPS 还可以对攻击源进行反制，加强网络的安全防护。IDS/IPS 系统还可以与其他安全设备和系统集成，提高网络安全的整体防护能力。例如，IDS/IPS 可以与防火墙、反病毒软件等安全设备配合工作，共同保护网络安全。此外，IDS/IPS 系统还可以通过更新规则库和模式库等方式，及时适应新型攻击和威胁，保持网络安全防护的有效性。

（三）安全认证与加密

网络安全认证和加密技术是保障网络通信安全的重要手段，通过确保数据的机密性和完整性，保护数据在传输过程中不被窃取或篡改，从而提高网络通信的安全性和可靠性。安全认证技术用于验证通信双方的身份，确保通信双方的身份是合法和可信的。安全认证通常使用数字证书和密钥进行，通信双方可以通过交换数字证书和密钥来验证对方的身份，确保通信的安全性。安全认证技术可以有效防止身份伪造和欺骗行为，提高通信的安全性。

加密技术用于对数据进行加密，确保数据在传输过程中不被窃取或篡改。加密技术通过对数据进行编码和转换，使得未经授权的用户无法理解数据的内容，只有授权用户才能解密并查看数据内容。常见的加密算法包括对称加密算法（如 AES）和非对称加密算法（如 RSA），可以根据安全需求选择合适的加密算法保护数据的安全。安全认证和加密技术还可以与其他安全技术结合使用，提高网络通信的安全性。例如，安全认证和加密技术可以与防火墙、IDS/IPS 等安全设备配合使用，共同保护网络通信的安全。安全认证和加密技术还可以与安全协议结合使用，如 SSL/TLS 协议用于保护网站和应用程序的安全通信。

（四）安全策略与管理

网络安全策略和管理是确保网络安全的重要手段，通过建立完善的安全策略和管理机制，可以提高网络的安全性和可靠性，保护网络免受各种安全威胁的侵害。安全策略制定是网络安全管理的基础，包括确定网络安全目标、制定安全政策和规范、规划安全措施和控制等。安全策略应该根据实际情况和安全需求进行制定，确保安全策略的科学性和有效性，为网络安全管理提供指导和保障。安全漏洞管理是保障网络安全的重要环节，包括对系统和应用程序的漏洞进行识别、评估和修补。安全漏洞管理可以通过安全补丁管理、漏洞扫描和安全评估等手段，及时发现和修复系统和应用程序中的安全漏洞，提高网络的安全性。

风险评估是网络安全管理的重要组成部分，通过对网络安全风险进行评估和分析，识别和评估网络面临的安全威胁和风险。风险评估可以帮助组织了解网络安全的现状和存在的问题，制定相应的安全措施和应对策略，降低网络安全风险。应急响应是保障网络安全的重要手段，包括对网络安全事件进行及时响应和处理。应急响应可以通过建立应急响应预案、培训应急响应团队和定期演练等方式，提高组织对网络安全事件的应对能力，减少安全事件造成的损失。

（五）定期更新与漏洞修复

定期更新系统和应用程序是保障网络安全的重要措施，通过定期更新系统和应用程序，及时修复已知漏洞，可以提高系统的安全性，降低系统遭受攻击的风险。定期更新系统和应用程序可以修复已知漏洞，减少系统遭受攻击的可能性。黑客通常会利用已知漏洞对系统进行攻击，通过定期更新系统和应用程序，可以及时修复这些漏洞，降低系统遭受攻击的风险。

定期更新系统和应用程序可以提高系统的安全性和稳定性，保护系统免受各种安全威胁的侵害。更新系统和应用程序可以引入新的安全功能和修复已知的安全问题，提高系统的安全性和稳定性，保障系统的正常运行。定期更新系统和应用程序还可以提高系统的兼容性和性能，保障系统的正常运行。更新系统和应用程序可以修复一些已知的兼容性问题和性能问题，提高系统的兼容性和性能，保障系统的正常运行和用户体验。

第七章　大数据在社会管理中的应用

第一节　智慧城市与城市管理

一、智慧城市建设

智慧城市是利用信息和通信技术来提升城市管理和服务水平，实现城市可持续发展的理念和实践。智慧城市的建设涉及多个方面，包括智能交通、智能环保、智能能源、智能治安等。

（一）智能交通

智能交通是智慧城市建设的重要组成部分，通过引入信息技术和通信技术，实现交通系统的智能化和精细化管理，可以有效提高交通运输效率，缓解交通拥堵问题，减少环境污染，提升城市交通系统的整体运行水平。智能交通系统包括智能交通信号灯，可以根据交通流量实时调整信号灯的时长，优化交通信号配时，减少车辆在红绿灯前的等待时间，提高道路通行效率。智能交通信号灯还可以根据交通情况实时调整路口的车流量分配，减少拥堵现象的发生，提高交通的流畅性。

智能交通系统还包括智能交通监控系统，通过视频监控和智能分析技术，实现对道路交通情况的实时监控和分析，及时发现交通事故和拥堵情况，为交通管理部门提供及时的数据支持，帮助其做出有效的交通管理决策，保障道路交通安全和畅通。智能交通系统还包括智能公交系统，通过引入智能公交车辆和智能调度系统，提高公交运输效率，减少公交车辆的空驶率，提升公交服务水平。智能公交系统还可以通过公交车辆的位置信息和乘客需求信息，优化公交线路和班次安排，提高公交运输效率，为市民提供更加便捷和高效的出行服务。

（二）智能环保

在智慧城市建设中，智能环保是至关重要的一环。通过物联网技术和大数据分析，建立起环境监测系统，实现对城市环境因素的实时监测和分析，从而提高城市的环境保护水平，保障市民的健康和生活质量。智能环保系统可以实时监测空气质量。通过部署空气质量监测设备和传感器，智慧城市可以实时监测空气中的污染物含量，包括 PM2.5、PM10、SO_2、NO_2 等，及时预警和处理空气污染问题，保障市民的健康。

智能环保系统可以实时监测水质。通过部署水质监测设备和传感器，智慧城市可以实时监测水体的 PH 值、溶解氧含量、重金属等污染物的含量，及时发现水质问题，采取有效措施进行处理，确保市民的饮水安全。智能环保系统还可以实时监测噪音。通过部署噪音监测设备和传感器，智慧城市可以实时监测城市中的噪音情况，及时发现并处理噪音污染问题，提高市民的生活质量。

（三）智能能源

智慧能源是智慧城市建设的重要组成部分，通过引入智能电网、可再生能源等技术手段，实现对能源的高效利用和管理，降低能源消耗，减少能源浪费，促进可持续能源的发展和利用，从而推动城市能源系统的转型升级，实现能源的可持续发展。智慧城市通过建设智能电网，实现对能源的智能管理和优化调度。智能电网可以通过智能计量、远程监控等技术手段，实现对电力系统的实时监测和管理，提高电力系统的运行效率和稳定性，减少能源损耗和浪费。

智慧城市通过发展可再生能源，实现对传统能源的替代和补充。可再生能源如太阳能、风能等具有清洁、可再生的特点，可以有效减少对传统能源的依赖，降低能源消耗和环境污染，推动能源结构的优化升级。智慧城市通过智能能源管理系统，实现对能源的高效利用和管理。智能能源管理系统可以通过大数据分析、人工智能等技术手段，对能源使用情况进行分析和优化调整，提高能源利用效率，减少能源浪费。

（四）智能治安

智慧城市的建设不仅包括了基础设施建设和公共服务优化，还包括了智能治安系统的建设。利用现代化技术，如视频监控、人脸识别等，可以实现对城市治安的智能监控和管理，提高城市的安全水平，减少犯罪事件的发生，从而改善市民的生活环境和安全感。智慧城市通过建设视频监控系统，实现对城市各个角落的全面监控。视频监控可以覆盖公共场所、交通要道、重要建筑等地点，及时发现异常情况，提高对犯罪行为的监控和打击效率，增强城市治安管理的能力。

智慧城市利用人脸识别技术，对人员身份进行快速准确的识别。人脸识别技术可以应用于公共安全领域，如警务系统、边境检查等，有效提高人员管理和安全检查的效率，加强对可疑人员的监控和管控。智慧城市还可以利用大数据和人工智能技术，对犯罪数据和行为模式进行分析，提前预警和预防犯罪事件的发生，从根本上减少犯罪活动，保障市民的人身财产安全。

（五）智能建筑

智慧建筑是智慧城市建设的重要组成部分，通过智能化设备和系统，实现对建筑物的智能监控和管理，可以提高建筑物的能源利用效率，提升居住和工作环境的舒适性和安全性，从而促进城市的可持续发展。智慧建筑通过智能化设备和系统，实现对建筑物的能源管理。智能建筑可以通过智能照明系统、智能空调系统等设备，实现对能源的高效利用和管理，根据不同的使用需求和环境条件，自动调节能源消耗，降低能源浪费，提高能源利用效率。

智慧建筑通过智能监控系统，实现对建筑物的智能监控和管理。智能监控系统可以实时监测建筑物的各项指标，如温度、湿度、光照等，及时发现和处理异常情况，提高建筑物的安全性和稳定性。智慧建筑还可以通过智能安防系统，提升建筑物的安全性。智能安防系统可以通过视频监控、门禁系统等设备，实现对建筑物的全面监控和管理，及时发现并处理安全隐患，保障建筑物和居民的安全。

（六）智慧医疗

智慧医疗是智慧城市建设中的重要组成部分，其利用互联网和信息技术，实现医疗资源的优化配置和智能化管理，旨在提高医疗服务水平，改善医疗环境，为人民群众提供更加便捷、高效、优质的医疗服务。在智慧医疗系统中，医疗资源的优化配置是关键。通过信息技术的支持，可以实现对医疗资源的全面监测和管理，包括医院、诊所、医生、药品等各方面的资源。系统可以根据实际情况，自动调配资源，保证医疗服务的及时性和有效性，避免资源的浪费和医疗服务的不均衡现象。

智慧医疗系统还可以实现医疗服务的智能化管理。通过大数据分析和人工智能技术，可以对患者的健康状况进行精准分析和预测，帮助医生制定个性化的诊疗方案。同时，系统可以对医疗流程进行优化，提高医疗服务的效率和质量，减少医疗事故的发生。通过信息技术的应用，可以实现医疗信息的互联互通，提高医疗信息的共享和利用效率，减少患者的等待时间，提高医疗服务的满意度。同时，系统还可以实现对医疗设备和医疗环境的监测和管理，保障医疗安全，提升医疗服务的品质。

（七）智慧教育

智慧教育是智慧城市建设的重要组成部分，其利用信息技术和互联网，推动教育模式的创新和升级，旨在实现教育资源的共享和优化配置，提高教育教学质量和效率，为学生提供更加个性化、多样化的学习体验。在智慧教育系统中，教育资源的共享和优化配置是关键。通过信息技术的支持，可以实现对教育资源的全面监测和管理，包括教育设施、教师、教材、课程等各方面的资源。系统可以根据学生的需求和特点，自动调配资源，提供个性化的教育服务，提高教学效果和学习成效。

智慧教育系统还可以推动教育模式的创新和升级。通过互联网和信息技术的应用，可以实现教育内容的多样化和个性化，丰富教学手段和方式，提高教学的趣味性和互动性。同时，系统还可以实现教学过程的智能化管理，帮助教师更好地把握教学进度和学生学习情况，提高教学效率和质量。智慧教育系统还可以促进教育资源的共享和开放。通过信息技术的支持，可以实现教育资源的跨学校、跨地区共享，提高资源利用效率，促进教育公平。同时，系统还可以实现教育信息的互联互通，为教师和学生提供更广阔的学习和交流空间，促进教育教学的国际化和多元化发展。

（八）智慧旅游

在智慧城市建设中，智慧旅游系统的建设是一项重要举措。通过信息化手段，智慧旅游系统旨在提升旅游服务水平，改善游客体验，推动旅游产业的发展，从而实现旅游业的可持续发展。智慧旅游系统的建设可以通过多种方式提升旅游服务水平。首先，系统可以提供个性化的旅游信息推荐，根据游客的偏好和需求，为其定制旅游线路和服务，提高旅游的针对性和吸引力。其次，系统可以实现旅游信息的实时更新和分享，帮助游客获取最新的旅游信息，提高旅游的便利性和可及性。此外，系统还可以提供在线预订和支付服务，简化游客的旅游流程，提高旅游的便捷性和效率。

智慧旅游系统的建设还可以改善游客体验。通过信息化手段，可以实现景区导览、讲解、互动等功能，丰富游客的旅游体验，提高游客的满意度和忠诚度。同时，系统还可以提供旅游安全保障服务，监测游客的安全情况，提供紧急救援和应急处理，保障游客的安全和权益。智慧旅游系统的建设对推动旅游产业的发展具有重要意义。通过信息化手段，可以实现旅游资源的优化配置和智能管理，提高旅游业的运营效率和管理水平，降低成本，提高收益。同时，系统还可以促进旅游业的创新和升级，推动旅游产品和服务的提升，提高旅游业的竞争力和影响力，促进旅游产业的可持续发展。

（九）智慧服务

在智慧城市建设中，智慧服务平台的建设是至关重要的。通过整合城市各类公共服务资源，智慧服务平台旨在提供便捷的在线服务，提高市民生活质量和城市管理效率，实现城市的智慧化和可持续发展。智慧服务平台的建设可以为市民提供更加便捷的公共服务。市民可以通过平台实现在线办理各类证件、缴纳水电费、预约看病、报名参加活动等服务，避免排队等待，节省时间和精力。同时，平台还可以提供城市交通、气象、环保等信息，帮助市民更好地了解城市状况，做出更加合理的生活决策。

通过信息化手段，可以实现对城市各类公共资源的全面监测和管理，包括交通、环保、市容等方面的资源。管理部门可以根据实际情况，及时调整资源配置，提高资源利用效率，优化城市管理流程，提高管理水平和效率。智慧服务平台的建设还可以促进城市的可持续发展。通过信息化手段，可以实现城市各类资源的合理利用和循环利用，减少资源的浪费和污染，保护环境，促进城市的绿色发展。同时，平台还可以促进城市经济的发展，提升城市的竞争力和吸引力，实现城市的可持续发展。

二、智慧城市管理

智慧城市管理是指利用信息技术和互联网手段，对城市各项管理进行智能化、网络化、数据化的改造和提升，以提高城市管理效率、提升服务质量、优化资源配置、改善市民生活为目标的管理模式。智慧城市管理涵盖了城市交通、环境、能源、安全等多个领域，具有重要的现实意义和发展前景。

（一）智慧交通管理

智慧交通管理是利用现代信息技术手段对城市交通进行智能化管理和优化，旨在提高交通运输效率、缓解交通拥堵、减少交通事故、改善出行环境，从而提升城市交通管理水平和市民出行体验。在智慧交通管理中，智能交通信号灯是关键技术之一。通过交通信号灯的智能控制，可以根据实时交通流量情况调整信号灯的变化，优化交通流动，减少等待时间，提高道路通行效率。智能交通信号灯还可以根据交通拥堵情况自动调整信号灯时长，缓解拥堵，提升路口通行能力。

智慧交通管理还包括交通流量的实时监测和调控。通过交通监测设备和智能交通系统，可以实时监测道路交通流量情况，分析交通状况，及时调整交通组织方案，优化交通流动，避免交通拥堵。同时，系统还可以通过交通信息发布系统向驾驶员和市民发布交通信息，提前通知交通拥堵和事故情况，引导出行路线，减少交通事故发生率。智慧交通管理还涉及智能交通导航系统的建设。通过智能导航系统，可以为驾驶员提供实时交通信息和最优出行路线，避开拥堵路段，减少通行时间，提高交通效率。智能导航系统还可以根据车辆位置和目的地推荐最优停车位置，提高停车效率，减少停车时长，缓解停车压力。

（二）智慧环境管理

智慧环境管理是利用先进的信息技术手段，对城市环境进行实时监测、数据分析和管理，旨在提升环境监测水平、改善环境质量、保护生态环境，为城市可持续发展提供科学支持。在智慧环境管理中，建立智能环境监测系统是关键步骤。该系统可以监测空气质量、水质情况、噪音等环境指标，通过传感器等设备实现数据的实时采集和传输。这些数据经过处理和分析后，可以为环境治理决策提供科学依据，帮助管理部门及时发现环境问题，采取有效措施保障环境质量。

智慧环境管理还包括环境数据的实时监测和分析。利用大数据和人工智能技术，可以对环境数据进行实时监测和分析，发现环境问题的来源和规律，为环境治理提供精准化的方案。同时，还可以实现环境数据的可视化展示，向公众传递环境信息，提高公众对环境问题的认识和参与度。智慧环境管理的目标是保障市民的健康和环境的可持续发展。通过建立智能环境监测系统，可以及时发现和解决环境问题，减少环境污染对市民健康的影响，提高生活质量。同时，还可以保护生态环境，促进生态平衡，实现城市的可持续发展。

（三）智慧能源管理

智慧能源管理是指利用先进的信息技术和智能电网技术，对城市能源系统进行智能化监测、调度和控制，以优化能源资源利用，提高能源利用效率，降低能源消耗和排放，推动城市能源可持续发展的管理模式。智慧能源管理的核心是智能电网技术的应用。智能电网是一种基于信息通信技术和先进控制技术的新型电力系统，它可以实现对电力系统的智能监测、调度和控制。通过智能电网技术，可以实现对电力系统的实时监测，包括电力负荷、电压、电流等参数的监测，提高电力系统的运行效率和稳定性。

通过智能电网技术，可以实现对能源资源的优化配置和调度，提高能源利用效率，降低能源消耗和排放。同时，还可以实现对可再生能源的有效利用，促进清洁能源的发展，推动城市能源的可持续发展。通过大数据和人工智能技术，可以对能源数据进行实时监测和分析，发现能源消耗的规律和趋势，为能源管理决策提供科学依据。同时，还可以通过能源数据的可视化展示，向公众传递能源信息，提高公众对能源问题的认识和参与度。

（四）智慧安全管理

智慧安全管理是利用先进的信息技术和智能安防监控系统，对城市安全状况进行实时监测、预警和应急响应，以保障市民生命财产安全，维护社会稳定的管理模式。智慧安全管理的核心是建立智能安防监控系统。该系统通过安装摄像头、传感器等设备，实现对城市各个重点区域的实时监控，包括公共场所、交通要道、人员密集区域等。通过大数据和人工智能技术，可以对监控数据进行实时分析，发现异常情况并进行预警，提高城市安全管理的效率和水平。

通过智能安防监控系统，可以及时发现安全隐患和突发事件，向相关部门发出预警信号，启动应急预案，组织应急救援，减少事故损失。同时，还可以向市民发布安全信息，提高市民的安全意识和应对能力。智慧安全管理的目标是保障市民生命财产安全，维护社会稳定。通过建立智能安防监控系统，可以有效预防和打击犯罪行为，提高社会治安水平。同时，还可以加强对重点区域的监控和管控，减少安全隐患，提高城市安全防范能力。

（五）智慧城市规划管理

在智慧城市规划管理中，大数据和人工智能技术的应用是至关重要的。通过这些技术，可以对城市规划进行数据化、智能化分析，为城市发展提供科学决策支持，实现城市资源的合理配置和城市发展的可持续性。大数据技术在智慧城市规划管理中发挥着重要作用。通过收集、整合和分析海量的城市数据，包括人口数据、交通数据、环境数据等，可以深入了解城市的运行状况和发展趋势。基于这些数据，可以利用数据挖掘和机器学习技术，进行智能化分析，发现城市规划中存在的问题和潜在的发展机遇，为城市规划提供科学依据。通过人工智能技术，可以建立城市规划的智能化模型，模拟城市发展的各种可能性，并根据不同的发展目标和约束条件，提出合理的规划方案。同时，人工智能技术还可以帮助城市规划者进行决策支持，分析各种规划方案的优劣势，为城市规划的实施提供指导。

第二节　公共安全与视频监控

一、视频监控系统的建设与优化

在智慧城市建设中，视频监控系统的建设与优化是确保公共安全的重要措施。通过建设覆盖全城的视频监控网络，并结合人工智能技术，可以提高监控效率和准确性，优化监控系统的布局和设置，确保监控范围覆盖重点区域，如交通枢纽、商业区、居民区等，提升监控系统的整体效能。

（一）建设全覆盖的视频监控网络

在智慧城市建设中，建设全覆盖的视频监控网络是确保公共安全的重要举措。通过覆盖全城的视频监控网络，可以实现对城市各个角落的监控，及时发现并应对安全隐患，提高城市的治安管理水平和应急响应能力。在智慧城市建设中，视频监控系统是保障公共安全的重要手段之一。需要建设覆盖全城的视频监控网络，并结合人工智能技术，实现对监控画面的智能识别和分析，提高监控效率和准确性。同时，需要优化监控系统的布局和设置，确保监控范围覆盖重点区域，如交通枢纽、商业区、居民区等，提升监控系统的整体效能。

在建设全覆盖的视频监控网络时，首先需要考虑监控摄像头的布设密度和位置。需要根据城市的实际情况和安全需求，合理确定监控摄像头的数量和分布，确保监控范围覆盖到重点区域，如人流密集地、交通要道等。通过科学的规划和布局，可以提高监控系统的覆盖率和监控效果，有效减少盲区，提升监控系统的监控能力和实用性。在建设全覆盖的视频监控网络时，需要结合现代科技手段，如人工智能技术，实现对监控画面的智能识别和分析。通过人工智能算法，可以对监控画面进行自动识别和分析，发现异常情况并及时报警，提高监控系统的反应速度和准确性，增强监控系统的实用性和可靠性。

（二）结合人工智能技术实现智能识别和分析

在智慧城市建设中，结合人工智能技术实现智能识别和分析是视频监控系统的重要发展方向。通过人工智能算法，可以对监控画面进行智能化处理，实现对异常事件的自动识别和报警，提高监控系统的反应速度和准确性，减少误报率，增强监控系统的实用性和可靠性。

在智慧城市的视频监控系统中，结合人工智能技术实现智能识别和分析是提升监控系统效能的重要手段。人工智能技术可以通过深度学习等算法，对监控画面进行智能化处理，实现对异常事件的自动识别和分析。例如，可以通过人脸识别技术，对监控画面中的人员进行识别，实现对潜在危险人员的监测和预警；通过物体识别技术，对监控画面中的物体进行识别，实现对异常物体的监测和预警。通过这些智能化处理，可以提高监控系统的监控效率和准确性，及时发现并应对各种安全隐患，保障城市的公共安全。

结合人工智能技术实现智能识别和分析还可以减少监控系统的人力成本和误报率。传统的监控系统需要人工对监控画面进行观察和分析，容易出现疏忽和误判。而结合人工智能技术的智能监控系统可以实现对监控画面的自动分析和判断，减少人为因素的干扰，提高监控系统的准确性和可靠性，减少误报率，降低监控系统的人力成本。

（三）优化监控系统的布局和设置

在智慧城市建设中，优化监控系统的布局和设置是确保视频监控系统有效运行的关键。通过合理规划监控摄像头的数量、角度和覆盖范围，可以有效提高监控系统的整体效能和运行效率，保障城市的公共安全。在布局和设置过程中，首先需要考虑监控摄像头的数量。根据监控范围的大小和监控密度的要求，合理确定监控摄像头的数量，确保监控范围得到全面覆盖，避免监控盲区的出现。同时，需要考虑到监控摄像头的安装高度和角度，确保监控画面清晰，提高监控效果。

监控摄像头的覆盖范围应该覆盖到城市的重点区域，如交通要道、人流密集地等，以提高监控系统的监控效能和准确性。在设置监控摄像头的位置时，需要综合考虑监控范围的需求和摄像头的安装条件，合理确定摄像头的位置，确保监控系统的整体布局合理。优化监控系统的布局和设置需要考虑到监控摄像头的角度和方向。监控摄像头的角度和方向应该能够覆盖到监控范围内的所有区域，避免出现监控死角，提高监控系统的监控效果和实用性。通过合理设置监控摄像头的角度和方向，可以确保监控系统的全面覆盖，提高监控系统的整体效能和运行效率。

二、事件实时监测与应急响应

在智慧城市建设中，事件实时监测与应急响应是视频监控系统的重要功能之一。通过实时监测城市各个区域的情况，监控系统可以快速发现突发事件并向相关部门发出警报，实现快速应急响应，提高城市的安全管理水平。

（一）实时监测城市各个区域的情况

在智慧城市建设中，实时监测城市各个区域的情况是视频监控系统的重要功能之一。

通过监控摄像头的实时画面，监控系统可以全面了解城市各个区域的情况，及时发现异常情况，如交通拥堵、人员聚集等，为城市的安全管理提供重要信息支持。在智慧城市建设中，实时监测城市各个区域的情况是视频监控系统的重要功能之一。通过监控摄像头的实时画面，监控系统可以全面了解城市各个区域的情况，包括交通流量、人员聚集情况等。通过实时监测，监控系统可以及时发现异常情况，如交通拥堵、人员聚集等，为城市的安全管理提供重要信息支持。

实时监测城市各个区域的情况，可以帮助城市管理部门了解城市的运行状况，及时发现并解决问题，提高城市的管理效率和水平。例如，通过监控交通流量，可以及时调整交通信号灯的控制，缓解交通拥堵问题；通过监控人员聚集情况，可以及时采取安全措施，保障市民的安全。实时监测城市各个区域的情况，还可以帮助城市管理部门及时应对突发事件，提高城市的安全防范能力。例如，当监控系统发现某个区域出现异常情况时，可以快速向相关部门发出警报，实现快速应急响应，最大限度地减少损失。

（二）快速发现并向相关部门发出警报

在智慧城市建设中，快速发现并向相关部门发出警报是视频监控系统的重要功能之一。当监控系统发现城市发生突发事件时，如交通事故、火灾等，系统可以通过与城市管理部门和应急部门的联动，快速向相关部门发出警报，实现快速应急响应，提高城市对突发事件的应对效率和准确性，最大限度地减少损失。在智慧城市建设中，快速发现并向相关部门发出警报是视频监控系统的重要功能之一。当监控系统发现城市发生突发事件时，如交通事故、火灾等，系统可以通过与城市管理部门和应急部门的联动，快速向相关部门发出警报，实现快速应急响应，提高城市对突发事件的应对效率和准确性，最大限度地减少损失。

快速发现并向相关部门发出警报可以帮助城市管理部门和应急部门及时了解突发事件的情况，采取相应的措施，保障市民的生命财产安全。例如，当监控系统发现交通事故时，可以快速向交通管理部门发出警报，通知交通管理部门采取控制措施，减少交通堵塞，保障交通畅通；当监控系统发现火灾时，可以快速向消防部门发出警报，通知消防部门前往扑灭火灾，保障市民的安全。快速发现并向相关部门发出警报还可以帮助城市管理部门和应急部门及时调配资源，应对突发事件。例如，当监控系统发现人员聚集情况异常时，可以快速向治安部门发出警报，通知治安部门加强巡逻，维护社会秩序；当监控系统发现环境污染情况时，可以快速向环保部门发出警报，通知环保部门加强监管，保护环境。

（三）提高应对突发事件的效率和准确性

在智慧城市建设中，通过实时监测和快速应急响应，视频监控系统可以提高城市对突发事件的应对效率和准确性。监控系统可以帮助城市管理部门更加及时地发现问题、采取措施，有效避免事态扩大化，保障市民的生命财产安全，提高城市的治安管理水平和社会稳定性。在智慧城市建设中，通过实时监测和快速应急响应，视频监控系统可以提高城市对突发事件的应对效率和准确性。监控系统可以帮助城市管理部门更加及时地发现问题、采取措施，有效避免事态扩大化，保障市民的生命财产安全，提高城市的治安管理水平和社会稳定性。

实时监测和快速应急响应可以帮助城市管理部门更加及时地发现问题，采取相应的措施，避免事态扩大化。例如，当监控系统发现交通事故时，可以快速向交通管理部门发出警报，通知交通管理部门采取控制措施，减少交通堵塞；当监控系统发现火灾时，可以快速向消防部门发出警报，通知消防部门前往扑灭火灾，保障市民的安全。实时监测和快速应急响应还可以帮助城市管理部门更加准确地应对突发事件。监控系统可以提供实时的监控画面和数据，帮助城市管理部门更加全面地了解事件的情况，制定更加科学合理的应对方案，提高应对突发事件的准确性和效率。

三、城市治安管理与犯罪预防

（一）加强对治安情况的监控和管理

在智慧城市建设中，视频监控系统扮演着关键的角色，特别是在加强对治安情况的监控和管理方面。通过监控摄像头的实时画面，监控系统可以全面了解城市各个区域的情况，及时发现治安问题，如违法犯罪行为、治安隐患等，为城市管理部门提供重要信息支持。在智慧城市建设中，视频监控系统扮演着关键的角色，特别是在加强对治安情况的监控和管理方面。通过监控摄像头的实时画面，监控系统可以全面了解城市各个区域的情况，及时发现治安问题，如违法犯罪行为、治安隐患等，为城市管理部门提供重要信息支持。

监控系统的实时监控功能可以帮助城市管理部门更加及时地发现治安问题。监控系统可以实时传输监控画面，城市管理部门可以通过监控中心实时查看监控画面，及时发现异常情况，如违法犯罪行为、交通事故等，及时采取措施，维护社会治安秩序。监控系统还可以帮助城市管理部门更加全面地了解治安情况。监控系统可以覆盖城市各个区域，城市管理部门可以通过监控系统获取各个区域的监控画面，全面了解各个区域的治安情况，及时发现治安问题，有针对性地制定治安管理措施。

（二）犯罪预防作用

在智慧城市建设中，视频监控系统扮演着重要的角色，尤其在犯罪预防方面发挥着重要作用。通过视频监控系统的存在，可以起到一定的犯罪预防作用。监控摄像头的存在和监控范围的覆盖可以有效降低犯罪分子的作案欲望，起到震慑作用。犯罪分子往往会考虑到监控系统的存在，因此在监控范围内的犯罪行为可能性会降低。这种预防作用有助于减少犯罪行为的发生，提高城市的治安水平。

监控系统还可以帮助城市管理部门及时发现和处理犯罪行为，减少犯罪发生的可能性。监控系统可以实时监控城市各个区域的情况，一旦发现可疑行为，可以立即采取措施，通知相关部门进行处理。这种及时性的反应可以有效地减少犯罪行为的发生，提高城市的治安水平。视频监控系统的存在还可以增强市民的安全感，促进社会稳定。市民知道城市有完善的监控系统，可以帮助预防和处理犯罪行为，会更加放心和安心。安全感的提升可以促进社会和谐稳定的发展，有利于城市的长期稳定和繁荣。

（三）科技手段的综合运用

在智慧城市建设中，除了视频监控系统外，还可以通过其他科技手段加强城市治安管理和犯罪预防。在智慧城市建设中，除了视频监控系统外，还可以通过其他科技手段加强城市治安管理和犯罪预防。例如，结合人工智能技术，可以实现对监控画面的智能识别和分析，提高监控效率和准确性。人工智能技术可以帮助监控系统自动识别出异常情况，如可疑人员、车辆等，从而及时报警并采取相应措施，提高城市治安管理水平。

结合大数据技术，可以分析城市犯罪的时空分布规律，有针对性地制定犯罪预防措施。大数据技术可以帮助城市管理部门更加全面地了解犯罪的时空分布情况，从而制定更加有效的犯罪预防策略，提高城市的治安水平。结合物联网技术，可以实现对城市安防设备的远程监控和管理，提高安防设备的运行效率和可靠性。物联网技术可以实现安防设备与监控中心的实时连接，监控中心可以通过物联网技术远程监控和管理安防设备的运行情况，及时发现并处理设备故障，确保安防设备的正常运行，提高城市的治安水平。

四、数据隐私与监控合规

（一）制定相关政策和法规

在建设视频监控系统之前，制定相关政策和法规是非常必要的。这些政策和法规应当明确监控范围和使用方式，同时保障市民的隐私权益。具体来说，政策应包括数据采集、存储、传输和使用的规范，以及对违规行为的处罚措施。法规则应明确监控设备的设置位置、监控范围、录像保存期限等方面的规定。政策层面应当规定数据采集、存储、传输和使用的规范。这包括规定监控设备的数量、摄像头的设置位置、监控画面的分辨率和帧率等技术参数，以及监控数据的存储方式和时长。政策还应规定监控数据的使用范围，明确只能用于维护公共安全和社会秩序等合法用途，禁止滥用监控数据侵犯市民的隐私权益。

一旦发现监控人员或相关部门违反规定滥用监控设备或监控数据，应当追究其责任，并给予相应的行政处罚或法律制裁。这样可以有效地遏制滥用监控设备和监控数据的行为，保障市民的合法权益。在法规方面，应明确监控设备的设置位置、监控范围、录像保存期限等方面的规定。监控设备的设置位置应当遵循合理、合法、必要的原则，避免设置在私人住宅、商铺等私人领域，以免侵犯市民的隐私。监控范围应根据具体需要进行设定，不得超出必要范围。录像保存期限应根据实际情况确定，但一般不得超过规定的期限，以免造成不必要的信息滞留和资源浪费。

（二）保护市民的隐私权益

在视频监控系统运行过程中，保护市民的隐私权益至关重要。首先，监控设备的设置应合理规划，避免侵犯到私人生活空间。监控摄像头的设置位置应选择在公共场所和可能存在安全隐患的区域，如街道、广场、商场等，而不应设置在私人住宅、卫生间等私人领域。这样可以有效保护市民的私人生活空间，避免不必要的侵扰。要避免过度监控和随意录像。监控范围应根据实际需要进行设定，不得超出必要范围。监控设备不应用于对个人进行非法监视或滥用，避免侵犯市民的隐私权益。对于一些不必要或无关紧要的监控内容，应及时删除或覆盖，确保不被长时间存储和传播。加强监控数据的保护也是保护市民隐私权益的重要举措。监控数据应采取加密等技术手段进行保护，确保数据不被非法获取和利用。同时，建立健全的数据管理制度，规范数据的收集、存储、传输和使用，明确数据的归属和责任，确保数据安全可控。

（三）确保监控系统的合法合规运行

为确保监控系统的合法合规运行，首先必须遵守法律法规的规定，确保监控范围和使用目的符合规定。监控设备的安装和使用应经过相关部门的批准和登记，不得私自设置监控设备，以免侵犯他人的隐私权益。监控范围应明确界定，不得超出规定范围，避免过度监控和滥用监控设备。监控系统的运行应符合相关标准和规范，确保设备的质量和性能达到要求。监控设备应选择具有合法合规认证的产品，定期进行维护和检查，确保设备的正常运行。同时，应建立健全的监控数据管理制度，规范数据的收集、存储、传输和使用，确保监控数据的安全和合法性。还应加强监控系统的管理和监督，建立健全的监控系统管理机制。相关部门应加强对监控系统的监督和检查，及时发现和纠正违规行为，确保监控系统的合法合规运行。同时，应建立健全的监控系统使用和管理规定，明确监控系统的使用权限和责任，规范监控系统的使用行为，防止滥用和侵权行为的发生。

五、技术创新与发展趋势

随着人工智能技术的发展，视频监控系统将会迎来更多的技术创新，如人脸识别、行为分析等技术的应用将会更加普及，进一步提升监控系统的智能化水平和效能。

（一）人脸识别技术的应用普及

随着科技的不断进步，人脸识别技术已经逐渐走进了我们的日常生活，并在各个领域展现出强大的应用潜力。在视频监控领域，人脸识别技术的应用也越来越广泛。人脸识别技术可以通过摄像头捕捉到的人脸图像，对人脸进行识别和比对，从而实现对人员身份的快速识别和验证。这项技术在视频监控系统中的应用，不仅可以提升监控系统的智能化水平，还可以为各种场景和需求提供更多便利和保障。人脸识别技术可以实现门禁控制。传统的门禁系统需要人们使用卡片或密码进行识别验证，存在着不便携带、易丢失、易被盗用等问题。而引入人脸识别技术后，只需通过摄像头扫描人脸，即可快速实现门禁控制，不仅提高了门禁系统的安全性，还增加了使用的便捷性。

人脸识别技术可以实现人员管理。在一些需要进行人员管理的场所，如企业、学校、医院等，人脸识别技术可以帮助管理人员快速准确地识别员工、学生或患者的身份信息，实现考勤打卡、门禁管理、人员通行等功能，提高了管理效率和准确性。在公共安全领域，人脸识别技术也发挥着重要作用。警方可以通过监控摄像头捕捉到的人脸图像，利用人脸识别技术快速准确地识别嫌疑人的身份信息，从而追踪犯罪嫌疑人，提升犯罪侦查效率，增强社会治安管理能力。

（二）行为分析技术的应用推广

随着科技的飞速发展，行为分析技术已经成为视频监控系统中的一项重要技术。该技术结合了视频图像处理和人工智能算法，可以对监控场景中的人员行为进行实时分析和识别，从而帮助监控系统及时发现和应对各种异常情况，提升监控系统的安全性和效能。行为分析技术可以用于监测人员的异常行为。通过对监控场景中的人员行为进行分析，系统可以识别出一些异常行为，如打架斗殴、持械闯入等，及时报警并采取相应措施。这可以大大提高监控系统对安全事件的敏感度和响应速度，有效预防和减少安全事故的发生。

传统的监控系统大多是靠人工监控来发现异常情况，存在监控盲区和监控疲劳等问题。而引入行为分析技术后，监控系统可以自动识别并分析监控画面中的各种行为，大大减轻了监控人员的工作负担，提高了监控系统的效率和准确性。行为分析技术还可以帮助监控系统更好地应对复杂多变的监控场景。在一些复杂的监控场景中，如交通路口、商场等，人员行为十分多样化，传统的监控手段往往无法有效监控。而行为分析技术可以通过对人员行为的深度学习和分析，快速准确地识别不同行为，为监控系统提供更全面、更精准的监控服务。

（三）智能化水平和效能的提升

随着人工智能技术的不断发展，视频监控系统将迎来更多的技术创新，人脸识别、行为分析等技术的应用将会更加普及，进一步提升监控系统的智能化水平和效能。这些技术的广泛应用将使监控系统在安全监控、人员管理等方面发挥更大的作用，为社会治安和个人安全提供更多保障。传统的监控系统往往需要人工干预才能实现对特定事件的监控和报警，而智能监控系统则可以通过人工智能算法自动识别各种场景和事件，并根据需要自动调整监控策略，提高了监控系统的灵活性和适应性。

传统的监控系统主要依靠监控人员对监控画面进行观察和判断，存在监控盲区和监控疲劳等问题。而智能监控系统可以通过人脸识别、行为分析等技术自动识别监控画面中的人员和行为，并根据需要自动触发报警或采取其他措施，大大提高了监控系统的智能化水平。智能监控系统还将提升监控效能。传统的监控系统存在监控画面处理速度慢、准确性不高等问题，而智能监控系统可以通过高效的人工智能算法快速准确地处理监控画面，提高了监控系统的工作效率和准确性，为人们的生活、工作和安全提供了更多便利和保障。

六、与其他智慧城市系统的整合

视频监控系统需要与其他智慧城市系统进行整合，如交通管理系统、环境监测系统等，实现信息的共享和互通，提高城市治理的整体效率和水平。

（一）与交通管理系统的整合

随着城市化进程的加快和交通需求的增加，交通管理成为城市管理中不可忽视的重要环节。视频监控系统与交通管理系统的整合，可以为城市交通管理提供更加全面、准确的信息支持，提高交通管理的效率和水平。通过视频监控系统与交通管理系统的整合，可以实现对交通状况的实时监测和分析。监控摄像头可以捕捉到道路交通情况的实时画面，结合交通管理系统的数据，可以实时监测道路拥堵情况、交通事故发生情况等，为交通管理部门提供及时的交通信息，帮助其做出科学的交通管理决策。

整合后的系统还可以通过人脸识别技术实现交通违法行为的监测和记录。通过人脸识别技术，监控系统可以识别出交通违法行为者的身份信息，包括驾驶人员和车辆信息，实现交通违法行为的快速监测和记录，提高了交通管理的效率和准确性。视频监控系统与交通管理系统的整合还可以实现交通信号灯的智能控制。通过监控摄像头捕捉到的交通情况，交通管理系统可以根据实际交通情况智能调整交通信号灯的控制，优化交通信号配时，减少交通拥堵，提高交通运输效率。

（二）与环境监测系统的整合

将视频监控系统与环境监测系统整合，是实现智慧城市环境监测和管理的重要举措。这种整合可以帮助城市实时监测环境质量、及时响应环境问题，保障市民健康和城市环境质量。通过视频监控系统与环境监测系统的整合，可以实现对环境污染情况的监测和评估。监控摄像头可以捕捉到城市不同区域的实时画面，结合环境监测系统的数据，可以实时监测空气质量、水质情况、垃圾处理情况等，及时发现环境污染问题，为环境保护部门提供决策支持。

整合后的系统可以实现对环境问题的及时响应和处理。一旦发现环境问题，监控系统可以通过报警功能向相关部门发出警报，并提供实时监测数据，帮助相关部门迅速响应和处理环境问题，保障市民健康和城市环境质量。视频监控系统与环境监测系统的整合还可以提高环境监测的效率和准确性。传统的环境监测方法往往需要人工采样和分析，存在监测频率低、准确性不高等问题。而整合后的系统可以通过实时监测和数据分析，提高环境监测的效率和准确性，为环境保护和城市管理提供更可靠的数据支持。

（三）与其他智慧城市系统的整合

视频监控系统与其他智慧城市系统的整合，是实现智慧城市建设的重要一环。通过与智能灯光系统、智能停车系统等系统的整合，视频监控系统可以为城市提供更加智能化、高效化的服务，提高城市管理的效率和水平。与智能灯光系统的整合可以实现对城市照明的智能控制。监控摄像头可以捕捉到城市不同区域的实时画面，结合智能灯光系统的数据，可以根据实际情况调整灯光亮度和开启时间，实现节能减排和城市照明的智能化管理。

与智能停车系统的整合可以实现城市停车资源的智能管理。监控摄像头可以实时监测停车场的车辆情况，结合智能停车系统的数据，可以实现停车位的实时监控和管理，为市民提供更加便利的停车服务，缓解停车难题。视频监控系统还可以与智能公共交通系统、智能垃圾分类系统等系统进行整合，实现对城市公共交通和垃圾处理的智能管理。通过整合不同系统的数据和功能，可以实现城市各个领域的信息共享和协同，推动城市治理向着智能化、高效化的方向发展。

第三节　环境监测与资源管理

一、环境监测技术的应用

智慧城市需要建立起全面、高效的环境监测体系，包括空气质量监测、水质监测、垃圾处理监测等。利用传感器、监测设备等技术手段，实现对环境参数的实时监测和数据采集，为环境保护决策提供科学依据。

（一）空气质量监测

在智慧城市建设中，空气质量监测是一项至关重要的工作。利用传感器和监测设备实现对城市空气质量的实时监测和数据采集，不仅可以帮助城市环保部门监测空气质量状况，还可以为改善空气质量提供科学依据和有效措施。空气质量监测可以帮助城市了解空气中各种污染物的浓度情况。通过监测参数包括 PM2.5、PM10、二氧化硫、一氧化碳、臭氧等空气污染物的浓度，可以全面了解城市空气质量的状况，及时发现空气污染问题。

空气质量监测可以帮助城市环保部门制定有效的环境保护措施。通过监测数据的分析，可以确定空气污染物的来源和影响因素，从而制定针对性的环境保护措施，如减少工业排放、控制车辆尾气排放等，从根本上改善空气质量。空气质量监测还可以帮助城市应对突发环境事件。当空气质量突然恶化或出现异常情况时，监测数据可以及时发出预警，提醒市民采取防护措施，减少空气污染对健康的影响。

（二）水质监测

水质监测是智慧城市建设中至关重要的一环，通过利用水质传感器和监测设备实现对城市水质的实时监测和数据采集，可以帮助城市环保部门及时发现和处理水质污染问题，保障市民的饮水安全和生活环境质量。水质监测可以帮助城市了解水体中各种污染物的浓度情况。监测参数包括水中的重金属、有机物、微生物等污染物的浓度，以及水温、PH 值等水质指标。这些数据可以帮助城市环保部门全面了解城市水质状况，及时发现水质污染问题。

水质监测可以帮助城市环保部门制定有效的水质保护和治理措施。通过监测数据的分析，可以确定水质污染物的来源和影响因素，从而制定针对性的水质保护和治理措施，如减少工业废水排放、加强城市污水处理等，保障城市水质安全。水质监测还可以帮助城市环保部门应对水质突发事件。当水质突然恶化或出现异常情况时，监测数据可以及时发出预警，提醒市民停止使用受影响水源，减少水质污染对健康的影响。

（三）垃圾处理监测

利用智能垃圾桶等设备实现对城市垃圾处理情况的监测和数据采集，可以帮助城市环保部门了解垃圾处理情况，优化垃圾处理流程，提高垃圾处理效率，从而实现垃圾资源化利用和减少对环境的污染。垃圾处理监测可以帮助城市了解垃圾填埋场和垃圾焚烧厂的运行情况。通过监测垃圾桶的填充情况和垃圾分类情况，可以了解不同类型垃圾的产生量和处理方式，为垃圾处理设施的规划和运营提供数据支持。

垃圾处理监测可以帮助城市环保部门优化垃圾处理流程。通过监测数据的分析，可以确定垃圾处理流程中存在的问题和瓶颈，从而制定改进措施，提高垃圾处理效率，减少资源浪费。垃圾处理监测还可以促进垃圾分类和资源化利用。通过监测垃圾分类情况，可以了解市民对垃圾分类的情况和态度，从而针对性地开展垃圾分类宣传教育活动，提高市民的垃圾分类意识，促进垃圾资源化利用。

二、资源管理的智能化

智慧城市需要建立起资源管理的智能化系统，包括能源管理、水资源管理、土地利用管理等。通过物联网技术、大数据分析等手段，实现对资源的实时监测和管理，提高资源利用效率，实现资源的可持续利用。

（一）能源管理

利用物联网技术实现对城市能源消耗情况的实时监测和数据采集，可以为城市能源管理部门提供实时数据支持，帮助其制定有效的能源管理策略，实现能源的可持续利用。利用物联网技术实现对城市电力消耗情况的监测和数据采集。通过监测各个用电设备的能耗情况，包括电力消耗量和使用时间等，可以全面了解城市电力消耗情况，为城市电力供应和需求的平衡提供数据支持。

利用物联网技术实现对城市天然气消耗情况的监测和数据采集。通过监测城市天然气管网的运行情况和用户的用气情况，可以了解城市天然气消耗情况，为天然气供应和需求的平衡提供数据支持。利用物联网技术实现对城市燃油消耗情况的监测和数据采集。通过监测城市燃油使用情况，包括燃油消耗量和使用地点等，可以了解城市燃油消耗情况，为城市燃油供应和需求的平衡提供数据支持。

（二）水资源管理

在当今社会，水资源管理已成为城市发展中的重要问题。随着城市化进程的加速和人口的增长，对水资源的需求不断增加，而水资源的供应却受到了各种因素的制约，如此矛盾的局面使得水资源管理显得尤为重要。利用物联网技术，实现对城市水资源的实时监测和数据采集，成为解决这一问题的重要途径之一。物联网技术可以实现对城市水资源的实时监测。通过在水源地、水厂、管网等关键位置部署传感器，可以实时监测水资源的水质、水量等情况。传感器采集的数据可以通过物联网平台传输到管理中心，实现对水资源状况的实时监测。这种实时监测可以及时发现水资源存在的问题，如水质异常、漏水等，为采取及时有效的措施提供了依据。

通过传感器采集的数据，可以获取到水资源的各项指标，如水质的 PH 值、浊度、余氯含量等，水量的流量、压力等。这些数据可以被存储在数据库中，并通过大数据分析进行处理。通过对大数据的分析，可以深入了解水资源的使用情况，找出存在的问题和改进的空间，为优化水资源分配方案提供依据。利用物联网技术实现对城市水资源的实时监测和数据采集，可以优化水资源分配方案，提高水资源利用效率，减少水资源浪费，实现水资源的可持续利用。通过对水资源的实时监测，可以根据实际情况及时调整水资源的分配方案，确保水资源的合理利用。同时，通过对大数据的分析，可以发现并改善存在的问题，提高水资源利用效率，减少浪费，实现水资源的可持续利用。

（三）土地利用管理

当前，随着城市化进程不断加快，土地资源的利用和管理已成为城市发展中的重要问题。如何实现对城市土地利用情况的实时监测和数据采集，成为解决土地资源管理难题的重要途径之一。物联网技术可以实现对城市土地利用情况的实时监测。通过在关键位置部署传感器，可以实时监测土地利用的类型、强度等情况。传感器采集的数据可以通过物联网平台传输到管理中心，实现对土地利用状况的实时监测。这种实时监测可以及时发现土地利用存在的问题，为采取有效措施提供了依据。

通过传感器采集的数据，可以获取到土地利用的各项指标，如土地利用类型的分布情况、土地利用强度的大小等。这些数据可以被存储在数据库中，并通过大数据分析进行处理。通过对大数据的分析，可以深入了解土地利用的情况，找出存在的问题和改进的空间，为优化土地利用规划提供依据。利用物联网技术实现对城市土地利用情况的实时监测和数据采集，可以优化土地利用规划，提高土地利用效率，减少土地资源浪费，实现土地资源的可持续利用。通过对土地利用情况的实时监测，可以根据实际情况及时调整土地利用规划，确保土地资源的合理利用。同时，通过对大数据的分析，可以发现并改善存在的问题，提高土地利用效率，减少浪费，实现土地资源的可持续利用。

三、环境保护与城市规划的结合

智慧城市建设要将环境保护融入城市规划和建设中。在城市规划中考虑环境因素，合理布局绿地、公园等城市绿化空间，提高城市生态环境质量。

（一）绿地和公园的合理布局

在现代城市规划中，绿地和公园的合理布局是保障城市生态环境质量和居民生活品质的重要举措。城市绿地不仅是城市景观的重要组成部分，更是调节城市气候、改善空气质量、增加生态多样性、提升居民幸福感的关键因素。绿地和公园的合理布局可以改善城市的生态环境质量。随着城市化进程的加快，城市土地被大量开发和建设，导致城市绿地面积减少、植被覆盖率降低、生态系统破坏加剧。合理规划绿地和公园，可以有效保护城市的生态系统，增加城市的绿色覆盖率，改善城市的生态环境。

绿地和公园的合理布局可以提升城市居民的生活品质。城市绿地是市民休闲娱乐、健身运动的重要场所，也是家庭和社区活动的重要场所。合理规划绿地和公园，可以为居民提供优美的环境和舒适的空间，丰富居民的文化生活，促进居民之间的交流与互动，提升居民的生活品质和幸福感。绿地和公园的合理布局可以促进城市的可持续发展。绿地和公园不仅可以提供生态系统服务，还可以缓解城市的环境问题，如改善空气质量、调节城市气候、减少噪音污染等。合理规划绿地和公园，可以实现城市生态系统与人类社会的和谐发展，推动城市向着可持续发展的方向迈进。

（二）减少环境污染和资源浪费

在城市规划中，应避免将工业区和污染源设置在居民区附近，以减少污染对居民健康的影响。合理规划工业区的位置和布局，可以降低工业排放对环境的影响，保护城市生态环境和居民健康。在城市规划中合理规划交通系统和能源利用，可以减少交通拥堵和能源浪费。城市交通是城市发展中不可或缺的一部分，但过度依赖汽车会导致交通拥堵、空气污染等问题。合理规划交通系统，鼓励公共交通和非机动车出行，可以减少对环境的负面影响。同时，合理规划能源利用，推广清洁能源和能源节约技术，可以减少能源消耗和能源浪费，减少对环境的污染。在城市规划中考虑环境保护还可以推动城市的可持续发展。通过合理规划城市布局和土地利用，可以实现城市的高效利用和可持续发展。例如，合理规划城市绿地和水系，可以改善城市生态环境，提高城市的生态质量和人居环境。

（三）增强城市的生态韧性

在城市规划中将环境保护融入其中，不仅可以改善城市生态环境质量，还可以增强城市的生态韧性，提高城市应对气候变化、自然灾害等环境挑战的能力。城市的生态韧性是指城市系统对外部环境变化的适应能力和稳定性，是城市可持续发展的重要保障。合理规划城市绿地和水系是增强城市生态韧性的重要途径。绿地和水系是城市生态系统的重要组成部分，可以吸收雨水、调节气候、改善空气质量、提供生态服务等。通过合理规划城市绿地和水系，可以增加城市的绿色覆盖率，提高城市的生态环境质量，增强城市对气候变化的适应能力。

自然湿地具有良好的水文调节、生物多样性维护和风险缓解等功能，可以有效减缓洪涝灾害、改善水质、提高水资源利用效率。通过保护自然湿地等生态系统，可以提高城市对自然灾害的抵御能力，增强城市的生态韧性。合理规划城市绿地和水系还可以提高城市居民的生活质量。城市绿地和水系不仅可以提供休闲娱乐的场所，还可以改善居民的生活环境，促进居民身心健康。通过合理规划城市绿地和水系，可以增加城市居民的生活幸福感，提高城市的社会稳定性和可持续发展能力。

四、资源循环利用与节约

智慧城市建设要推动资源的循环利用和节约利用。通过建立废弃物回收利用体系、推动能源的清洁生产和利用等方式，实现资源的最大化利用和减少资源浪费。

（一）建立废弃物回收利用体系

在智慧城市建设中，建立废弃物回收利用体系是至关重要的。通过利用物联网技术，可以实现废弃物的智能分类、收集、处理和再利用。智慧城市可以利用智能垃圾桶等设备，实现对废弃物的实时监测和管理，从而提高废弃物回收利用的效率和质量。与此同时，建立废弃物资源化利用的产业链，可以促进废弃物资源的再生产和再利用，实现废弃物的资源化利用，进而减少废弃物对环境的污染。

废弃物回收利用体系的建立不仅可以有效减少废弃物对环境的危害，还能够带动相关产业的发展。通过建立废弃物回收利用的产业链，可以创造就业机会，促进经济增长。此外，废弃物回收利用还可以降低资源的消耗，减少对自然资源的开采，有利于环境保护和可持续发展。

在建立废弃物回收利用体系的过程中，需要充分发挥政府、企业和社会各方的作用。政府可以制定相关政策法规，提供政策支持和资金扶持，引导企业和社会各界参与废弃物回收利用。企业可以加强技术研发和创新，提高废弃物回收利用的技术水平和效率。社会各界可以提高环保意识，积极参与废弃物回收利用活动，共同推动废弃物资源化利用的发展。

（二）推动能源的清洁生产和利用

在智慧城市建设中，推动能源的清洁生产和利用是非常重要的。通过智能能源管理系统，可以实现对能源的有效监测、调控和管理，从而提高能源利用效率，减少能源的浪费。智慧城市可以推广清洁能源技术，如太阳能、风能等，减少对传统能源的依赖，降低能源消耗对环境的影响。此外，加强对能源消费行为的监管和引导，提倡低碳生活方式，减少不必要的能源消耗。

推动能源的清洁生产和利用对于智慧城市建设具有重要意义。清洁能源具有环保和可持续发展的特点，能够减少对环境的污染，降低碳排放，有利于改善城市环境质量。清洁能源具有丰富的资源储备和稳定的价格，有利于保障能源供应的稳定性和安全性。同时，清洁能源还可以促进产业结构的调整和优化，推动经济转型升级。

在推动能源的清洁生产和利用过程中，需要充分发挥政府、企业和社会各方的作用。政府可以制定相关政策法规，提供政策支持和资金扶持，引导企业和社会各界投资清洁能源项目。企业可以加强技术研发和创新，提高清洁能源技术的水平和效率。社会各界可以提高节能减排意识，积极参与清洁能源利用活动，共同推动能源的清洁生产和利用。

（三）实现资源的最大化利用和减少资源浪费

在智慧城市建设中，实现资源的最大化利用和减少资源浪费是非常重要的。智慧城市可以利用大数据和人工智能技术，对资源的生产、流通和利用过程进行全面监测和分析，从而实现资源的精准配置和合理利用，减少资源的浪费。同时，加强资源管理和节约意识教育，提高公众对资源的重视和保护意识，促进资源的可持续利用和循环利用。

实现资源的最大化利用和减少资源浪费对于智慧城市建设具有重要意义。首先，资源是人类生存和发展的基础，合理利用资源可以提高经济效益，促进社会进步。其次，资源的浪费会导致资源的枯竭和环境的恶化，影响人们的生活质量和社会的可持续发展。

在实现资源的最大化利用和减少资源浪费的过程中，需要充分发挥政府、企业和社会各方的作用。政府可以制定相关政策法规，提供政策支持和资金扶持，引导企业和社会各界加强资源管理和节约意识教育。企业可以加强技术研发和创新，提高资源利用效率，减少资源的浪费。社会各界可以提高节约意识，改变不良的消费习惯，共同推动资源的最大化利用和减少资源浪费。

五、社会参与与环境监督

智慧城市建设需要引导和促进公众参与环境监测和资源管理工作。建立起公众参与的机制和平台，让市民参与到环境保护和资源管理中来，形成共建共享的智慧城市发展格局。

（一）建立公众参与的机制和平台

智慧城市的建设需要充分发挥公众的参与作用，建立公众参与的机制和平台是实现这一目标的关键。通过建立在线平台和移动应用程序，让市民随时随地参与环境监测和资源管理，可以有效促进公众参与城市事务的积极性和主动性。这些平台可以为市民提供环境质量和资源利用情况的实时数据，让市民了解到城市发展的实际情况，提出意见和建议，参与环境保护和资源管理决策的制定和实施。

建立公众参与的机制和平台不仅可以提高公众对城市发展的参与感和获得感，还可以促进城市的民主化和法治化建设。通过公众参与，可以让市民更加了解城市发展的需要和方向，增强对城市的归属感和责任感，形成共建共享的智慧城市发展格局。同时，公众参与还可以促进城市管理的科学化和规范化，提高决策的科学性和民意性，推动城市的可持续发展。

为了建立有效的公众参与机制和平台，需要政府、企业和社会各界的共同努力。政府可以制定相关政策法规，明确公众参与的程序和方式，提供政策支持和资金扶持，引导企业和社会各界积极参与。企业可以利用自身的技术和资源，支持公众参与平台的建设和运营，提高公众参与的便利性和效率。社会各界可以加强宣传教育，提高公众对公共事务的关注和参与意识，共同推动公众参与的深入发展。

（二）引导公众参与环境保护和资源管理

为了引导公众参与环境保护和资源管理，智慧城市可以开展一系列宣传教育活动和公益活动。可以开展环保主题的宣传活动，通过各种形式的宣传，提高公众对环境保护的重视和保护意识。比如，可以利用社交媒体、电视广告、户外广告等渠道，向公众传播环保知识，引导他们采取环保行动，如减少用水用电、垃圾分类等，从而共同保护环境。可以组织资源节约利用的示范活动，引导公众改变不良的消费习惯，促进资源的合理利用。例如，可以开展节能减排的宣传活动，教育公众如何节约能源，减少碳排放；还可以组织废品回收活动，鼓励市民将废弃物进行分类回收，推动资源的循环利用。通过这些活动，可以增强公众的环保意识和节约意识，提高其参与环境保护和资源管理的积极性。

除了开展宣传教育活动和公益活动，智慧城市还可以利用技术手段，引导公众参与环境保护和资源管理。例如，可以开发手机应用程序，让公众随时随地了解到环境质量和资源利用情况，提供在线参与环保活动的平台；还可以利用大数据和人工智能技术，分析公众参与的数据，为决策提供参考依据，促进环保和资源管理工作的有效开展。

（三）形成共建共享的智慧城市发展格局

在智慧城市建设中，形成共建共享的发展格局是非常重要的。这种发展格局可以让公众参与到城市发展的各个环节中来，增强他们的参与感和获得感，促进城市的可持续发展。通过公众参与环境监测和资源管理，可以让市民更加了解城市的发展情况。公众可以通过在线平台和移动应用程序了解到环境质量和资源利用情况的实时数据，从而了解到城市发展的实际情况。这种信息的透明度可以增强市民对城市的信任和认同，增强其对城市的归属感和责任感。

公众参与可以促进城市的民主化和法治化建设。通过公众参与，可以让市民更加直接地参与到城市事务的决策中来，增强他们的政治参与意识和能力。这有助于推动城市管理的科学化和规范化，提高决策的民主性和科学性，增强城市的社会凝聚力和稳定性。公众参与可以促进城市发展的共建共享。通过让市民参与到城市的发展中来，可以形成共建共享的发展格局，让城市的发展成果惠及更多的市民。这有助于减少城市发展中的不平等现象，促进社会的和谐发展。

第四节　政务服务与电子政务

一、大数据下的政务服务

（一）数据驱动的政策制定和决策

在当今社会，大数据已经成为政府制定政策和决策的重要依据之一。大数据技术可以帮助政府更好地了解社会经济状况和民生需求，为政策制定和决策提供科学依据。大数据可以帮助政府更全面地了解社会经济状况。传统的统计数据往往只能提供静态的数据，而大数据则可以提供更加全面、实时的数据信息。通过分析大数据，政府可以了解到不同行业的发展状况、消费者的消费习惯、市场的供求情况等，从而更加准确地把握社会经济的脉搏，为政策制定提供参考。大数据可以帮助政府更好地了解民生需求。政府的政策制定应该贴近民生、服务民生，而大数据可以帮助政府更加准确地了解到民众的需求和诉求。通过分析大数据，政府可以了解到民众对教育、医疗、住房、养老等方面的需求，为政策的制定提供科学依据，提高政策的针对性和有效性。

（二）智能化的政务服务

在大数据和人工智能技术的支持下，政府可以提供更加智能化的政务服务，从而提升服务效率和服务质量，满足市民的需求和期待。智能问答系统可以为市民提供快速、准确的咨询服务。通过自然语言处理和机器学习技术，政府可以开发智能问答系统，实现对常见问题的自动回答，解决市民在办事过程中遇到的问题。这样不仅可以提高办事效率，还可以减少因信息不对称而产生的误解和纠纷。

智能审批系统可以提高行政审批的效率和透明度。政府可以利用大数据和人工智能技术，实现对审批流程的自动化和智能化管理，加快审批速度，减少审批成本，提高审批的透明度和公正性，提升政府服务水平。智能预警系统可以及早发现潜在风险，提高应对突发事件的能力。政府可以利用大数据技术对各种数据进行监测和分析，建立预警模型，实现对潜在风险的预警和监控，及时采取措施防范风险，保障社会稳定和安全。

（三）个性化的政府服务

大数据技术的应用使得政府能够更好地了解每个市民的需求和偏好，为其提供更加个性化的服务。这种个性化服务不仅可以提高服务质量，还能增强市民对政府的信任和认同，促进社会的和谐发展。政府可以根据市民的消费习惯和健康状况，定制个性化的健康管理方案。通过大数据分析，政府可以了解到市民的饮食习惯、运动习惯、健康状况等信息，根据这些信息为市民提供个性化的健康管理建议，包括营养搭配、运动锻炼、健康检查等，从而提高市民的健康水平。

政府可以根据市民的交通出行需求，优化交通路线和公共交通服务。通过大数据分析，政府可以了解到市民的出行习惯、常用交通工具、出行路线等信息，根据这些信息优化交通路线和公共交通线路，提高交通运输效率，减少交通拥堵，提升市民出行的便利性和舒适度。政府还可以根据市民的教育、就业、住房等需求，提供个性化的服务。通过大数据分析，政府可以了解到市民的教育背景、职业技能、住房需求等信息，根据这些信息为市民提供个性化的教育培训、就业指导、住房保障等服务，从而提高市民的生活质量。

（四）信息公开和透明度提升

大数据技术的应用不仅可以帮助政府更加及时地公开信息，还可以提高政府工作的透明度和公信力。通过大数据平台，市民可以随时了解政府的工作进展和决策过程，参与政府监督和评价，推动政府更加公正、透明地行使职权。大数据技术可以帮助政府更加及时地公开信息。传统的信息公开方式往往存在信息不对称、信息更新不及时等问题，而大数据技术可以实现对信息的实时监测和更新，确保信息的及时公开。市民可以通过大数据平台随时了解政府的工作进展、政策措施等信息，增强对政府的了解和信任。

政府可以通过大数据平台公开政府工作的数据和信息，包括政府预算、政策实施效果、政府行为等，让市民了解政府工作的全貌，促进政府的透明化和公开化。市民可以通过大数据平台监督政府的工作，提出意见和建议，促使政府更加负责、公正地行使职权。政府通过大数据平台公开信息，展示政府的工作成果和决策过程，增强市民对政府的信任和认同。市民可以通过大数据平台了解到政府工作的真实情况，对政府的工作产生信任感，提高对政府的支持度。

（五）风险防控和安全保障

大数据技术在风险防控和安全保障方面的应用具有重要意义。通过分析大数据，政府可以及时发现各种潜在风险，采取有效措施加以应对，提高社会的安全保障水平。大数据技术可以帮助政府及早发现社会矛盾和问题。政府可以通过分析大数据，了解社会各个方面的情况，包括经济、政治、文化等方面的数据，从而及时发现社会矛盾和问题的蛛丝马迹。通过及早发现问题，政府可以采取相应措施，防止问题扩大化，保障社会的稳定和安全。

政府可以通过分析大数据，建立预警系统，及时发现潜在风险和危机，采取应对措施，减少突发事件对社会的影响。例如，利用大数据技术可以提前预警自然灾害、公共卫生事件等，保障人民生命财产安全。政府可以通过分析大数据，了解犯罪行为的规律和趋势，加强对犯罪的预防和打击，提高社会治安水平。例如，利用大数据分析可以帮助警方预测犯罪发生的可能地点和时间，有针对性地加强巡逻和监控，减少犯罪事件的发生。

二、大数据下的电子政务

（一）数据驱动的政策制定和决策

在大数据时代，数据驱动的政策制定和决策已经成为政府提高治理能力和服务水平的重要手段。政府可以利用大数据分析技术，深入挖掘和分析海量数据，为政策制定和决策提供科学依据，从而实现更加精准、高效的治理。政府可以利用大数据分析技术更加全面地了解社会经济状况。传统的统计方法往往只能提供有限的数据样本和指标，而大数据分析可以从更广泛的角度收集和分析数据，帮助政府更准确地把握社会经济发展的全貌和趋势。通过分析大数据，政府可以了解各个行业和领域的发展情况，为制定相应的产业政策和发展规划提供科学依据。

大数据分析可以帮助政府更准确地了解民生需求和舆情动向。政府可以通过分析大数据，了解民众的生活水平、消费习惯、健康状况等方面的信息，为提升民生保障水平提供参考。同时，政府还可以通过分析网络舆情和社交媒体数据，了解民众的态度和意见，及时调整政策方向，增强政策的针对性和有效性。大数据分析还可以帮助政府更好地应对突发事件和灾害。政府可以通过分析大数据，预测可能发生的灾害和突发事件，提前制定相应的预防和救援计划，提高应对突发事件的能力和效率。同时，政府还可以通过大数据分析，了解灾后重建和救助工作的需求，更好地组织和协调救援工作，保障人民生命财产安全。

（二）智能化的政务服务

在大数据时代，智能化的政务服务已经成为政府提高服务效率和满足市民需求的重要途径。利用大数据和人工智能技术，政府可以提供更加智能化的政务服务，为市民提供更便捷、高效的服务体验。智能问答系统可以为市民提供快速、准确的咨询服务。政府可以利用自然语言处理和机器学习等人工智能技术，建立智能问答系统，通过对市民提出的问题进行分析和匹配，快速给出准确的答案。这种智能问答系统可以帮助市民解决各种问题，提高政府服务的响应速度和准确性。

智能审批系统可以提高行政审批的效率和透明度。政府可以利用大数据和人工智能技术，建立智能审批系统，实现审批流程的自动化和智能化。通过智能审批系统，政府可以实现审批材料的自动分类和匹配，提高审批效率，减少审批时间。同时，智能审批系统还可以实现审批过程的透明化，让市民了解自己申请的审批进度和结果，增强政府的公信力和透明度。智能预警系统可以帮助政府及早发现潜在风险，提高应对突发事件的能力。政府可以利用大数据和人工智能技术，建立智能预警系统，实时监测社会各个方面的数据，发现异常情况并及时预警。通过智能预警系统，政府可以提前采取应对措施，减少突发事件对社会的影响，保障人民生命财产安全。

（三）信息共享

在当今大数据时代，信息共享成为政府提高工作效率、实现协同办公、促进社会发展的关键因素之一。大数据技术为政府部门之间的信息共享提供了新的机遇和可能性，有助于避免信息孤岛现象，提高工作效率和协同能力。大数据技术可以帮助政府部门之间实现数据资源的共享。在传统的行政管理中，不同部门往往各自管理着各自的数据，导致信息孤岛现象，难以实现数据的有效利用和共享。而借助大数据技术，政府可以建立统一的数据平台和数据标准，实现不同部门之间的数据共享和交互。通过共享数据资源，政府可以更加全面、准确地了解社会状况和问题，提高政府决策的科学性和准确性。

政府可以将数据开放给社会公众和第三方机构，促进社会创新和发展。政府拥有大量的数据资源，包括经济统计数据、环境监测数据、交通运输数据等，这些数据对于社会公众和企业来说具有重要的参考价值。政府可以通过开放数据平台，向社会公众和第三方机构提供数据接口和数据服务，鼓励社会各界利用政府数据开展创新研究和应用开发。这种开放式的数据共享模式可以促进社会创新和经济发展，推动数字经济的发展。政府还可以利用大数据技术实现政务信息的共享和协同办公。政府各部门之间的信息共享和协同办公是提高政府工作效率和协同能力的重要手段。借助大数据技术，政府可以建立统一的政务信息平台，实现政务信息的集中管理和共享。各部门可以在统一的信息平台上共享和交换信息，实现信息的实时更新和同步，提高工作效率和协同能力。

第八章　大数据在科学研究中的应用

第一节　天文学与地质勘探

一、大数据在天文学中的应用

（一）数据采集与存储

在天文学中，数据采集与存储是实现天文观测和研究的关键环节。随着现代天文观测设备的不断发展和更新，天文学面临着海量观测数据的挑战。大数据技术的应用为天文学家提供了有效地存储和管理这些海量数据的手段，促进了天文学研究的发展。现代天文学利用各种先进的观测设备对宇宙中的天体进行观测。光学望远镜、射电望远镜、卫星等设备不断产生着大量的观测数据。这些数据包括天体的位置、光谱、亮度等基本信息，以及行星、恒星、星系的影像数据等。这些数据是天文学研究的基础，但同时也给数据采集与存储带来了挑战。

大数据技术为天文学家提供了有效地存储和管理这些海量数据的解决方案。传统的数据存储和管理方法已经无法满足天文学研究的需求。大数据技术可以帮助天文学家建立高效的数据存储和管理系统，包括分布式存储系统、数据备份与恢复系统等。这些系统可以有效地存储和管理海量观测数据，确保数据的安全性和可靠性。大数据技术还可以帮助天文学家对观测数据进行快速的处理和分析。传统的数据处理和分析方法需要耗费大量的时间和人力，而大数据技术可以帮助天文学家实现数据的快速处理和分析，提高数据处理的效率和精度。通过大数据技术，天文学家可以更加深入地研究宇宙的奥秘，探索宇宙的起源、演化和结构。

（二）数据处理与分析

在天文学中，数据处理与分析是一项至关重要的工作，它们帮助天文学家理解宇宙的运作方式、发现新的天体现象，并验证宇宙学理论。大数据技术在这一领域的应用，为天文学家提供了更快速、精确地处理和分析海量观测数据的手段，推动了天文学研究的深入发展。天文学家利用大数据技术处理和分析观测数据，以揭示宇宙中的规律和结构。观测数据包括天体的位置、光谱、亮度等基本信息，以及行星、恒星、星系的影像数据等。通过对这些数据的处理和分析，天文学家可以研究宇宙的起源、演化和结构，探索宇宙中的各种现象和规律。

大数据技术支持天文学家进行天体运动、星系形成、宇宙膨胀等复杂现象的模拟和研究。天文学家利用大数据技术建立数值模型，模拟宇宙中的各种物理过程，如星体的形成与演化、星系的形成与演化、宇宙膨胀等。通过这些模拟研究，天文学家可以验证宇宙学理论，探索宇宙的奥秘。大数据技术还帮助天文学家发现新的天体现象和规律。通过对海量观测数据的深入分析，天文学家可以发现一些以前未曾发现或理解的天体现象，如新的星系、星体、行星等。这些发现对于推动天文学研究具有重要意义，有助于人类更加深入地理解宇宙。

（三）宇宙探测与模拟

在天文学中，宇宙探测与模拟是利用大数据技术进行研究的重要方面。大数据技术为宇宙探测提供了重要支持，帮助天文学家深入探索宇宙的奥秘，验证宇宙学理论，发现新的天体现象。大数据技术支持天文学家利用模拟技术研究宇宙的演化过程。通过模拟宇宙的演化过程，天文学家可以验证宇宙学理论，探索宇宙中的各种现象和规律。例如，天文学家可以利用模拟技术研究黑洞、脉冲星等天体的性质，揭示宇宙的奥秘。大数据技术支持天文学家利用机器学习等方法发现新的天体。通过分析海量的天体图像数据，天文学家可以利用机器学习算法发现新的星系、星系团等天体结构，推动天文学研究取得新的突破。这些发现不仅可以帮助天文学家了解宇宙的结构和演化，还有助于验证宇宙学理论，推动天文学研究的进展。

（四）天文教育与科普

天文教育与科普工作在当今大数据技术的支持下迎来了全新的机遇与挑战。随着大数据技术的不断发展和应用，天文学家们能够更加深入地研究宇宙，同时也能够将这些研究成果以更加直观和生动的方式呈现给公众，从而增加公众对宇宙的认识和理解。大数据技术为天文教育和科普工作带来了更加直观和生动的展示方式。通过利用大数据技术，天文学家们可以创建虚拟天文馆，让公众通过虚拟现实技术仿佛置身于宇宙之中，亲临宇宙中的各种奇观。公众可以在虚拟天文馆中观赏星空、行星、星云等天体的真实影像，感受宇宙的浩瀚与神秘，从而增加对宇宙的兴趣和好奇心。

大数据技术为天文教育和科普工作提供了更加丰富和多样的信息来源。天文学家们可以利用大数据技术收集、分析和处理来自天文望远镜、卫星等观测设备的海量数据，从而获得更加全面和深入的研究成果。这些研究成果可以被制作成各种形式的科普资料，如科普书籍、科普展览、科普视频等，为公众提供更加多样和丰富的学习方式，促进公众对宇宙的理解和认识。大数据技术还为天文教育和科普工作提供了更加便捷和高效的传播途径。通过利用互联网和移动通信技术，天文学家们可以将研究成果和科普资料传播给全球范围内的公众，无论是在家中、办公室还是在移动中，公众都可以通过互联网获取最新的天文资讯和知识。这种便捷和高效的传播方式大大提高了公众获取天文知识的门槛，促进了天文教育和科普工作的普及和深入发展。

二、大数据在地质勘探中的应用

（一）数据采集与处理

1. 传感器技术

在地质勘探中，传感器技术是一项至关重要的技术，它通过各种传感器来获取地下数据，为勘探工作提供了重要的支持和数据基础。传感器技术的发展和应用，极大地提高了地质勘探的效率和准确性，为勘探人员提供了更多更全面的地下信息。传感器技术在地震勘探中发挥着关键作用。地震勘探是一种利用地震波探测地下结构和岩石性质的方法，通过分析地震波的传播速度和衰减情况，可以推断地下岩层的类型、厚度和构造特征。传感器可以记录地震波的传播过程和信号特征，将地下信息转化为数字信号，供勘探人员分析和解读。

地磁勘探是利用地球磁场的变化探测地下岩石的性质和构造，通过分析地磁场的强度和方向变化，可以推断地下岩层的磁性和构造特征。传感器可以测量地磁场的变化，并将数据传输到数据中心进行处理和分析，为勘探提供准确的地质信息。地电勘探是利用地下岩石的电性差异来探测地下岩层和矿产资源的方法，通过测量地下电场的分布和强度变化，可以推断地下岩层的性质和构造特征。传感器可以测量地下电场的变化，并将数据传输到数据中心进行处理和分析，为勘探提供准确的地质信息。

2. 卫星遥感技术

卫星遥感技术是一种通过卫星获取地表信息的技术，可以获取地形、植被覆盖、水体分布等信息。卫星遥感技术可以提供全球范围内的地表信息。通过卫星遥感，可以获取到各种地形的数据，包括山脉、河流、湖泊等地貌特征，这些数据对于分析地质构造和岩层分布具有重要意义。此外，卫星还可以获取植被覆盖的信息，包括森林、草原、沙漠等不同类型的植被分布情况，这些信息可以帮助勘探人员判断地下水资源的分布情况。

通过卫星遥感，可以获取到地表的高分辨率图像，这些图像可以清晰地显示地表的细节特征，如地形起伏、岩石出露等，为勘探人员提供了更加详细和准确的地质信息。通过不同时间段获取的卫星图像，可以观察地表的变化情况，如植被覆盖的变化、水体的扩张或收缩等，这些变化可以反映地下水资源的变化情况，为勘探人员提供了更多的信息参考。

3. 数据处理

地质勘探中产生的数据量庞大，包括地震波数据、地磁数据、地电数据等多种类型的数据。为了从这些海量数据中提取有用信息，需要利用大数据技术进行数据处理和分析。大数据技术可以帮助勘探人员处理不同类型的勘探数据。地震波数据需要进行波形分析、速度分析等处理，地磁数据需要进行数据校正、异常识别等处理，地电数据需要进行数据滤波、反演处理等。大数据技术可以提供高效的数据处理方法，加快数据处理速度，提高数据处理精度。

大数据技术可以帮助勘探人员进行数据融合和综合分析。地质勘探中产生的数据往往是多源异构的，需要进行数据融合和综合分析，以获取更全面、更准确的地质信息。大数据技术可以将不同来源的数据进行整合和分析，为勘探人员提供更全面、更准确的地质信息。大数据技术还可以帮助勘探人员进行数据挖掘和模式识别。通过对海量数据进行挖掘和分析，可以发现隐藏在数据中的规律和趋势，为勘探人员提供更深入的地质认识。大数据技术可以利用机器学习、人工智能等技术进行数据挖掘和模式识别，为勘探工作提供更多的思路和方法。

（二）地质信息识别

1. 地质构造识别

大数据技术在地质构造识别中的应用，是地质勘探中一项重要的技术创新。通过利用大数据技术，地质学家们能够更加深入地分析地下结构，识别构造特征，从而指导矿产勘探工作，提高勘探效率和成功率。大数据技术可以帮助地质学家们获取更多更全面的地质数据。通过大数据技术，地质学家们可以获取大量的地质数据，包括地球物理数据、地球化学数据、地质勘探数据等，这些数据可以提供地下结构和构造特征的重要线索。

大数据技术可以帮助地质学家们分析和处理海量的地质数据。地质数据往往包含大量的信息，需要进行有效的处理和分析才能提取有用的信息。大数据技术可以利用数据挖掘、机器学习等技术，对海量的地质数据进行分析和处理，从而识别地下构造特征。大数据技术可以帮助地质学家们建立地质模型。通过分析大量的地质数据，地质学家们可以建立地下结构和构造的三维模型，从而更加直观地了解地下构造特征，指导矿产勘探工作。

2. 矿产识别

大数据技术在矿产识别中的应用，为矿产勘探提供了全新的思路和方法。通过利用大数据分析，可以找出地下潜在的矿产资源分布规律，为勘探人员提供重要的指导和决策依据。大数据技术可以帮助矿产勘探人员获取更多更全面的地质数据。通过大数据技术，矿产勘探人员可以获取大量的地质数据，包括地球物理数据、地球化学数据、地质勘探数据等，这些数据可以为矿产识别提供重要的信息基础。

大数据技术可以帮助矿产勘探人员分析和处理海量的地质数据。地质数据往往包含大量的信息，需要进行有效的处理和分析才能提取有用的信息。大数据技术可以利用数据挖掘、机器学习等技术，对海量的地质数据进行分析和处理，从而找出地下潜在的矿产资源分布规律。大数据技术还可以帮助矿产勘探人员建立地质模型。通过分析大量的地质数据，矿产勘探人员可以建立地下矿产资源分布的模型，从而更加直观地了解矿产资源的分布规律，为矿产勘探工作提供重要的指导和决策依据。

（三）勘探目标确定

利用大数据技术确定矿产勘探的优先区域和目标是一项重要的工作，可以帮助勘探人员更加科学地制定勘探计划，提高勘探的效率和成功率。通过分析历史数据和模型，结合地质特征和数据分析，确定勘探的深度和范围，可以有效地指导勘探工作，发现更多的矿产资源。利用大数据技术可以对历史数据进行全面的分析。历史数据包括地质勘探数据、地球物理数据、地球化学数据等，这些数据记录了过去的勘探工作和矿产资源分布情况。通过大数据技术，可以对这些历史数据进行全面的分析，找出历史勘探工作的成果和不足之处，为确定矿产勘探的优先区域和目标提供重要参考。

模型可以基于历史数据和地质特征，通过大数据分析和模拟，预测矿产资源的分布规律，确定矿产勘探的优先区域和目标。模型可以帮助勘探人员更加科学地确定勘探的深度和范围，提高勘探的效率和成功率。利用大数据技术可以结合地质特征和数据分析，确定勘探的深度和范围。地质特征包括地形、地貌、岩性、构造等，这些特征对于确定勘探的深度和范围具有重要的影响。通过大数据技术分析这些地质特征和数据，可以确定勘探的深度和范围，提高勘探的针对性和有效性。

（四）勘探方案优化

通过模拟和优化算法结合大数据分析结果，优化勘探方案，是提高勘探效率和成功率的重要手段。在矿产勘探中，勘探方案的优化对于减少勘探成本、提高勘探效率、增加矿产资源储量具有重要意义。模拟技术可以帮助勘探人员对勘探方案进行仿真和测试。通过建立地质模型和勘探模型，利用模拟技术可以模拟不同的勘探方案，预测勘探效果，并评估勘探方案的可行性和效率。通过模拟分析，可以找出最优的勘探方案，提高勘探的成功率和效率。

优化算法可以帮助勘探人员对勘探方案进行优化。优化算法可以利用大数据分析结果，对勘探方案进行多方位、多目标的优化，从而找出最优的勘探方案。优化算法可以考虑多种因素，如勘探成本、勘探效率、资源储量等，通过综合考虑这些因素，可以找出最优的勘探方案。大数据分析结果可以为勘探方案的优化提供重要参考。通过对大数据进行分析，可以了解地质环境、矿产资源分布规律等信息，为优化勘探方案提供重要的数据支持。结合大数据分析结果，可以更加科学地确定勘探的方向、深度和范围，提高勘探的成功率和效率。

（五）勘探结果预测

通过基于历史数据和模型，利用大数据技术预测矿产勘探的结果，可以为后续工作提供重要的指导和决策依据。矿产勘探的结果预测对于评估勘探效果、指导后续工作具有重要的意义。历史数据包括过去的勘探数据、地质调查数据等，这些数据记录了过去的勘探工作和矿产资源的分布情况。通过分析历史数据，可以发现矿产资源的分布规律和特点，为预测矿产勘探结果提供重要依据。同时，建立地质模型和勘探模型也是预测矿产勘探结果的关键，模型可以根据地质特征和勘探数据，预测矿产资源的分布情况，指导后续工作。

通过大数据分析，可以获取更多更全面的地质数据，包括地球物理数据、地球化学数据、地质勘探数据等，这些数据可以为矿产勘探结果的预测提供重要的信息基础。通过利用大数据技术，可以建立更加准确和可靠的预测模型，预测矿产勘探的结果。预测结果可以为后续工作提供重要的指导和决策依据。根据预测结果，可以调整勘探方案，优化勘探策略，提高勘探效率和成功率。预测结果还可以帮助勘探人员制定后续工作的计划，指导后续工作的开展，为矿产勘探工作的顺利进行提供重要支持。

第二节　生物医学与基因组学

一、大数据在生物医学中的应用

（一）基因组学研究

在当今科技发展的大背景下，大数据技术在基因组学研究中的应用日益重要。基因组学是研究生物体遗传信息组成和功能的学科，通过分析基因组中的基因序列和结构，可以深入了解生物体的遗传特征和变异规律，进而揭示基因与疾病之间的关系，为疾病的预防、诊断和治疗提供理论依据和技术支持。大数据技术在基因组学研究中的作用主要体现在数据的获取、存储、处理和分析等方面。首先，随着高通量测序技术的发展，可以快速、精准地获取大量的基因组数据。通过大数据技术，可以有效地存储和管理这些海量的基因组数据，为后续的研究和分析提供基础。

通过对大量基因组数据的比较和分析，可以发现基因之间的关联性和变异规律，揭示基因与疾病之间的关系。例如，可以通过比较患病人群和健康人群的基因组数据，发现与疾病相关的基因变异，为疾病的诊断和治疗提供新的思路和方法。大数据技术还可以帮助研究人员建立基因组数据库和模型。通过整合和分析大量的基因组数据，可以建立基因组数据库，为基因组学研究提供数据支持和资源共享平台。同时，可以利用大数据技术建立基因组模型，预测基因之间的相互作用和功能，为基因功能研究和疾病机制探究提供重要的参考依据。

（二）个性化医疗

在当今医疗领域，个性化医疗是一个备受关注的话题。大数据技术在个性化医疗中发挥着至关重要的作用。个性化医疗的核心思想是根据患者的个体特征和病情，制定针对性的诊断和治疗方案，以提高治疗效果和患者生活质量。大数据技术可以帮助医生更好地了解患者的病情。通过分析大量的临床数据，包括病史、体格检查、实验室检查等数据，医生可以获取更全面、准确的患者信息，从而更加深入地了解患者的疾病特征和发展趋势。

大数据技术可以帮助医生分析患者的基因数据。基因数据可以揭示患者的遗传特征和易感性，对于一些遗传性疾病的诊断和治疗具有重要意义。通过分析患者的基因数据，医生可以了解患者的遗传背景，为制定个性化的治疗方案提供依据。大数据技术可以帮助医生根据患者的个体特征和病情制定个性化的治疗方案。通过比较分析大量的临床数据和基因数据，医生可以找出适合患者的治疗方案，包括药物选择、剂量调整、治疗方案调整等，以提高治疗效果和减少副作用。

（三）疾病监测和预测

随着社会发展和人们生活水平的提高，疾病监测和预测变得越来越重要。大数据技术的应用使得疾病监测和预测变得更加精确和有效。利用大数据技术可以对疾病进行监测和预测，通过对大量的疾病数据和环境数据的分析，可以发现疾病的传播规律和影响因素，为疾病的控制和预防提供依据。大数据技术可以帮助监测疾病的传播和流行趋势。通过分析大量的疾病数据，包括疾病发病率、传播途径、患病人群等数据，可以发现疾病的传播规律和流行趋势。这对于及时采取控制措施、减少疾病传播具有重要意义。

通过分析大量的环境数据和生物数据，包括气候数据、空气质量数据、生物学数据等，可以发现疾病爆发的可能性和流行的趋势。这对于提前预警、做好疾病防控工作具有重要意义。大数据技术还可以帮助发现疾病的影响因素。通过分析大量的疾病数据和环境数据，可以找出与疾病发生和传播相关的因素，包括气候因素、环境因素、人群因素等，为制定疾病防控策略提供科学依据。

（四）药物研发

药物研发是一个复杂而又漫长的过程，需要大量的时间和资源。然而，随着大数据技术的发展，药物研发的速度和效率得到了极大的提升。大数据技术通过分析海量的药物数据和基因数据，可以帮助科研人员更快速地找到药物与疾病之间的关联，从而加速药物研发的进程。大数据技术可以帮助科研人员更好地理解疾病的发生机制。通过分析大量的基因数据，可以发现疾病与基因之间的关系，进而找到治疗这些疾病的药物靶点。这为药物研发提供了重要的线索，有助于科研人员更快速地确定药物的研发方向。

大数据技术可以帮助科研人员更快速地筛选药物候选物。传统的药物筛选过程通常需要耗费大量的时间和资源，而大数据技术可以通过分析药物的结构和作用机制，预测药物的活性和毒性，从而帮助科研人员更快速地筛选出具有潜在疗效的药物候选物。大数据技术还可以帮助科研人员更好地设计临床试验。临床试验是药物研发过程中的一个关键环节，而大数据技术可以通过分析临床试验数据，预测药物的疗效和副作用，从而帮助科研人员更好地设计临床试验方案，提高临床试验的成功率。

（五）医疗资源管理

医疗资源管理是医院和医疗机构管理的重要组成部分，直接关系到医疗服务的效率和质量。在传统的医疗资源管理中，往往存在资源分配不均衡、效率低下等问题。而随着大数据技术的发展和应用，医疗资源管理得到了极大的改善和提升。大数据技术可以帮助医院和医疗机构更好地了解医疗需求。通过分析患者的就诊记录、病历数据等信息，可以了解不同病种的就诊情况和就诊趋势，从而更准确地预测未来的医疗需求，有针对性地调整医疗资源的配置。

大数据技术可以帮助医院和医疗机构优化医疗资源的分配。通过分析医疗数据，可以了解医疗资源的利用情况和瓶颈，从而及时调整资源的配置，提高资源的利用效率。例如，根据就诊数据和手术数据，可以合理安排手术室和医生的排班，避免资源的浪费和空闲。通过分析医疗数据，可以发现患者的健康风险因素，及时采取干预措施，提高患者的生活质量和健康水平。同时，还可以通过分析医疗数据，发现医疗服务的不足之处，及时改进医疗流程和服务方式，提高医疗服务的质量和满意度。

（六）医疗决策支持

医疗决策支持是大数据技术在医疗领域的重要应用之一，它可以为医生和医疗决策者提供全面的数据支持和科学的决策依据，有助于提高医疗服务的质量和效率。大数据技术可以帮助医生提供诊断和治疗方面的建议。通过分析患者的临床数据、病历数据和影像数据，大数据技术可以帮助医生更快速、准确地进行诊断，提供个性化的治疗方案。例如，通过深度学习算法对影像数据进行分析，可以帮助医生发现患者的病变和异常，辅助医生进行诊断和治疗决策。

大数据技术可以为医疗决策者提供决策依据。医疗决策者需要根据医院的实际情况和患者的需求，制定医疗政策和规划。通过分析医疗数据和患者数据，大数据技术可以帮助医疗决策者了解医疗服务的需求和供给情况，优化医疗资源的配置，制定更科学、合理的医疗政策。大数据技术还可以帮助医生和医疗决策者进行科学研究。医学研究需要大量的数据支持，而大数据技术可以通过分析临床数据和基因数据，发现疾病的发病机制和治疗方法，推动医学科研的进展。

二、大数据在基因组学中的应用

（一）基因组序列分析

基因组序列分析是基因组学领域中的关键任务之一，也是大数据技术在基因组学中的重要应用之一。随着高通量测序技术的发展，科学家们可以快速获取大规模的基因组数据，但如何高效地分析这些数据并从中提取有用信息，仍然是一个挑战。大数据技术的应用使得基因组序列分析变得更加高效和精确，为我们理解基因组的组成和功能提供了强有力的工具和支持。大数据技术可以帮助科学家们对基因组数据进行快速的处理和分析。基因组数据通常包含大量的 DNA 序列信息，传统的手工处理方法已经无法满足对这些数据的处理需求。大数据技术可以通过并行计算和分布式处理等方式，加快数据处理的速度，提高数据处理的效率。

大数据技术可以帮助科学家们识别基因组中的基因和非编码区域。基因是生物体内控制遗传信息传递和表达的基本单位，而非编码区域则包含了一些调控基因表达和维持基因组稳定性的重要元素。通过对基因组数据进行分析，科学家们可以准确地识别基因和非编码区域的位置和功能，从而深入理解基因组的结构和功能。大数据技术还可以帮助科学家们揭示基因组的结构和功能特征。基因组中的 DNA 序列不仅包含基因和非编码区域，还包含了一些重要的结构和功能元素，如启动子、转录因子结合位点等。通过对基因组数据进行分析，科学家们可以揭示这些结构和功能元素的分布和特征，进一步理解基因组的功能和调控机制。

（二）基因变异分析

基因组中的变异是生物个体间遗传信息的重要差异之一，对于研究基因与疾病之间的关系，发现致病基因和潜在的治疗靶点具有重要意义。大数据技术在基因变异分析中发挥着重要作用，通过分析大规模的基因组数据，科学家们可以更全面地了解基因变异的类型、分布和功能影响，为研究基因与疾病之间的关系提供重要支持。大数据技术可以帮助科学家们分析基因组中的单核苷酸多态性（SNP）。SNP 是最常见的基因组变异形式之一，它可能会导致个体之间基因型的差异，进而影响相关性状或疾病的发生。通过分析大规模的基因组数据，科学家们可以识别出与疾病相关的 SNP，进一步揭示 SNP 与疾病之间的关系，为疾病的早期诊断和治疗提供依据。

大数据技术可以帮助科学家们分析基因组中的结构变异。结构变异包括插入、缺失、倒位和重复等形式，它们可能会导致基因功能的改变，从而引发疾病的发生。通过分析大规模的基因组数据，科学家们可以发现与疾病相关的结构变异，进一步研究结构变异对基因功能的影响，为研究基因与疾病之间的关系提供重要线索。大数据技术还可以帮助科学家们发现新的基因变异和潜在的治疗靶点。随着基因组数据的不断积累和更新，科学家们可以利用大数据技术分析这些数据，发现新的基因变异，并进一步研究这些变异对疾病的影响。这些新发现的基因变异可能成为新的治疗靶点，为疾病的治疗提供新的思路和方法。

（三）个体基因组学

个体基因组学是基因组学领域的一个重要分支，旨在研究个体基因组的结构、功能和变异，以及基因与环境之间的相互作用。大数据技术的应用使得个体基因组学研究变得更加全面和深入，为我们深入了解基因与疾病之间的关系、预测个体患病风险、开展个性化医疗提供了重要的依据和支持。大数据技术可以帮助科学家们建立大规模的个体基因组数据库。这些数据库包括了来自健康人群和疾病人群的基因组数据，涵盖了丰富的遗传信息。通过对这些数据库的分析，科学家们可以深入研究基因与疾病之间的关系，发现与疾病相关的基因和变异，为疾病的早期诊断和治疗提供重要的依据。

通过分析个体基因组数据，结合流行病学调查和临床数据，科学家们可以建立预测模型，评估个体患病的可能性。这有助于早期发现患病风险较高的个体，采取相应的预防和干预措施，降低患病风险，提高生活质量。大数据技术还可以为个性化医疗提供依据。个性化医疗是根据个体的基因组信息和生活习惯等因素，为每个患者量身定制的医疗方案。通过分析个体基因组数据，医生可以更好地了解患者的遗传特征和疾病风险，制定更有效的治疗方案，提高治疗效果。

（四）药物基因组学

药物基因组学是研究药物与基因之间相互作用的学科，旨在揭示药物在个体水平上的作用机制和药物代谢途径，以实现个性化药物治疗，提高药物治疗的效果和安全性。大数据技术的应用为药物基因组学研究提供了重要的支持，使得我们能够更全面、深入地理解药物与基因之间的关系，为个性化药物治疗的实现提供了新的思路和方法。大数据技术可以帮助科学家们研究药物与基因之间的相互作用。药物在人体内的作用机制和效果受到基因的影响，不同基因型的个体对同一药物的反应可能存在差异。通过分析大规模的基因组数据和药物反应数据，科学家们可以揭示药物与基因之间的关系，找出影响药物反应的关键基因，为个性化药物治疗提供依据。

大数据技术可以帮助科学家们揭示药物的作用机制。药物的作用机制通常涉及多个基因和通路的调控，通过分析大规模的基因组数据和药物作用数据，科学家们可以深入研究药物的作用机制，找出影响药物效果的关键基因和通路，为药物研发提供新的思路和方法。大数据技术还可以帮助科学家们研究药物的代谢途径。药物在人体内的代谢过程涉及多种代谢酶和途径的参与，不同基因型的个体可能对药物的代谢方式存在差异。通过分析大规模的基因组数据和药物代谢数据，科学家们可以揭示药物的代谢途径，找出影响药物代谢的关键基因，为药物代谢的个性化调控提供依据。

（五）基因组编辑

基因组编辑是一种重要的生物技术，可以对生物体的基因组进行精确的修改，包括基因的插入、删除、修复和替换等操作。大数据技术在基因组编辑领域发挥着关键作用，可以帮助科学家们分析编辑技术的效果和安全性，优化编辑方案，提高编辑效率，推动基因功能研究和基因治疗的发展。大数据技术可以帮助科学家们分析基因组编辑技术的效果和安全性。基因组编辑涉及复杂的基因组操作和调控，不同的编辑方案可能会产生不同的效果和安全风险。通过分析大规模的编辑数据和生物学数据，科学家们可以评估编辑技术的效果和安全性，找出影响编辑效果和安全性的关键因素，为优化编辑方案提供依据。

基因组编辑涉及编辑工具的选择、编辑位点的设计、编辑效率的调控等多个环节，通过分析大规模的编辑数据和生物学数据，科学家们可以发现优化编辑方案的新策略和方法，提高编辑效率和精确性。大数据技术还可以帮助科学家们提高基因组编辑的效率。基因组编辑通常需要大量的时间和资源，通过分析大规模的编辑数据和生物学数据，科学家们可以找出影响编辑效率的关键因素，发现新的编辑策略和方法，提高编辑效率，降低编辑成本。

第三节　气象学与气候变化

一、大数据在气象学中的应用

（一）气象观测

气象观测是气象学中至关重要的一环，它通过对大气及地面各种气象要素的测量和记录，获取气象信息，为气象预报、气候研究、气候变化监测等提供基础数据支持。随着气象观测技术的不断发展和气象数据量的不断增加，大数据技术在气象观测中的应用也日益重要，主要表现在以下几个方面：大数据技术可以帮助处理和存储大量的气象观测数据。随着气象观测网络的不断扩展和气象观测设备的不断更新，获取的气象观测数据呈现出爆炸式增长的趋势。大数据技术可以利用分布式存储和计算技术，对这些海量数据进行高效管理和处理，确保数据的完整性和可靠性。

大数据技术可以帮助分析气象观测数据，挖掘其中隐藏的规律和趋势。通过对历史气象观测数据的分析，可以揭示气象要素的变化规律，如气温的季节变化、降水的时空分布等，从而提高气象预报的准确性和时效性。大数据技术还可以帮助建立气象观测数据的质量控制和质量评估体系，确保气象观测数据的准确性和可靠性。通过对气象观测数据进行质量控制和质量评估，可以及时发现和纠正数据异常，保证气象观测数据的质量。

（二）数值模拟

数值模拟是气象学中一种重要的研究方法，通过数学模型对大气运动和热力过程进行数值模拟，以模拟和预测未来的气象变化。大数据技术在气象数值模拟中的应用，可以极大地提高模拟的准确性和时效性，为制定气象预报和气候预测提供科学依据。大数据技术可以支持气象数值模拟所需的大规模气象观测数据的处理和分析。数值模拟需要大量的气象观测数据作为初始条件和边界条件，通过大数据技术可以有效地处理和分析这些数据，提高模拟的精度和可靠性。

大数据技术可以帮助建立和优化气象数值模型。气象数值模型是描述大气运动和热力过程的数学模型，通过对大规模的气象观测数据和模型验证数据的分析，可以优化模型参数和模型结构，提高模型的模拟效果。大数据技术还可以支持气象数值模拟的并行计算和高性能计算。气象数值模拟需要进行大量的计算，通过大数据技术可以利用分布式计算和并行计算技术，提高模拟的计算效率，加快模拟的速度。

（三）灾害预警

大数据技术在灾害预警方面的应用，可以帮助提高对各类极端天气事件的监测和预测能力，有效减少灾害造成的损失。大数据技术可以通过分析大量的气象观测数据和模型模拟数据，识别出可能导致灾害的气象因子。例如，通过监测气象要素如降水量、风速等数据，结合数值模型对气象条件进行分析，可以及时发现并预测可能出现的暴雨、台风等极端天气事件。

大数据技术可以帮助建立灾害预警系统，实现对灾害事件的实时监测和预警。通过大规模气象数据的分析和处理，可以及时发现灾害事件的迹象，并通过现代通信技术向相关部门和公众发布预警信息，提高对灾害的防范和应对能力。大数据技术还可以支持灾害应急响应和救援工作。在灾害发生后，通过分析大数据可以及时了解灾情和受灾范围，指导救援人员的救援行动，最大程度地减少人员伤亡和财产损失。

（四）气候变化研究

气候变化是当今全球面临的重大环境问题之一，对人类社会和自然生态系统都产生着深远影响。大数据技术在气候变化研究中的应用，可以帮助整合和分析全球范围内的气象观测数据和气候模拟数据，揭示气候变化的趋势和原因，为制定气候变化应对策略提供科学支持。大数据技术可以帮助整合全球范围内的气象观测数据。通过分析大量的气象观测数据，可以了解气候系统的变化情况，揭示气候变化的趋势和规律。同时，大数据技术还可以帮助整合不同来源的气象观测数据，提高数据的覆盖范围和精度，为气候变化研究提供更加全面和准确的数据支持。

气候模拟是利用气候模型对气候系统进行数值模拟，模拟未来气候的变化趋势。通过分析大规模的气候模拟数据，可以验证气候模型的可靠性，揭示气候变化的原因和机制，为制定气候变化应对策略提供科学依据。大数据技术还可以帮助建立气候变化的数据共享和交流平台。通过建立气候变化的数据共享平台，可以促进全球范围内的气候数据共享和交流，加强国际合作，共同应对气候变化带来的挑战。

（五）精准气象服务

大数据技术在气象服务领域的应用为气象部门提供了更加精准和个性化的气象服务，能够满足不同用户的需求，包括提供精准天气预报、定制化的气象信息等。这种服务不仅提高了公众对气象信息的准确性和可信度，也为各行业的决策和应对工作提供了重要的支持。大数据技术支持气象部门提供精准的天气预报服务。通过分析大量的气象观测数据和模型预测数据，结合先进的气象模型和算法，气象部门可以提供更加准确和可靠的天气预报，覆盖更广泛的地域和时间范围，满足公众和各行业对天气信息的实时需求。

大数据技术支持气象部门提供定制化的气象信息服务。不同用户对气象信息的需求可能有所不同，大数据技术可以根据用户的需求和偏好，提供定制化的气象信息服务，如特定区域的天气预报、特定行业的气象信息等，满足用户的个性化需求。大数据技术还支持气象部门提供多样化的气象服务产品。除了传统的天气预报服务，气象部门还可以基于大数据技术开发和推出各种气象服务产品，如空气质量预报、灾害天气预警、气象数据可视化等，为用户提供更加丰富和全面的气象服务。

二、大数据在气候变化中的应用

（一）气象观测数据的整合和分析

大数据技术在气象观测数据的整合和分析方面发挥着重要作用，对于揭示气候变化的趋势和规律、为制定气候变化应对策略提供科学依据具有重要意义。大数据技术可以帮助整合全球范围内的气象观测数据。气象观测数据是研究气候变化的重要数据来源，包括气温、降水量、风速等多种气象要素。通过大数据技术，可以整合不同来源、不同格式的气象观测数据，建立起全球气象观测数据的统一平台，为科学家们提供更加全面和准确的气象数据支持。

大数据技术可以帮助分析气象观测数据，揭示气候变化的趋势和规律。通过对大量气象观测数据的分析，科学家们可以了解气候系统的变化情况，包括气温的变化趋势、降水量的变化规律等。这些分析结果可以为气候变化的研究提供重要参考，为制定气候变化应对策略提供科学依据。大数据技术还可以帮助挖掘气象观测数据中的潜在信息。通过对气象观测数据的深度分析，可以发现其中的规律性和相关性，进一步揭示气候变化的影响因素和机制。这有助于科学家们更好地理解气候系统的复杂性，为未来气候变化的预测和应对提供更加准确和可靠的科学依据。

（二）气候模拟和预测

大数据技术在气候模拟和预测方面发挥着关键作用，为预测未来气候变化趋势和制定气候变化应对政策提供了科学依据。通过对大量气象观测数据和模型模拟数据的分析，大数据技术可以支持气候模型的建立和优化，从而提高模拟和预测的准确性。大数据技术可以帮助建立气候模型。气候模型是模拟气候系统行为的数学模型，是研究气候变化和预测未来气候变化的重要工具。通过对大量气象观测数据和地球系统模型的分析，可以建立起全球范围内气候系统的复杂模型，模拟气候系统的变化过程，为预测未来气候变化提供基础。

气候系统的变化受多种因素影响，包括大气、海洋、陆地等多个子系统的相互作用。通过对大量气象观测数据和模型模拟数据的分析，可以不断优化气候模型，提高其模拟和预测的准确性。这有助于科学家们更准确地预测未来气候变化趋势，为制定气候变化应对政策提供科学依据。大数据技术还可以帮助提高气候预测的时间和空间分辨率。随着数据量的增加和数据处理技术的进步，气候模型的时间和空间分辨率不断提高，可以更准确地模拟和预测气候系统的变化。这有助于提高气候预测的准确性和可靠性，为各行业和政府部门制定气候变化应对策略提供更可靠的依据。

（三）灾害预警和应急响应

在灾害预警和应急响应领域，大数据技术发挥着越来越重要的作用。大数据技术可以提高对气象灾害的监测和预警能力。通过收集和分析大量气象数据，如气压、温度、湿度等，结合先进的数据模型和算法，可以及时发现并预测台风、暴雨、干旱等极端天气事件，为相关部门提供重要参考，帮助其采取有效的预防措施，最大程度减少灾害对社会的影响。

大数据技术在灾害发生后的救援和应急响应方面也具有重要意义。灾害发生后，大量的数据需要快速收集、整理和分析，以便及时了解灾情、确定救援重点和路径、调配救援资源等。大数据技术可以帮助快速建立灾害数据平台，实现多方数据的集成和共享，提高信息处理效率和准确性，为救援工作提供有力支持。

大数据技术还可以通过智能分析灾害风险，提前规划应急响应措施，增强灾害应对的预见性和针对性。通过历史灾害数据和模型分析，结合地理信息系统等技术，可以确定潜在灾害风险较高的区域和场景，制定相应的预防和应急预案，提高社会对灾害的整体应对能力。

（四）精准气象服务

在现代社会，气象对各行业和个人的影响日益凸显，精准气象服务正成为大数据技术的一大应用领域。基于大数据技术的气象服务可以提供更加精准的天气预报。传统的气象预报主要依靠气象观测站点收集的数据，覆盖范围有限，精度有限。而大数据技术可以利用海量数据，包括气象观测数据、卫星遥感数据、气象模型模拟数据等，通过数据挖掘和机器学习等技术，提高天气预报的准确性和时效性，实现对天气变化更加精准的预测。

大数据技术还可以实现气象信息的个性化定制服务。通过分析用户的需求和偏好，结合实时的气象数据和预报信息，为用户提供个性化的气象服务，包括特定地区的天气预报、灾害预警、气象趋势分析等。这种个性化定制服务不仅提高了气象信息的实用性和可操作性，也增强了用户对气象信息的信任度和依赖度。

大数据技术还可以为各行业的决策和应对工作提供重要支持。比如，在农业生产中，精准的气象预报可以帮助农民科学合理地安排农事活动，提高农作物产量和质量；在交通运输领域，精准的天气预报可以帮助交通管理部门做好交通组织和路况预警工作，减少交通事故的发生；在城市管理中，精准的气象信息可以帮助城市规划部门做好城市防汛、供暖等工作，提高城市的抗灾能力和应对能力。

（五）气候变化监测和评估

随着全球气候变化日益严重，监测和评估气候变化的影响和趋势变得尤为重要。大数据技术在气候变化监测和评估方面发挥着不可替代的作用。大数据技术可以帮助实现全球范围内气候数据的实时监测和分析。通过收集和整理大量的气象观测数据、卫星遥感数据、气候模型模拟数据等，结合先进的数据挖掘和机器学习技术，可以对全球气候变化的影响和趋势进行全面、准确的评估。

大数据技术可以帮助分析气候变化对生态环境、人类社会和经济发展的影响。通过对大数据的分析，可以及时发现气候变化对于生态系统的影响，如物种分布变化、生态系统功能变化等，为生态环境保护和修复提供科学依据；同时，也可以分析气候变化对于人类社会和经济的影响，如粮食生产、水资源利用、城市规划等，为相关部门制定适应气候变化的政策和措施提供参考。

大数据技术还可以帮助评估气候变化应对措施的效果。通过对气候变化应对措施实施前后的数据进行比较分析，可以评估这些措施对于气候变化的影响，为未来的政策制定和决策提供参考。例如，可以分析气候变化应对措施对于减少碳排放、提高能源利用效率等方面的效果，为未来的气候变化政策提供科学支持。

第四节　社会学与人类行为研究

一、大数据在社会学中的应用

（一）社会结构分析

在社会学中，社会结构分析是一个重要的研究领域，而大数据技术的应用为社会结构分析提供了全新的视角和方法。社会结构是指由人们之间的关系和互动所形成的稳定的组织形式和网络结构，反映了社会成员之间的地位、角色和互动方式。利用大数据分析社会结构，可以从宏观和微观的角度深入了解社会的组织形式和运行规律，为社会发展和治理提供重要参考。利用大数据分析社会网络结构。社会网络是指由个体之间的关系和联系所构成的网络结构，包括社交网络、组织网络等。通过分析社交网络数据，可以揭示社会成员之间的关系和联系，了解信息传播和意见领袖等社会现象的形成机制。此外，还可以分析组织网络数据，了解组织之间的合作与竞争关系，揭示组织结构的演化规律和发展趋势。

社会组织是指由社会成员之间的关系和互动所构成的组织形式，包括家庭、企业、政府机构等。通过分析大数据，可以深入了解社会组织的内部结构和运行机制，揭示组织成员之间的角色分工和权力关系，为组织管理和决策提供科学依据。利用大数据还可以分析社会的外部联系。社会的外部联系包括与其他社会系统之间的联系和互动，如国际关系、地区合作等。通过分析大数据，可以了解社会与外部环境的互动关系，揭示社会的开放性和包容性，为跨国合作和文化交流提供支持。

（二）人类行为研究

人类行为研究是社会学中的一个重要领域，利用大数据分析人类行为数据可以揭示人类行为背后的规律和动因，为社会政策制定和管理提供参考。消费行为是人类行为研究中的一个重要方面。通过分析大规模的消费行为数据，可以了解人们的消费习惯、消费偏好以及消费决策的影响因素。例如，可以分析不同人群的消费结构和消费水平，为商业企业制定营销策略提供依据；也可以分析消费行为与经济发展、社会结构等因素的关系，为政府制定经济政策和社会政策提供参考。

移动轨迹是人类行为研究中的另一个重要方面。随着移动互联网和定位技术的发展，人们的移动轨迹数据变得越来越丰富。通过分析大规模的移动轨迹数据，可以了解人们的活动范围、活动路径以及活动规律。例如，可以分析城市居民的通勤方式和通勤时间，为城市交通规划和管理提供参考；也可以分析人们的旅游行为和旅游偏好，为旅游业发展提供支持。除了消费行为和移动轨迹，大数据还可以分析其他方面的人类行为数据，如社交网络行为、健康行为、教育行为等。通过分析这些行为数据，可以了解人们的社会关系、健康状况、学习态度等方面的信息，为社会政策制定和管理提供参考。

（三）文化传播分析

文化传播分析是社会学中的一个重要研究领域，利用大数据分析文化传播数据可以揭示文化传播的路径和影响力，为文化产业的发展和文化政策的制定提供支持。利用大数据分析网络文本数据可以揭示文化传播的路径和影响力。随着互联网的普及和社交媒体的发展，人们在网络上的文化传播活动日益频繁。通过分析大规模的网络文本数据，可以了解不同文化内容在网络上的传播路径和传播效果。例如，可以分析不同文化产品在社交媒体上的讨论热度和传播范围，为文化产业的营销和推广提供参考；也可以分析网络文本中的文化价值观念和意识形态，为文化政策的制定和文化管理提供依据。

利用大数据分析社交媒体数据可以揭示文化传播的方式和效果。社交媒体是人们进行文化传播的重要平台，通过分析社交媒体数据，可以了解人们在社交媒体上的文化传播行为和偏好。例如，可以分析不同社交媒体平台上的文化内容和传播效果，为社交媒体运营和文化传播策略提供参考；也可以分析社交媒体上的文化互动和文化交流，为跨文化交流和文化融合提供支持。除了网络文本和社交媒体数据，大数据还可以分析其他形式的文化传播数据，如传统媒体数据、演艺活动数据等。通过分析这些数据，可以了解文化传播的多样性和复杂性，为文化产业的发展和文化政策的制定提供全面的参考。

（四）社会事件分析

社会事件分析是社会学中的一个重要研究领域，利用大数据分析社会事件数据可以揭示事件的发生规律和影响因素，为社会风险评估和危机管理提供参考。利用大数据分析灾难事件数据可以揭示灾难事件的发生规律和影响因素。灾难事件是社会发展过程中不可避免的现象，通过分析大规模的灾难事件数据，可以了解灾难事件的发生频率、影响范围以及受灾人群的特点。例如，可以分析不同地区和不同时间发生的自然灾害和人为灾害的情况，为灾害预防和应急管理提供参考；也可以分析灾难事件对经济、社会和环境的影响，为灾后重建和救灾工作提供支持。

利用大数据分析政治事件数据可以揭示政治事件的发生规律和影响因素。政治事件是社会政治生活中的重要组成部分，通过分析大规模的政治事件数据，可以了解政治事件的类型、动因和影响。例如，可以分析不同国家和地区的政治事件发生情况，了解政治体制和社会结构对政治事件的影响；也可以分析政治事件对社会稳定和经济发展的影响，为政治决策和治理提供参考。除了灾难事件和政治事件，大数据还可以分析其他类型的社会事件数据，如经济事件、文化事件等。通过分析这些数据，可以全面了解社会事件的发生规律和影响因素，为社会风险评估和危机管理提供全面的参考。

（五）社会科学方法论

大数据在社会学中的应用不仅仅是为了提供新的数据源和分析方法，更重要的是推动了社会科学方法论的发展。传统的社会学研究主要依靠小样本调查和案例研究，这种研究方法虽然能够深入了解个案和局部情况，但往往难以进行大规模的比较和总体分析，也存在着样本选择偏差和研究结果的不确定性等问题。而大数据的出现为社会学研究提供了新的可能性，使得社会学研究方法更加多样化和创新化。传统的社会学研究往往需要进行大量的调查和访谈，耗费人力、物力和时间成本较高，而大数据的出现可以通过分析大规模的数据集，从而实现对更广泛群体和更大范围的研究对象进行观察和分析，使得社会学研究能够更加全面地了解社会现象和规律。

传统的社会学研究往往以个案研究为主，虽然可以深入了解个案的情况，但往往难以推广到整体群体或整个社会。而大数据的出现可以通过分析大规模数据集，从整体上观察和分析社会现象和规律，使得社会学研究能够更好地把握社会的总体趋势和发展方向。传统的社会学研究方法主要包括问卷调查、访谈和观察等，而大数据的出现使得社会学研究可以借助计算机技术和数据分析方法进行更加深入和准确的研究。例如，可以利用数据挖掘和机器学习等技术分析大规模的数据集，发现其中隐藏的规律和模式，为社会学研究提供新的思路和方法。

二、大数据在人类行为中的应用

（一）消费行为分析

大数据技术的出现为企业提供了更全面、深入的消费者行为数据，有助于揭示消费者的购买行为、偏好和趋势，为企业制定营销策略和产品设计提供更加精准的参考。大数据可以帮助企业了解消费者的消费习惯。通过分析大规模的消费数据，企业可以了解消费者的购买频率、购买时间、购买地点等信息。例如，可以分析消费者在节假日和促销活动期间的购物行为，了解他们的消费习惯和消费意愿，为企业制定营销策略提供依据。

通过分析消费者的购买记录和购买行为，可以了解消费者对不同品牌的偏好程度。例如，可以分析消费者在同类产品中选择某个品牌的比例，了解该品牌在市场上的竞争力和影响力，为企业制定品牌推广策略提供参考。大数据还可以帮助企业了解消费者的购买决策过程。通过分析消费者在购买某种产品或服务时的搜索记录、浏览记录和点击记录，可以了解他们的购买动机和决策过程。例如，可以分析消费者在购买电子产品时的搜索关键词和浏览网页，了解他们的购买需求和偏好，为企业改进产品设计和销售策略提供指导。

（二）移动行为分析

利用移动设备产生的数据，可以分析人们的移动轨迹、出行方式和活动范围，为城市规划和商业决策提供重要参考。利用移动设备产生的数据可以分析人们的移动轨迹。通过分析手机定位数据等信息，可以了解人们的出行路线和行程规律。例如，可以分析城市居民在工作日和周末的出行路径和目的地，了解城市交通流量的分布和变化规律，为交通运输系统的优化提供依据。

通过分析手机定位数据和公共交通刷卡数据，可以了解人们选择出行方式的偏好和习惯。例如，可以分析城市居民选择步行、骑行、开车或乘坐公共交通工具的比例和趋势，为城市交通规划和公共交通运营提供参考。利用移动设备产生的数据可以分析人们的活动范围。通过分析手机定位数据和社交媒体签到数据，可以了解人们的活动范围和热点区域。例如，可以分析城市居民在工作日和周末的活动范围和常去地点，了解城市人口分布的特点和社区发展的需求，为城市规划和社区建设提供参考。

（三）社交行为分析

社交行为分析是大数据在社交网络和社交媒体领域中的重要应用之一。随着社交网络和社交媒体的普及，人们在网络上的社交行为产生了大量数据，可以用于分析社交关系、信息传播和用户行为，为社交平台的运营和社交学研究提供数据支持。利用社交网络和社交媒体产生的数据可以分析人们的社交行为。通过分析用户的好友关系、互动行为和发布内容，可以了解用户在社交网络上的活动和行为习惯。例如，可以分析用户的好友数量、好友分布和好友关系的强度，了解社交网络的结构和用户之间的联系方式。

利用社交网络和社交媒体产生的数据可以分析社交网络的结构。通过分析用户之间的互动和信息传播路径，可以揭示社交网络的核心节点、子群体和信息传播的模式。例如，可以分析信息在社交网络上的传播路径和传播速度，了解信息在网络中的扩散规律和影响力。通过分析用户的转发和评论行为，可以了解信息在网络上的传播效果和影响范围。例如，可以分析某条信息在网络上被转发和评论的次数，了解信息的受欢迎程度和影响力。

（四）健康行为分析

利用大数据分析患者的健康行为、病历数据和医疗资源分布情况，可以为医疗资源的合理配置和疾病预防提供参考，提高医疗服务的效率和质量。利用大数据分析患者的健康行为可以帮助医疗机构更好地了解患者的健康状况和生活习惯。通过分析患者的健康行为数据，可以了解他们的饮食习惯、运动情况和睡眠质量等信息，为医生制定个性化的健康管理方案提供依据。

利用大数据分析患者的病历数据可以帮助医生更好地诊断和治疗疾病。通过分析患者的病历数据，可以了解他们的病史、诊断结果和治疗方案，为医生提供疾病诊断和治疗的参考依据，提高医疗服务的准确性和效率。利用大数据分析医疗资源的分布情况可以帮助医疗机构合理配置医疗资源。通过分析医疗资源的分布情况和利用率，可以了解医疗资源的供需状况，为医疗机构制定合理的资源配置方案提供参考，提高医疗资源的利用效率和服务质量。

（五）教育行为分析

利用大数据分析学生的学习行为、学习成绩和教学资源利用情况，可以为个性化教育和教学改进提供支持，提高教育教学的效果和质量。利用大数据分析学生的学习行为可以帮助教育机构更好地了解学生的学习状态和学习习惯。通过分析学生的学习行为数据，可以了解他们的学习时间、学习方式和学习动力等信息，为教师制定个性化的学习计划和教学策略提供依据。

利用大数据分析学生的学习成绩可以帮助教育机构更好地评估教学效果和学生学习水平。通过分析学生的学习成绩数据，可以了解他们的学习进度、学习成绩和学习能力等信息，为教师和教育管理者提供评估学生学习状况和教学质量的依据。利用大数据分析教学资源的利用情况可以帮助教育机构更好地配置教学资源和改进教学方式。通过分析教学资源的利用情况，可以了解教师和学生对教学资源的需求和利用情况，为教育机构制定合理的资源配置方案和改进教学方式提供参考。

（六）犯罪行为分析

警察和执法机构可以利用大数据分析犯罪行为的模式、犯罪地点和犯罪动机，为犯罪预防和侦查提供数据支持，提高公共安全的水平和效率。利用大数据分析犯罪行为的模式可以帮助警察和执法机构了解犯罪活动的规律和特点。通过分析犯罪行为数据，可以了解不同类型犯罪的发生频率、时间分布和地点分布等信息，为警方制定犯罪预防策略和加强巡逻布控提供依据。

利用大数据分析犯罪地点可以帮助警方把握犯罪活动的重点区域和高发地点。通过分析犯罪地点数据，可以了解犯罪活动的地域分布和犯罪热点区域，为警方加强对重点区域的监控和管理提供支持。利用大数据分析犯罪动机可以帮助警方了解犯罪背后的动机和心理。通过分析犯罪行为数据和嫌疑人的社会背景等信息，可以了解犯罪行为的动机和心理特征，为警方破案和侦查提供线索和指导。

（七）政治行为分析

政府和政治研究机构可以利用大数据分析选民的投票行为、政治态度和政治参与程度，为政治决策和选举策略制定提供数据支持，促进民主政治的发展和进步。利用大数据分析选民的投票行为可以帮助政府和政治研究机构了解选民的政治倾向和选举行为。通过分析选民的投票数据，可以了解选民的选票倾向、选举参与度和选举结果等信息，为政治决策和选举策略制定提供依据。

利用大数据分析选民的政治态度可以帮助政府和政治研究机构了解选民的政治观点和态度变化。通过分析选民在社交媒体和网络上的政治言论和互动行为，可以了解选民的政治偏好、意见领袖和政治话题等信息，为政治宣传和舆论引导提供支持。利用大数据分析选民的政治参与程度可以帮助政府和政治研究机构了解选民的政治参与水平和方式。通过分析选民参加政治活动的频率、方式和动机等信息，可以了解选民的政治参与动机和行为特征，为政治动员和组织策略提供依据。

第九章　计算机信息技术与大数据融合发展

第一节　边缘计算与大数据处理

一、边缘计算与大数据处理融入的特点

（一）实时性和低延迟

边缘计算与大数据处理的融合在实时性和低延迟方面具有显著的优势。边缘计算将数据处理推向数据源头附近的边缘设备和节点，从而缩短了数据传输路径，减少了数据传输的时间和延迟，实现了更快速的数据处理和响应能力。边缘计算将数据处理的位置靠近数据生成源头，避免了将大量数据传输到中心数据中心进行处理的过程。这样一来，可以大大缩短数据传输的时间，实现对数据的实时处理和分析，满足了对数据处理实时性的要求。

边缘计算可以利用边缘设备和节点的计算资源，对数据进行快速处理和分析。这些边缘设备通常具有较高的计算性能和存储容量，可以在较短的时间内完成对大数据的处理，实现低延迟的数据处理和响应。边缘计算可以与物联网技术结合，实现对大量传感器数据的实时处理和分析。传感器产生的数据通常具有高实时性的特点，需要及时进行处理和响应。通过将数据处理推向边缘，可以实现对传感器数据的快速处理和实时监控，提高了数据处理的效率和准确性。

（二）数据本地化

边缘计算与大数据处理的融合在数据本地化方面具有重要意义。边缘计算将数据处理推向数据产生的地方，避免了将大量数据传输到中心数据中心进行处理的过程。边缘计算可以减少数据传输的距离和传输时间。将数据处理推向数据产生的地方，可以避免将大量数据传输到远程数据中心进行处理，节省了数据传输的时间和成本。这对于对实时性要求较高的应用场景尤为重要，如智能交通、工业自动化等。

将数据处理推向数据产生的地方，可以减少数据在传输过程中被窃取或篡改的风险，提高了数据的安全性。边缘计算可以将数据处理和存储在本地进行，避免了将敏感数据传输到云端进行处理的安全隐患。边缘计算可以节省网络带宽和成本。将数据处理推向数据产生的地方，可以减少数据在传输过程中占用的网络带宽，降低了数据传输的成本。同时，边缘计算可以利用边缘设备和节点的计算资源，避免了在云端进行大规模数据处理所需的高昂成本。

（三）灵活性和可扩展性

边缘计算与大数据处理的融合在灵活性和可扩展性方面具有显著的优势。边缘计算结

合了传统的云计算和物联网技术，可以根据需求灵活部署计算资源，实现对不同规模和复杂度的数据处理需求的支持。边缘计算可以根据需求灵活部署计算资源。边缘设备和节点通常具有较高的计算性能和存储容量，可以根据实际需求动态分配和管理计算资源，实现对不同规模和复杂度的数据处理需求的支持。这使得边缘计算可以适应不同应用场景和业务需求的变化，提高了系统的灵活性和适应性。

边缘计算可以通过添加或移除边缘设备和节点来扩展或缩减系统的规模，实现对不同规模和复杂度的数据处理需求的支持。这使得边缘计算可以根据需求动态调整系统规模，提高了系统的可扩展性和可维护性。边缘计算可以实现边缘设备和节点之间的资源协同。边缘设备和节点可以共享和利用彼此的计算资源，实现对大规模和复杂度的数据处理需求的支持。这种资源协同可以提高系统的整体效率和性能，进一步提高了系统的灵活性和可扩展性。

（四）智能化

边缘计算与大数据处理的结合可以实现智能化的数据处理。通过边缘计算，可以将大数据处理能力推向数据源头，实现对边缘设备和传感器数据的智能分析和处理，从而提高了数据处理的效率和准确性。边缘计算可以实现对实时数据的智能分析和处理。传感器等边缘设备产生的数据通常具有高实时性，需要及时进行分析和处理。通过在边缘设备上部署智能化的数据处理算法，可以实现对实时数据的快速分析和响应，提高了数据处理的效率和实时性。

边缘设备和传感器产生的数据量通常较大，需要进行大规模的数据处理。通过在边缘设备上部署大数据处理技术，可以实现对大规模数据的快速处理和分析，提高了数据处理的效率和准确性。边缘计算可以实现对数据的智能挖掘和分析。通过在边缘设备上部署智能化的数据挖掘算法，可以发现数据中潜在的模式和规律，为数据处理和应用提供更深层次的支持。

（五）资源协同

边缘计算与大数据处理的融合在资源协同方面具有显著的优势。边缘计算可以将边缘设备、传感器和云端资源进行协同处理，实现资源的共享和优化利用，从而提高了整体的数据处理能力和效率。边缘计算可以实现边缘设备和传感器之间的资源协同。边缘设备和传感器通常具有一定的计算和存储能力，可以在边缘设备和传感器上部署数据处理算法，实现对数据的初步处理和分析。这样一来，可以减少对云端资源的依赖，提高了数据处理的效率和实时性。

边缘计算可以实现边缘设备、传感器和云端资源之间的资源协同。通过将数据处理任务分配到不同的资源节点上进行处理，可以实现资源的共享和优化利用，提高了整体的数据处理能力和效率。例如，可以将数据处理任务分配到距离数据源头最近的边缘设备和传感器上进行处理，减少数据传输的时间和成本。边缘计算可以实现边缘设备、传感器和云端资源之间的数据共享和交互。通过建立边缘设备、传感器和云端资源之间的数据通信通道，可以实现数据的实时共享和交互，提高了数据处理的实时性和效率。

（六）应用场景丰富

边缘计算与大数据处理的融合在应用场景方面具有丰富的优势，可以适用于各种场景，为工业生产、智慧城市、智能交通等领域提供更加高效和智能的解决方案。在工业生产领域，边缘计算与大数据处理的融合可以实现对生产过程的实时监控和优化。通过在生产线上部署边缘设备和传感器，可以实时采集生产数据并进行分析，及时发现和解决生产过程中的问题，提高生产效率和质量。

在智慧城市领域，边缘计算与大数据处理的融合可以实现对城市运行的实时监测和管理。通过在城市各个节点部署边缘设备和传感器，可以实时采集城市数据，如交通流量、空气质量等，通过大数据处理技术分析这些数据，实现对城市运行的智能优化，提高城市的运行效率和环境质量。在智能交通领域，边缘计算与大数据处理的融合可以实现对交通系统的实时监控和优化。通过在交通路口和车辆上部署边缘设备和传感器，可以实时采集交通数据并进行分析，实现交通信号的智能控制和路况的实时监测，提高交通系统的运行效率和安全性。

（七）数据隐私保护

边缘计算与大数据处理的融合在数据隐私保护方面具有显著的优势。边缘计算将数据处理推向数据源头，避免了将大量敏感数据传输到云端进行处理，从而提高了数据的隐私保护水平。边缘计算可以在数据生成的地方进行数据处理，减少了数据传输的需求。传统的大数据处理往往需要将大量数据传输到云端进行处理，这可能会导致数据泄露的风险。而边缘计算可以在数据生成的地方进行数据处理，避免了数据传输过程中的安全风险，提高了数据的隐私保护水平。

边缘设备通常具有一定的计算和存储能力，可以在边缘设备上进行数据处理和存储，避免了将敏感数据传输到云端进行处理的需求，进一步提高了数据的隐私保护水平。边缘计算可以实现对数据的加密和安全传输。通过在边缘设备和传感器上部署加密算法和安全传输协议，可以保护数据在传输过程中的安全性，进一步提高了数据的隐私保护水平。

二、边缘计算与大数据处理融入的意义

（一）提高数据处理和分析效率

边缘计算的出现极大地提高了数据处理和分析的效率，这一技术将计算和存储资源部署到数据产生的源头，使得数据可以在产生的地方就近进行处理和分析。这种就近处理的方式减少了数据传输的时间和成本，有效地提高了数据处理和分析的效率。

传统的数据处理方式通常是将数据传输到中心数据中心进行处理和分析。这种方式存在着数据传输时间长、成本高的问题，尤其是对于大规模数据和对实时性要求较高的场景，传统方式的处理效率无法满足需求。边缘计算的出现改变了这一情况，它将数据处理的重心从中心数据中心转移到了数据产生的地方，使得数据可以在产生的地方就近进行处理和分析。这种就近处理的方式大大减少了数据传输的时间和成本，提高了数据处理和分析的效率。

边缘计算的出现不仅提高了数据处理和分析的效率，还使得更多的应用场景成为可能。例如，在工业领域，边缘计算可以将计算和存储资源部署到生产线上，实时监测和分析生产数据，提高生产效率和质量。在智能交通领域，边缘计算可以将计算和存储资源部

署到交通路口，实时分析交通数据，优化交通信号控制，缓解交通拥堵。在医疗健康领域，边缘计算可以将计算和存储资源部署到医疗设备上，实时监测和分析患者数据，提高诊疗效率和精准度。

（二）降低数据传输成本

边缘计算的发展为降低数据传输成本提供了新的解决方案。传统的数据处理方式通常是将数据传输到中心数据中心进行处理和分析，这种方式存在着数据传输时间长、成本高的问题。而边缘计算则将计算和存储资源部署到数据产生的源头，使得数据可以在产生的地方就近进行处理和分析，从而减少了数据传输的需求，降低了数据传输成本。边缘计算的出现改变了数据处理的方式，将计算和存储资源部署到数据产生的源头，使得数据可以在产生的地方就近进行处理和分析。这种就近处理的方式减少了数据传输到中心数据中心的需求，降低了数据传输成本。例如，在工业领域，边缘计算可以将计算和存储资源部署到生产线上，实时监测和分析生产数据，减少了将数据传输到中心数据中心进行处理的需求，降低了数据传输成本。

边缘计算的出现使得更多的数据可以在产生的地方进行处理和分析，减少了数据传输到中心数据中心的需求，降低了数据传输成本。例如，在智能交通领域，边缘计算可以将计算和存储资源部署到交通路口，实时分析交通数据，优化交通信号控制，减少了将交通数据传输到中心数据中心进行处理的需求，降低了数据传输成本。边缘计算的出现还使得更多的应用场景成为可能，进一步降低了数据传输成本。例如，在医疗健康领域，边缘计算可以将计算和存储资源部署到医疗设备上，实时监测和分析患者数据，减少了将患者数据传输到中心数据中心进行处理的需求，降低了数据传输成本。

（三）增强数据安全性和隐私保护

边缘计算的兴起为增强数据安全性和隐私保护提供了新的途径。传统的数据处理方式通常是将数据传输到中心数据中心进行处理和分析，在数据传输过程中存在被窃取或篡改的风险。而边缘计算则将数据处理和分析推向数据源头，使得数据可以在产生的地方就近进行处理和分析，减少了数据在传输过程中被窃取或篡改的风险，增强了数据的安全性和隐私保护。边缘计算的出现改变了数据处理的方式，将数据处理和分析推向数据源头，减少了数据在传输过程中被窃取或篡改的风险，增强了数据的安全性和隐私保护。传统的数据处理方式通常是将数据传输到中心数据中心进行处理和分析，在数据传输过程中存在被窃取或篡改的风险。边缘计算将计算和存储资源部署到数据产生的源头，使得数据可以在产生的地方就近进行处理和分析，减少了数据在传输过程中被窃取或篡改的风险，增强了数据的安全性和隐私保护。

边缘计算的出现使得更多的数据可以在产生的地方进行处理和分析，减少了数据传输到中心数据中心的需求，进一步降低了数据在传输过程中被窃取或篡改的风险，增强了数据的安全性和隐私保护。边缘计算可以将计算和存储资源部署到数据产生的源头，使得更多的数据可以在产生的地方进行处理和分析，减少了数据传输到中心数据中心进行处理的需求，降低了数据在传输过程中被窃取或篡改的风险，增强了数据的安全性和隐私保护。边缘计算的出现还使得更多的应用场景成为可能，进一步增强了数据的安全性和隐私保护。例如，在智能交通领域，边缘计算可以将计算和存储资源部署到交通路口，实时分析交通数据，优化交通信号控制，减少了交通数据传输到中心数据中心进行处理的需求，降低了数据在传输过程中被窃取或篡改的风险，增强了数据的安全性和隐私保护。

（四）推动智能化和自动化发展

边缘计算的发展推动了智能化和自动化的发展，为各行业带来了更加智能化和高效的解决方案。边缘计算将计算和存储资源部署到数据产生的源头，使得数据可以在产生的地方就近进行处理和分析，为智能化和自动化提供了数据支持。边缘计算的出现改变了数据处理和分析的方式，使得数据可以在产生的地方就近进行处理和分析。这种就近处理的方式可以实现实时的数据处理和分析，为智能化和自动化提供了数据支持。例如，在工业领域，边缘计算可以将计算和存储资源部署到生产线上，实时监测和分析生产数据，为智能化生产提供了数据支持；在智能交通领域，边缘计算可以将计算和存储资源部署到交通路口，实时分析交通数据，优化交通信号控制，提高交通运输的效率和安全性。

边缘计算的出现使得更多的数据可以在产生的地方进行处理和分析，为智能化和自动化提供了更多的数据支持。边缘计算可以将计算和存储资源部署到各种设备和传感器上，实时监测和分析设备和环境数据，为智能化和自动化提供了更加全面和精确的数据支持。例如，在智能家居领域，边缘计算可以将计算和存储资源部署到各种家居设备上，实时监测和分析设备数据，实现智能化的家居控制和管理。边缘计算可以将计算和存储资源部署到各种场景中，如工厂、交通路口、家庭等，实现实时的数据处理和分析，为智能化和自动化的应用场景提供了更多的可能性。例如，在智能农业领域，边缘计算可以将计算和存储资源部署到农田中，实时监测和分析农田数据，实现精准农业管理和自动化农业生产。

（五）促进数字经济的持续健康发展

边缘计算与大数据处理的融合是数字经济持续健康发展的重要推动力。数字经济是以信息技术为基础，依托数字化、网络化和智能化技术，利用数据资源进行生产、流通、分配和消费的经济形态。边缘计算将计算和存储资源部署到数据产生的源头，使得数据可以在产生的地方就近进行处理和分析，提高了数据处理和分析的效率和质量，为数字经济的发展提供了有力支持。边缘计算的出现改变了数据处理和分析的方式，将计算和存储资源部署到数据产生的源头，使得数据可以在产生的地方就近进行处理和分析。这种就近处理的方式提高了数据处理和分析的效率和质量，为数字经济的发展提供了有力支持。例如，在物联网领域，边缘计算可以将计算和存储资源部署到物联网设备上，实时处理和分析设备数据，为智能家居、智能工厂等数字经济场景提供了数据支持。

边缘计算的出现使得更多的数据可以在产生的地方进行处理和分析，为数字经济的发展提供了更多的数据支持。边缘计算可以将计算和存储资源部署到各种设备和传感器上，实时监测和分析设备和环境数据，为数字经济提供了更加全面和精确的数据支持。例如，在智能城市领域，边缘计算可以将计算和存储资源部署到城市基础设施上，实时监测和分析城市数据，为智能交通、智能能源等数字经济场景提供了数据支持。边缘计算的出现还使得数字经济的应用场景更加丰富和多样化。边缘计算可以将计算和存储资源部署到各种场景中，如工厂、交通路口、家庭等，为数字经济的应用场景提供了更多的可能性。例如，在数字商务领域，边缘计算可以将计算和存储资源部署到零售店铺中，实时监测和分析销售数据，为智能零售提供了数据支持。

三、边缘计算与大数据处理融入的方法

（一）数据预处理与过滤

通过在数据产生源头或数据采集设备上进行数据预处理与过滤，可以优化数据传输和存储，提高数据处理的效率和质量。在数据传输到云端或中心数据中心之前，可以在边缘设备上对原始数据进行初步处理，去除重复、无效或不必要的数据，只保留需要的数据或进行数据压缩，减少了传输的数据量，节约了传输带宽和时间。

通过在边缘设备上进行数据预处理与过滤，可以将处理后的数据传输到云端或中心数据中心，减少了传输的数据量，提高了数据传输的效率。这对于网络带宽有限或传输距离较远的情况尤为重要。在一些对数据处理实时性要求较高的场景下，可以在边缘设备上进行数据预处理与过滤，将处理结果实时传输到云端或中心数据中心，缩短数据处理的延迟，提高数据处理的实时性。

（二）本地数据存储与缓存

本地数据存储与缓存是边缘计算与大数据处理融合的关键方法之一，可以有效提高数据处理的实时性和可靠性。通过在边缘设备上存储大数据的部分或全部数据，并在本地进行数据处理和分析，可以减少对云端或中心数据中心的依赖，降低数据传输延迟，提高数据处理的实时性和可靠性。本地数据存储与缓存可以减少对云端或中心数据中心的依赖。将大数据的部分或全部数据存储在边缘设备上，可以在本地进行数据处理和分析，不需要频繁地将数据传输到云端或中心数据中心，减少了对网络带宽的需求，降低了数据传输的延迟。

将数据存储在边缘设备上，可以在数据产生的地方就近进行数据处理和分析，减少了数据传输的时间，提高了数据处理的实时性，特别是对于对数据处理实时性要求较高的应用场景，具有重要意义。本地数据存储与缓存还可以提高数据处理的可靠性。将数据存储在边缘设备上，可以在本地对数据进行备份和存储，降低了数据丢失的风险，提高了数据处理的可靠性，保证了数据的安全性和完整性。

（三）边缘计算节点的部署

边缘计算节点的部署是边缘计算与大数据处理融合的关键方法之一，可以有效提高数据处理的效率和质量。通过在网络边缘部署计算节点，将大数据处理的部分或全部任务在边缘进行处理，可以减少数据传输到云端或中心数据中心的需求，降低数据传输成本和延迟，提高数据处理效率。边缘计算节点的部署可以实现数据处理的就近处理。将计算节点部署在网络边缘，可以使数据在产生的地方就近进行处理，避免数据传输到云端或中心数据中心的需求，降低了数据传输的延迟，提高了数据处理的效率。

将大数据处理的部分或全部任务在边缘进行处理，可以减少数据传输到云端或中心数据中心的需求，降低了数据传输的成本，特别是对于数据量大、传输距离远的情况，具有重要意义。边缘计算节点的部署还可以提高数据处理的可靠性。将大数据处理的部分或全

部任务在边缘进行处理，可以在网络故障或云端数据中心故障时保持数据处理的连续性，提高了数据处理的可靠性，保证了数据的安全性和完整性。

（四）数据分析与挖掘算法的优化

在边缘计算环境下，由于资源限制和实时性要求，对数据分析与挖掘算法进行优化，可以提高算法的效率和性能，适应边缘计算环境下的大数据处理需求。针对边缘计算环境下的资源限制，可以对数据分析与挖掘算法进行优化，减少算法所需的计算资源和存储资源。例如，可以采用分布式计算、并行计算等技术，将计算任务分解成多个子任务，并行处理，充分利用边缘设备的计算资源，提高算法的运行效率。

针对边缘计算环境下的实时性要求，可以对数据分析与挖掘算法进行优化，提高算法的实时性。例如，可以采用增量计算、流式计算等技术，实现数据的实时处理和分析，及时响应边缘计算环境下的数据处理需求，保证数据处理的实时性。针对边缘计算环境下的大数据处理需求，可以对数据分析与挖掘算法进行优化，提高算法的处理能力和适应性。例如，可以采用深度学习、机器学习等技术，构建更加复杂和精确的模型，提高算法对大数据的处理能力和适应性，为边缘计算环境下的大数据处理提供更好的支持。

（五）边缘与云端协同处理

边缘与云端协同处理是边缘计算与大数据处理融合的关键方法之一，可以实现数据处理的优化和协同，提高数据处理的效率和质量。通过在边缘设备进行数据初步处理后，将部分数据或处理结果传输到云端或中心数据中心进行进一步处理和分析，可以充分发挥边缘计算和云端计算各自的优势，提高数据处理的效率和质量。边缘与云端协同处理可以充分利用边缘计算和云端计算的优势。在边缘设备进行数据初步处理后，将部分数据或处理结果传输到云端或中心数据中心进行进一步处理和分析，可以充分发挥云端计算的计算能力和存储能力，处理更加复杂和大规模的数据，提高数据处理的效率和质量。

通过在边缘设备进行数据初步处理后，将部分数据或处理结果传输到云端或中心数据中心进行进一步处理和分析，可以将计算任务分解成多个子任务，并行处理，优化数据处理的流程，提高数据处理的效率和质量。边缘与云端协同处理可以提高数据处理的实时性。在一些对数据处理实时性要求较高的场景下，可以在边缘设备进行数据初步处理后，将处理结果实时传输到云端或中心数据中心进行进一步处理和分析，缩短数据处理的延迟，提高数据处理的实时性。

（六）智能化数据处理与决策

智能化数据处理与决策是边缘计算与大数据处理融合的重要方法之一，可以通过在边缘设备上部署智能化的数据处理与决策模型，实现数据的自动化处理与分析，提高数据处理的智能化水平，为实时决策提供支持。通过在边缘设备上部署智能化的数据处理与决策模型，可以实现数据的自动化处理与分析，减少人工干预，提高数据处理的效率，特别是对于大数据量、复杂度高的数据处理场景，具有重要意义。

智能化的数据处理与决策模型可以基于大数据进行训练和优化，具有更好的数据处理能力和准确性，可以为实时决策提供更准确的支持，提高了数据处理的智能化水平。智能化数据处理与决策还可以提高数据处理的实时性。在一些对数据处理实时性要求较高的场景下，通过在边缘设备上部署智能化的数据处理与决策模型，可以实现数据的实时处理与分析，及时响应数据处理的需求，提高了数据处理的实时性。

（七）安全与隐私保护机制

确保数据安全与隐私保护是边缘计算与大数据处理融合过程中的重要任务之一。在这个过程中，加强对数据安全与隐私保护的机制，可以确保数据在传输、存储和处理过程中的安全性和隐私性，提高数据处理的可信度和可靠性。在边缘计算与大数据处理融合的过程中，可以采用加密技术、安全协议等手段，对数据传输进行加密和认证，防止数据在传输过程中被窃取或篡改，确保数据传输的安全性。

在边缘计算与大数据处理融合的过程中，可以采用数据备份、访问控制、权限管理等技术手段，加强对数据存储的安全管理，防止数据被未经授权的访问或篡改，确保数据存储的安全性和完整性。在边缘计算与大数据处理融合的过程中，可以采用安全算法、安全模型等技术手段，对数据进行安全处理和分析，防止数据泄露或被恶意利用，确保数据处理的安全性和隐私性。

第二节　虚拟现实与大数据展示

一、虚拟现实与大数据展示融合的意义

（一）增强用户体验

虚拟现实技术为用户带来了前所未有的沉浸式体验，尤其在大数据展示方面，其作用更为显著。传统的数据展示方式，如图表、报告等，虽然能够传递信息，但往往缺乏足够的直观性和趣味性，难以引起用户的兴趣和注意力。而虚拟现实技术的应用，则可以让用户像身临其境一般，亲身感受数据呈现的内容，大大增强了用户的参与感和沉浸感，使数据展示更加生动形象。虚拟现实技术通过逼真的视听效果，让用户仿佛置身于一个虚拟的环境之中。在大数据展示中，这意味着用户可以通过虚拟现实设备，如头戴式显示器、手持设备等，直观地观察和探索数据所呈现的场景和内容。例如，在地理信息数据展示中，用户可以通过虚拟现实技术，实现对地球各个角落的立体展示，让用户感受到不同地区的地形、气候等差异，从而更深入地理解数据所传达的信息。

虚拟现实技术还可以通过交互性的设计，增强用户与数据之间的互动体验。用户可以通过手势、语音等方式，与虚拟环境进行互动，改变数据展示的内容或视角，使得用户在探索数据的过程中更加自由和灵活。例如，在产品设计领域，用户可以通过虚拟现实技术，实时调整产品的外观和结构，直观地感受不同设计方案带来的效果，从而更好地做出决策。虚拟现实技术还可以通过情感化的设计，增强用户与数据之间的情感连接。通过虚拟现实技术，数据不再是枯燥的数字和图表，而是具有生命力和情感色彩的实体，能够引起用户的共鸣和情感回应。例如，在教育领域，通过虚拟现实技术呈现历史事件或自然现象的场景，可以让学生身临其境地感受历史的厚重和自然的壮美，从而更深刻地理解和记忆所学知识。

（二）提升数据展示效果

虚拟现实（VR）技术的发展正在改变我们看待和理解数据的方式。在大数据展示方面，虚拟现实技术不仅可以让数据呈现得更加直观、立体，还能够帮助用户更好地理解数据背后的含义和价值，从而提升数据的展示效果和表现力。虚拟现实技术通过建立虚拟环境，使得数据呈现更加直观。传统的数据展示方式，如二维图表或文字报告，往往难以准确地表达数据的复杂性和多样性。而通过虚拟现实技术，用户可以在一个虚拟的三维空间中观察和探索数据，使得数据的展示更加直观、立体。例如，在销售数据展示中，虚拟现实技术可以将销售数据以立体的方式呈现，让用户更清晰地看到不同产品的销售情况和趋势，从而更好地分析和理解数据。

虚拟现实技术通过模拟真实场景，增强了数据的表现力。在虚拟环境中，用户可以像身临其境一样，感受数据所呈现的场景和情境。这种身临其境的体验，使得数据展示更具感染力和表现力。例如，在市场调研数据展示中，虚拟现实技术可以模拟不同消费者群体的生活场景和购物习惯，让用户更加直观地了解不同群体的消费行为和偏好，从而更好地制定营销策略。虚拟现实技术还可以通过数据可视化的方式，提升数据的展示效果。数据可视化是将数据转化为图形、图表等形式，使得数据更易于理解和分析的过程。在虚拟现实环境中，数据可视化可以呈现得更加生动、立体，使得数据的展示效果更为突出。例如，在医疗数据展示中，虚拟现实技术可以将患者的病情数据以立体的方式呈现，让医生更清晰地了解患者的病情，从而更好地制定治疗方案。

（三）拓展数据应用场景

虚拟现实（VR）技术的广泛应用正在为各行各业带来前所未有的变革，尤其是在数据展示方面。传统上，数据呈现往往局限于图表和报告等形式，难以激发人们的兴趣和想象力。而虚拟现实技术的应用，则为数据展示拓展了全新的应用场景，使得数据不再是枯燥的数字，而是生动的图像和场景，增加了数据的应用场景和可能性。在教育领域，虚拟现实技术为教学提供了全新的可能性。传统的教学模式往往以课本和黑板为主，难以让学生真正理解和感受知识。而通过虚拟现实技术，教师可以将抽象的概念和知识以生动的方式呈现给学生，让他们身临其境地感受和探索知识。例如，在历史教育中，虚拟现实技术可以模拟历史事件的场景，让学生亲身体验历史的变迁，从而更深入地理解历史的意义和价值。

在医疗领域，虚拟现实技术为医疗诊断和治疗提供了新的可能性。传统的医疗诊断往往依赖于影像和实验室检查，存在着一定的局限性。而通过虚拟现实技术，医生可以利用虚拟环境模拟疾病的发展过程，更加直观地观察和分析病情，从而更准确地制定治疗方案。例如，在手术模拟中，虚拟现实技术可以让医生在虚拟环境中模拟手术操作，提前了解手术难度和风险，从而提高手术的成功率和安全性。在建筑领域，虚拟现实技术为建筑设计和规划提供了全新的视角。传统的建筑设计往往依赖于平面图和模型，难以让设计师和客户真正理解设计意图。而通过虚拟现实技术，设计师和客户可以在虚拟环境中实时查看和调整建筑设计方案，从而更好地理解和沟通设计意图。例如，在城市规划中，虚拟现实技术可以模拟城市的发展和变化，帮助规划者更好地制定城市发展规划，提高城市规划的科学性和可行性。

（四）促进数据应用创新

促进数据应用创新是当今数字化时代的迫切需求。虚拟现实技术的引入为数据应用带来了新的可能性，激发了人们对数据的创新思维。通过虚拟现实技术，数据可以以全新的方式展现，让人们能够更直观地理解数据背后的含义和关联。这种直观的体验不仅仅是数据的呈现方式有了变化，更是在潜移默化中改变了人们对数据的认识和利用方式。

在传统的数据分析中，人们往往需要通过表格、图表等方式来展示数据，这种展示方式虽然直观，但却局限于平面的表达方式。而虚拟现实技术的应用则打破了这种局限，使数据能够以三维的方式呈现，让人们仿佛置身其中，可以 360 度全方位地观察和感知数据。这种身临其境的体验不仅可以提高人们对数据的理解能力，更可以激发人们的创新思维，帮助他们发现数据中隐藏的规律和价值。

虚拟现实技术还可以通过交互方式来促进数据应用的创新。传统的数据展示方式往往是静态的，人们只能被动地接受数据的展示。而虚拟现实技术可以实现与数据的互动，人们可以通过手势、眼神等方式与数据进行交互，使得数据展示更加生动和灵活。这种交互方式不仅可以提高人们对数据的参与度，更可以激发人们的想象力和创造力，帮助他们发现数据中的新奇和有趣之处。

（五）提升数据传播效果

提升数据传播效果是数据应用中至关重要的一环。虚拟现实技术作为一种新兴的展示方式，为数据传播提供了全新的可能性。传统的数据展示方式往往比较枯燥，难以引起公众的兴趣和共鸣。而虚拟现实技术的应用则可以使数据展示更加生动有趣，更容易吸引人们的注意力，从而提升数据传播的效果和影响力。通过虚拟现实技术，数据可以以更加直观和形象的方式展示出来。例如，通过虚拟现实技术，气象数据可以以三维地图的形式呈现，让人们可以清晰地看到不同地区的气象情况。这种直观的展示方式不仅可以提高人们对数据的理解能力，更可以增强数据传播的吸引力和感染力，使得数据更容易被公众接受和认可。

虚拟现实技术还可以通过情感化的展示方式来提升数据传播效果。传统的数据展示往往是冷冰冰的数字和图表，难以引起人们的情感共鸣。而虚拟现实技术可以将数据与情感化的表达方式结合起来，例如通过虚拟现实技术展示一个环境污染严重的城市，让人们可以身临其境地感受到环境污染的严重程度，从而引起公众的关注和共鸣。虚拟现实技术还可以通过交互方式来提升数据传播效果。传统的数据展示往往是静态的，人们只能被动地接受数据的展示。而虚拟现实技术可以实现与数据的互动，让人们可以自由地探索数据，增强了人们对数据的参与感和体验感，从而提升了数据传播的效果和影响力。

二、虚拟现实与大数据展示融合的途径

（一）数据可视化

数据可视化是一种强大的工具，可以帮助人们更好地理解和分析数据。虚拟现实技术为数据可视化提供了全新的可能性，通过将大数据以三维、交互式的方式呈现，使数据展

示更加直观、生动。在传统的数据可视化中，数据往往以平面的形式呈现，用户只能通过二维图表或图形来观察数据。而通过虚拟现实技术，数据可以以立体的方式展现，让用户仿佛置身于数据之中，可以 360 度全方位地观察和感知数据。

在虚拟现实环境中，用户可以通过头部追踪设备和手柄等交互设备来探索数据，可以自由地改变视角和位置，深入了解数据背后的含义和关联。例如，在虚拟现实环境中展示地理信息数据，用户可以通过头部追踪设备来控制视角，可以俯视或仰视地图，以更直观的方式理解地理信息数据的空间分布规律。又如，在展示复杂的网络数据时，用户可以通过手柄等交互设备来选择节点和边，以探索网络结构和关系，从而深入了解网络数据的内在规律。

通过虚拟现实技术，用户不仅可以看到数据的表面信息，还可以深入到数据的内部，了解数据的结构和关联。例如，在展示分子结构数据时，用户可以通过虚拟现实技术直观地看到分子的三维结构，可以观察原子之间的空间排列，从而更好地理解分子的性质和功能。又如，在展示人口数据时，用户可以通过虚拟现实技术观察人口的空间分布和密度，可以了解不同地区人口的年龄结构和性别比例，从而更全面地了解人口的情况和变化趋势。

（二）沉浸式体验

通过虚拟现实技术，用户可以沉浸在一个完全虚拟的环境中，仿佛置身于实际场景之中。在数据展示方面，沉浸式体验可以使用户更加身临其境地体验数据所代表的场景或情境，从而增强数据传达的效果和影响力。在沉浸式的虚拟环境中，用户可以通过头戴式显示器等设备进入虚拟世界，完全融入虚拟场景中。例如，在展示历史数据时，用户可以通过虚拟现实技术穿越时空，亲身体验历史事件发生的场景，增强对历史事件的理解和感受。又如，在展示环境数据时，用户可以在虚拟环境中感受不同环境的气氛和氛围，从而更加深入地了解环境数据所反映的情况和问题。

通过沉浸式体验，用户可以更加深入地理解和感受数据所代表的内容，从而更容易产生共鸣和认同。例如，在展示气候数据时，用户可以在虚拟环境中感受到不同气候条件下的温度、湿度等变化，从而更直观地理解气候数据所反映的气候变化情况。又如，在展示人口数据时，用户可以在虚拟环境中感受到人口密集地区和人口稀少地区的差异，从而更深刻地理解人口数据所反映的人口分布和结构情况。

（三）交互性增强

增强数据展示的交互性是虚拟现实技术的一大特点。通过虚拟现实技术，用户可以通过手势、眼神等方式与数据进行交互，使用户可以在虚拟环境中自由地对数据进行操作和探索，从而更深入地理解数据。在虚拟现实环境中，用户可以通过手势来选择、移动、放大或缩小数据，从而对数据进行操作和探索。例如，在展示地理信息数据时，用户可以通过手势来选择不同地区的地图，放大或缩小地图，以便更清楚地观察地理信息数据的细节。又如，在展示产品数据时，用户可以通过手势来旋转、拖动产品模型，以便更好地了解产品的设计和功能。

除了手势，虚拟现实技术还可以利用眼神等方式来实现交互。通过眼神追踪技术，用户可以在虚拟环境中通过眼神来选择和操作数据。例如，在展示医学数据时，用户可以通过眼神来选择不同的器官或病变区域，以便更详细地观察和分析医学数据。通过增强数据展示的交互性，用户可以更加深入地理解和分析数据。用户可以根据自己的需求和兴趣自由地探索数据，从而更全面地了解数据的含义和关联。例如，在展示人口数据时，用户可以通过交互方式来选择不同的人口指标和地区，以便比较不同地区的人口情况，从而更深入地了解人口数据的分布和结构情况。

（四）实时数据监控

通过虚拟现实技术，用户可以在虚拟环境中实时监控数据的变化，随时了解数据的最新状态，从而及时调整决策和策略。在实时数据监控中，虚拟现实技术可以将大量的数据以直观的方式呈现出来，让用户可以一目了然地了解数据的变化趋势。例如，在展示股市数据时，用户可以通过虚拟现实技术在虚拟环境中观察股市的实时走势，了解不同股票的涨跌情况，从而及时调整投资策略。又如，在展示交通数据时，用户可以通过虚拟现实技术监控交通流量的变化，了解不同道路的拥堵情况，从而及时调整出行路线。

通过虚拟现实技术实现实时数据监控，用户可以更加及时地了解数据的变化情况，帮助他们做出更加准确和及时的决策。例如，在展示环境数据时，用户可以通过虚拟环境中的实时监控系统了解环境的空气质量、噪音水平等情况，从而及时采取相应的环保措施。又如，在展示生产数据时，用户可以通过虚拟环境中的实时监控系统了解生产线的运行状态，及时调整生产计划，提高生产效率。

（五）多维数据展示

通过虚拟现实技术，可以将不同维度的数据以空间位置、大小等方式展示出来，让用户可以通过虚拟环境中的视角变换，全面了解数据在不同维度上的关系和影响。在多维数据展示中，虚拟现实技术可以将多维数据以立体的方式呈现出来，让用户可以更直观地理解数据在不同维度上的关系。例如，在展示气象数据时，可以将温度、湿度、风速等多维数据以立体图形的方式展示出来，让用户可以一目了然地了解不同气象要素之间的关系。又如，在展示经济数据时，可以将 GDP、消费水平、就业率等多维数据以不同大小的立体柱状图的方式展示出来，让用户可以直观地比较不同经济指标之间的关系。

通过多维数据展示，用户可以更全面地了解数据在不同维度上的关系和影响，有助于他们做出更全面和准确的决策。例如，在展示市场数据时，用户可以通过多维数据展示了解市场的需求、竞争情况、销售情况等多方面信息，从而制定更有效的市场营销策略。又如，在展示医学数据时，用户可以通过多维数据展示了解病人的身体状况、病情变化等多方面信息，从而制定更科学的治疗方案。

（六）情境模拟

通过虚拟现实技术，可以模拟数据所代表的情境或场景，帮助用户更好地理解数据。通过虚拟环境中的情境模拟，用户可以在虚拟环境中体验数据所代表的实际情况，增强对数据的认知和理解。在情境模拟中，虚拟现实技术可以模拟各种不同的情境或场景，让用户可以在虚拟环境中体验数据所代表的实际情况。例如，在展示医学数据时，可以通过虚拟现实技术模拟病人的病情、治疗过程等情境，让医生可以在虚拟环境中体验病人的实际情况，从而更好地制定治疗方案。又如，在展示地理信息数据时，可以通过虚拟现实技术模拟不同地区的地理环境、气候条件等情境，让用户可以在虚拟环境中体验不同地区的实际情况，从而更好地了解地理信息数据。

通过情境模拟，用户可以更加深入地理解和认识数据所代表的实际情况，有助于他们做出更准确和有效的决策。例如，在展示环境数据时，可以通过虚拟环境中的情境模拟让用户体验不同环境条件下的气候、空气质量等情况，从而更好地了解环境数据所反映的情况和问题。又如，在展示历史数据时，可以通过虚拟环境中的情境模拟让用户体验历史事件的发生过程，从而更好地理解历史数据所反映的事件和影响。

第三节　量子计算与大数据安全

一、量子计算与大数据安全的发展

量子计算是一种利用量子力学原理进行信息处理的计算方式，具有在某些特定问题上远远超越传统计算机的潜力。大数据安全则是指在大数据环境下，保护数据不被非法获取、篡改或破坏的一系列技术和方法。

（一）量子计算对大数据加密的挑战

工业互联网平台是当今工业领域的重要发展趋势，它通过连接各种设备、产品、企业和供应链的各个环节，实现信息的共享和协同，从而提升生产效率、降低成本、改善产品质量，促进工业的数字化转型和智能化发展。在工业互联网平台中，各种设备和产品可以通过互联网进行实时数据的采集和传输，形成海量的数据汇总。这些数据包括设备的运行状态、生产过程中的各种参数、产品的质量信息等。通过对这些数据进行集中管理和分析，可以实现对生产过程的实时监控和管理，及时发现问题并采取措施解决，提高生产效率和产品质量。

工业互联网平台还可以实现企业内部各个部门之间的信息共享和协同。不同部门之间可以通过平台共享数据和信息，实现信息的流通和共享，提高决策的准确性和效率。同时，平台还可以与供应链上的各个环节进行连接，实现供应链的透明化和智能化管理，提高供应链的运作效率和灵活性。工业互联网平台的发展还推动了工业生态系统的建设。通过平台，企业可以与合作伙伴、客户和其他利益相关者进行更加紧密的合作和沟通，共同推动产业链的协同发展，形成更加健康、可持续的工业生态系统。

（二）量子计算在大数据处理中的应用

量子计算作为一种新兴的计算方式，具有在大数据处理中的潜在应用前景。传统计算机在处理大规模数据集时存在着效率低下的问题，而量子计算则可以通过量子叠加和纠缠等特性，提供更高效的解决方案，为大数据处理带来新的可能性。量子计算在优化问题方面具有广泛的应用。优化问题在大数据处理中是非常常见的，例如，在交通调度、资源分配、生产排程等领域都需要解决大规模的优化问题。量子计算可以利用其并行计算的能力，更快速地找到问题的最优解，提高优化问题的求解效率。

量子计算在机器学习和数据挖掘方面也有着重要的应用价值。机器学习和数据挖掘需要处理大量的数据，传统计算机在处理这些数据时存在着瓶颈。量子计算可以通过量子算法，加速机器学习和数据挖掘的过程，帮助发现数据中隐藏的规律和信息，提高数据分析的效率和准确性。量子计算还可以在模拟物理系统和化学反应方面发挥作用。许多物理系统和化学反应过程都非常复杂，传统计算机往往难以进行精确的模拟。量子计算可以利用量子态的性质，更准确地模拟这些复杂系统，为科学研究和工程应用提供更可靠的计算结果。

（三）量子计算对大数据安全管理的影响

随着量子计算技术的不断发展，传统的加密算法和数据存储方式可能会面临被破解的风险，因此大数据安全管理需要与时俱进，采用更加安全的方式来保护数据安全。传统的加密算法依赖于大数分解和离散对数等数学难题的困难性，而量子计算机具有破解这些数学难题的潜力，因此传统的加密算法可能会在量子计算面前变得不那么安全。为了应对这一挑战，大数据安全管理需要采用量子安全的加密算法，如基于量子密钥分发的量子密钥分发协议（QKD），来保护数据的安全。

在大数据安全管理中，随机数是加密算法和密钥管理中不可或缺的部分，而传统的伪随机数生成器可能存在被破解的风险。利用量子计算的特性，可以实现真正意义上的随机数生成，提高了加密算法的安全性。量子计算还可以改变数据存储和传输的方式。量子计算的超越性能可以提供更高效、更安全的数据存储和传输方式，例如量子隐形传态和量子纠缠等技术可以实现数据的安全传输和存储，提高了数据的安全性。

二、量子计算与大数据安全的融合方式

（一）量子安全加密算法

量子安全加密算法是基于量子计算原理的一种加密算法，主要用于保护信息在传输和存储过程中的安全性。传统的加密算法可能会在量子计算的攻击下变得不安全，因为量子计算具有破解传统加密算法的潜力。因此，量子安全加密算法的研发和应用变得至关重要，可以有效应对量子计算带来的威胁，提高大数据的安全性。量子安全加密算法的核心思想是利用量子力学的原理来保护信息的安全性。其中，基于量子密钥分发（QKD）的算法是应用最广泛的一种量子安全加密算法。QKD 算法利用了量子力学中的不可测性原理，确保在传输密钥的过程中，即使在量子计算的攻击下，也能保持信息的机密性。

QKD 算法的基本原理是利用量子态传输密钥。发送方通过量子态的传输，将密钥的信息传递给接收方，同时监测传输过程中是否存在窃听者。由于量子态的特性，即使有窃听者存在，也无法完全复制量子态，从而保证了密钥传输的安全性。除了 QKD 算法，还有一些其他的量子安全加密算法，如基于量子态的加密算法和基于量子密码学的算法等。这些算法都利用了量子计算的特性，提高了加密算法的安全性和难度，为大数据的传输和存储安全性提供了更可靠的保障。

（二）量子随机数生成器

量子随机数生成器是一种利用量子计算的随机性质生成随机数的设备或算法。传统的

伪随机数生成器（PRNG）虽然在计算机中被广泛使用，但其生成的随机数实际上是根据一个确定性的初始种子生成的，因此被称为伪随机数。相比之下，量子随机数生成器利用了量子力学的随机性质，可以生成真正的随机数，具有更高的随机性和不可预测性。量子随机数生成器的工作原理基于量子力学中的不确定性原理。在量子系统中，某些物理量的测量结果是不确定的，例如，对于一个量子比特的测量，其结果只能以一定的概率预测。利用这种不确定性，量子随机数生成器可以生成一系列真正的随机数。

量子随机数生成器的应用可以增强密码学的安全性。在密码学中，随机数被广泛用于生成密钥、初始化向量等，而真正的随机数比伪随机数更难以被破解。因此，利用量子随机数生成器生成的随机数可以提高密码学的安全性，增强大数据的加密强度和随机性。量子随机数生成器还可以在其他领域发挥作用，如模拟实验中的随机性、随机数抽样等。量子随机数生成器的出现为这些领域提供了更高质量的随机数，有助于提高实验的可靠性和结果的准确性。

（三）量子计算加密芯片

量子计算加密芯片是一种利用量子计算技术设计的芯片，用于实现更加安全的数据加密和解密。传统的加密芯片使用的是传统计算机的计算原理，而量子计算加密芯片则利用了量子计算的优势，包括量子叠加和纠缠等特性，实现更高级别的加密保护，提高大数据的安全性。量子计算加密芯片的工作原理基于量子力学中的量子比特。量子比特具有叠加态和纠缠态的特性，可以同时表示多种状态，从而实现更复杂的计算和加密操作。利用量子比特的这些特性，量子计算加密芯片可以实现更加安全的数据加密和解密过程，提高数据传输和存储的安全性。

量子计算加密芯片可以应用于各种数据加密场景，包括通信加密、数据存储加密等。在通信加密方面，量子计算加密芯片可以用于实现更安全的通信协议，例如基于量子密钥分发（QKD）的安全通信协议，保护数据在传输过程中的安全性。在数据存储加密方面，量子计算加密芯片可以用于实现更安全的数据存储方案，保护数据在存储设备中的安全性。

（四）量子计算安全通信协议

量子计算安全通信协议是一种利用量子计算原理设计的通信协议，旨在确保通信过程中数据的安全性，防止数据被窃取或篡改。其中，基于量子密钥分发（QKD）的量子通信协议是应用最广泛的一种量子计算安全通信协议。通过利用量子计算的特性，这种协议可以实现通信过程中的信息保护，提高数据的传输安全性。量子通信协议的基本原理是利用量子态的特性来传输密钥。在通信开始之前，发送方和接收方通过 QKD 协议共享一个密钥，然后利用这个密钥进行对称加密通信。QKD 协议的安全性基于量子态的不可克隆性，即使在传输过程中被窃听者截获了部分信息，也无法获取完整的密钥信息，从而确保了通信的安全性。

除了 QKD 协议，还有其他基于量子计算的安全通信协议，如基于量子态的加密协议和基于量子密码学的协议等。这些协议利用了量子计算的特性，如量子态的叠加和纠缠等，实现了更高级别的通信安全保护，提高了数据传输的安全性和可靠性。量子计算安全通信协议的应用可以在许多领域发挥重要作用，包括政府机构、金融机构、军事领域等对通信安全性要求较高的领域。通过使用这些协议，可以保护通信过程中的敏感信息，防止数据泄露和篡改，提高通信的安全性和可信度。

（五）量子计算加密存储

量子计算加密存储是一种基于量子计算原理的安全存储方案，旨在利用量子计算的特性实现数据的安全存储和访问，防止数据泄露和篡改。传统的数据存储方式可能会受到传统计算机攻击手段的威胁，例如利用计算机的运算能力来破解加密算法。相比之下，量子计算加密存储利用了量子计算的优势，实现了更高级别的数据加密和安全保护。

量子计算加密存储的工作原理基于量子力学中的量子比特。在量子计算加密存储中，数据以量子比特的形式存储在存储介质中，并通过量子比特之间的相互作用来实现加密和解密操作。由于量子比特的特性，即使存储介质被攻击者获取，也无法完全获取存储的数据信息，从而保证了数据的安全性。

量子计算加密存储可以应用于各种数据存储场景，包括个人数据存储、企业数据存储、云存储等。在个人数据存储方面，量子计算加密存储可以保护用户的个人隐私信息，防止数据被非法获取。在企业数据存储方面，量子计算加密存储可以保护企业的重要数据，防止数据泄露和篡改。在云存储方面，量子计算加密存储可以保护云端存储的数据，提高数据存储的安全性和可靠性。

第十章　计算机信息技术与大数据发展展望

第一节　技术发展趋势与前景

一、计算机信息技术与大数据的发展趋势

（一）大数据分析与数据可视化

大数据分析与数据可视化是随着大数据时代的到来而变得越来越重要的技术领域。随着互联网、物联网和传感器技术的普及，我们生产的数据量呈指数级增长。这些数据包含着宝贵的信息和见解，但是要从中提取出这些信息并理解其含义并不容易。大数据分析和数据可视化技术的发展正是为了解决这一问题。

大数据分析是指利用各种技术和工具对大规模数据集进行分析和挖掘，以发现其中的模式、趋势和规律。通过大数据分析，我们可以从海量数据中提取有用的信息，帮助企业做出更明智的决策。例如，通过分析消费者的购买记录和行为，企业可以更好地了解消费者的喜好和需求，从而调整产品和营销策略。数据可视化是将数据以图形化的方式呈现出来，使得数据更易于理解和解释。数据可视化可以帮助我们发现数据中的模式和关联性，从而更深入地理解数据背后的含义。例如，通过将销售数据以图表的形式展示出来，我们可以清晰地看到销售额随时间的变化趋势，帮助企业制定销售计划和预测未来销售趋势。

（二）数据安全与隐私保护

在大数据时代，数据安全和隐私保护问题日益突显。随着数据规模的不断扩大和数据应用的日益广泛，人们对数据安全和隐私保护的重视程度也越来越高。在这个背景下，加强数据加密和安全存储技术已成为一种必然趋势，以保护用户数据的安全和隐私。通过对数据进行加密，可以有效防止数据在传输和存储过程中被窃取或篡改。目前，常用的加密算法包括对称加密算法和非对称加密算法。对称加密算法通过使用相同的密钥对数据进行加密和解密，简单高效；而非对称加密算法则使用公钥和私钥进行加密和解密，安全性更高。未来，随着量子计算技术的发展，量子安全加密算法将成为加密技术的新趋势，以应对未来量子计算对传统加密算法的挑战。

安全存储技术包括对数据进行备份、冗余存储和访问控制等措施，以保证数据在存储过程中不会丢失或被破坏。同时，安全存储技术还包括对存储介质的选择和管理，以保证数据的长期安全存储和可靠性。除了加强数据加密和安全存储技术外，保护用户数据的安全和隐私也需要从法律和政策层面进行规范和保障。各国和地区应建立健全的数据安全和隐私保护法律法规体系，加强对数据安全和隐私保护的监管和执法，以保护用户数据的合法权益。

（三）自然语言处理与文本分析

自然语言处理（NLP）和文本分析技术的发展已经在信息技术领域产生了深远的影响。这些技术使计算机能够理解、解释和生成人类语言，从而更有效地处理和分析大量的文本数据。NLP 技术不仅局限于文本的表面信息，还能够深入理解文本背后的含义和情感。这种技术在许多领域都得到了广泛的应用，例如智能搜索引擎、智能助手、自动摘要、情感分析、语义理解等。NLP 技术在搜索引擎领域发挥着重要作用。通过 NLP 技术，搜索引擎可以更准确地理解用户的查询意图，从而提供更相关的搜索结果。例如，当用户输入一个问题时，搜索引擎可以通过 NLP 技术分析问题的语义，帮助用户找到最相关的答案。此外，NLP 技术还可以帮助搜索引擎理解文本之间的关系，从而提供更全面和准确的搜索结果。

NLP 技术在智能助手领域也有着重要的应用。智能助手可以通过 NLP 技术理解用户的指令和需求，并根据用户的需求提供相应的服务。例如，智能助手可以通过 NLP 技术识别用户的语音指令，然后执行相应的操作，如发送消息、设置提醒、查询信息等。这种技术使得人机交互变得更加便捷和高效。NLP 技术还在文本分析领域发挥着重要作用。通过 NLP 技术，可以对大量的文本数据进行分析和挖掘，从而发现隐藏在数据中的信息和模式。例如，NLP 技术可以用于情感分析，帮助企业了解消费者对其产品的态度和情感，从而调整营销策略。另外，NLP 技术还可以用于自动摘要，帮助用户快速了解一篇文章或一段文字的核心内容。

（四）可信计算技术

可信计算技术作为一种关键技术，可以提供安全可靠的计算环境，保护数据和应用程序不受恶意攻击和篡改。未来，随着信息技术的不断发展和普及，可信计算技术将发挥更加重要的作用，并在各个领域得到广泛应用。随着云计算的快速发展，越来越多的企业和个人选择将数据和应用程序部署在云端。可信计算技术可以确保云计算环境的安全性和可靠性，防止数据泄露和服务中断，保护用户的数据和隐私不受侵犯。这对于促进云计算的发展和应用具有重要意义。

随着物联网设备的不断增加和智能化程度的提高，物联网安全问题也日益突出。可信计算技术可以确保物联网设备和系统的安全性，防止被恶意攻击和篡改，保护用户的隐私和数据安全。这对于推动物联网技术的发展和应用具有重要意义。可信计算技术在大数据处理中也具有重要作用。随着大数据技术的不断发展和应用，数据安全和隐私保护成为大数据处理中的重要问题。可信计算技术可以确保大数据处理过程中数据的安全性和可靠性，防止数据被恶意篡改和泄露，保护用户的隐私和数据不受侵犯。这对于推动大数据技术的发展和应用具有重要意义。

二、计算机信息技术与大数据的发展前景

（一）技术创新驱动

技术创新一直是推动计算机信息技术和大数据领域发展的关键驱动力。随着科技的不断进步，新型技术如人工智能（AI）、深度学习、区块链等正逐渐与大数据技术结合，为

信息技术的发展注入了新的活力和动力。人工智能技术的发展将为计算机信息技术和大数据领域带来巨大的推动力。人工智能技术可以通过模拟人类智能的方式，实现对数据的智能化处理和分析。例如，机器学习算法可以帮助计算机系统从数据中学习并做出预测，深度学习技术可以实现对大规模数据的高效处理和分析。这些技术的发展将使得计算机信息技术和大数据领域的应用更加智能化和高效化。

区块链技术的兴起也将为信息技术的发展带来新的机遇。区块链技术可以实现对数据的安全存储和传输，保证数据的完整性和不可篡改性。在大数据领域，区块链技术可以用于建立安全可信的数据交换平台，推动数据共享和合作，促进信息技术的发展和创新。物联网技术的发展也将为信息技术和大数据领域带来新的挑战和机遇。随着物联网设备的不断增多和智能化程度的提高，产生的数据量也将呈现爆发式增长。这将对数据处理和分析提出更高的要求，同时也将促进信息技术的发展和创新。

（二）数据驱动经济发展

在当今信息化时代，教育已经逐渐向线上转移，而在线教育正是实践与理论相结合的典范。通过虚拟仿真技术、互动式学习工具等手段，在线教育为学生提供了更为丰富和多样的学习体验，使他们能够在虚拟环境中进行实际操作，获得实践经验和技能，从而更好地理解和掌握相关知识和技能，提高其在实际工作中的应用能力。通过虚拟仿真技术，学生可以在虚拟环境中进行各种实际操作，如化学实验、机械操作等，而无需真实的实验室或工作场所。这种实践操作的模拟不仅可以降低实验和操作的成本，还可以提高学生的安全性和效率，使其能够更加自由地进行学习和实践。

通过互动式学习工具，学生可以与教学内容进行互动，参与到学习过程中。例如，学生可以通过在线平台参与到模拟情景中，与虚拟角色进行对话和互动，从而更好地理解和掌握知识。这种互动式学习方式不仅可以提高学生的学习积极性和主动性，还可以加深他们对知识的理解和记忆。在线教育还可以通过实践案例和项目实践等形式，为学生提供更为真实和贴近实际的学习体验。学生可以通过参与实践项目，了解和掌握相关知识和技能，并将其应用到实际工作中。这种实践与理论相结合的学习方式，可以使学生更加深入地理解和掌握知识，提高其在实际工作中的应用能力。

（三）智能化应用普及

随着人工智能技术的不断发展，智能化应用将会得到更广泛的应用，为各个领域带来新的发展机遇。智能家居、智能交通、智能医疗等领域的智能化应用将逐渐成为现实，改变人们的生活和工作方式，推动社会向着更加智能化、便利化的方向发展。通过人工智能技术，家庭设备和设施可以实现智能化控制和管理，如智能灯光、智能家电、智能安防系统等。居民可以通过手机或语音助手等进行远程控制，实现家居设备的智能化操作，提高家居生活的舒适性和便利性。

通过人工智能技术，交通管理系统可以实现智能化监控和调度，提高交通运输的效率和安全性。智能交通系统可以实现智能信号灯控制、智能车辆管理等功能，有效缓解交通拥堵和提高交通运输效率。通过人工智能技术，医疗设备和医疗服务可以实现智能化管理和诊断，如智能诊断系统、远程医疗服务等。患者可以通过手机或智能设备进行医疗咨询和诊断，提高医疗服务的效率和质量，改善患者的医疗体验。

（四）数据安全与隐私保护

数据安全和隐私保护是当前信息化时代面临的重要挑战和问题。随着数据泄露和隐私泄露事件的不断增多，数据安全和隐私保护已经成为社会各界关注的焦点。未来，随着信息技术的不断发展，将会出现更多的数据安全技术，以保护数据的安全性和隐私性。数据加密技术可以将数据转化为密文，在数据传输和存储过程中，保护数据不被未经授权的访问者获取。未来，随着量子计算技术的发展，量子加密技术将成为保护数据安全和隐私的重要手段，提高数据的安全性和保密性。

数据访问控制技术可以对数据的访问进行限制，只允许授权用户访问数据，防止未经授权的访问者获取数据。未来，随着人工智能技术的发展，智能化数据访问控制技术将得到进一步应用，提高数据的安全性和隐私性。加强数据安全管理和监控技术也是保护数据安全和隐私的重要措施。数据安全管理和监控技术可以监测数据的使用和传输过程，及时发现异常行为，并采取相应措施保护数据安全和隐私。未来，随着大数据技术的发展，数据安全管理和监控技术将更加智能化和高效化，提高数据的安全性和隐私性。

（五）人机协同发展

人类与计算机系统的互动将更加紧密，共同推动科技的发展。人类通过与计算机系统的协同合作，可以更高效地解决复杂问题，推动科技向着更加智能化、人性化的方向发展。人机协同将推动人类社会的发展。通过人类与计算机系统的协同合作，可以更好地解决各种复杂问题，提高生产效率和工作质量，推动经济社会的发展。例如，在医疗领域，人类医生可以通过与智能医疗系统的协同合作，更准确地诊断疾病和制定治疗方案，提高医疗水平和治疗效果。

通过人类与计算机系统的协同合作，可以加快科技创新的速度，推动新技术、新产品的不断涌现。例如，在科学研究领域，人类科学家可以通过与智能科研系统的协同合作，更快地发现科学规律和解决科学难题，推动科技的发展和进步。人机协同还将推动社会的智能化和人性化发展。通过人类与计算机系统的协同合作，可以实现社会资源的更加智能化和合理化利用，提高社会运行的效率和质量。例如，在城市管理领域，人类可以通过与智能城市系统的协同合作，更好地解决城市管理中的各种问题，提高城市的运行效率和服务质量。

（六）教育与人才培养

随着信息技术的发展，教育和人才培养也将发生变革。教育将更加注重培养学生的创新能力和信息技术应用能力，以适应未来社会的发展需求。教育将通过创新的教学模式和教学内容，培养学生的创新精神和信息技术应用能力，为他们的未来发展打下坚实的基础。未来教育将更加注重培养学生的创新能力。随着社会经济的发展，创新已经成为推动社会发展的重要动力。未来教育将更加注重培养学生的创新思维和创新能力，培养他们发现问题、解决问题的能力，激发他们的创新潜能，为他们的未来发展打下坚实的基础。

随着信息技术的飞速发展，信息技术已经渗透到各个领域。未来教育将更加注重培养学生的信息技术应用能力，培养他们熟练使用信息技术工具进行学习和工作的能力，提高他们的信息获取、分析和利用能力，使他们能够更好地适应未来社会的发展需求。未来社会对人才的需求将更加多元化和复杂化，要求人才具备良好的综合素质和能力。未来教育将更加注重培养学生的综合素质和能力，包括思维能力、创新能力、沟通能力、团队合作能力等，为他们的未来发展提供全面的支持和保障。

（七）产业结构调整

随着计算机信息技术和大数据技术的发展，将带动产业结构的调整。传统产业将加速向数字化、智能化转型，推动产业升级，实现经济发展的转型升级。计算机信息技术和大数据技术的发展将推动传统产业向数字化转型。随着信息技术的不断发展，数字化已经成为产业发展的重要趋势。未来，传统产业将加速采用计算机信息技术和大数据技术，实现生产、管理、营销等方面的数字化，提高生产效率和市场竞争力。

计算机信息技术和大数据技术的发展将推动传统产业向智能化转型。随着人工智能技术的不断发展，智能化已经成为产业发展的新动向。未来，传统产业将加速采用人工智能技术，实现生产过程的智能化，提高生产效率和产品质量，推动产业向高端化、智能化方向发展。计算机信息技术和大数据技术的发展还将推动产业结构的优化升级。随着信息技术的不断发展，产业结构将趋于优化，高新技术产业和服务业将成为主导产业。未来，传统产业将加速向高新技术产业和服务业转型，实现产业结构的优化升级，推动经济发展向高质量发展的方向迈进。

（八）社会管理与治理

大数据技术的发展为社会管理和治理提供了更多可能性。通过数据分析，政府可以更加精准地制定政策和规划，提高社会管理效率，推动社会治理现代化。大数据技术可以帮助政府更好地了解社会状况和民生需求。通过分析大数据，政府可以了解民众的生活水平、消费习惯、健康状况等信息，为政府决策提供数据支持，更好地满足民生需求，提高民生福祉。

大数据技术可以帮助政府更加精准地制定政策和规划。通过分析大数据，政府可以了解各个领域的发展状况和问题，及时调整政策和规划，提高政策的针对性和实效性，推动经济社会的稳定发展。大数据技术可以帮助政府更加高效地进行社会管理。通过大数据分析，政府可以了解社会问题的发生和演变规律，及时采取措施进行干预和调控，提高社会管理的效率和质量，维护社会稳定和安全。

第二节　行业应用前景与机遇

一、计算机信息技术行业应用前景与机遇

（一）智能化应用

随着人工智能、机器学习和深度学习等技术的不断发展，智能化应用将成为计算机信息技术的重要方向。智能化应用包括智能家居、智能交通、智能医疗等，将为人们的生活和工作带来更多便利。智能化应用将为人们的生活带来更多便利。智能家居可以通过智能

设备实现对家居环境的智能控制，提高生活的舒适度和便利性。智能交通可以通过智能交通系统提供实时交通信息，帮助人们更加便捷地出行。智能医疗可以通过智能医疗设备和系统提供个性化的医疗服务，提高医疗保健的效率和质量。

在工业生产领域，智能制造可以通过智能化生产设备和系统实现生产过程的自动化和智能化，提高生产效率和产品质量。在服务行业，智能化应用可以通过智能化系统提供更加便捷和高效的服务，提高服务质量和客户满意度。智能化应用还将为社会治理和公共服务带来更多创新和提升。智能化城市管理可以通过智能化系统实现对城市资源和环境的智能管理，提高城市运行的效率和环境的质量。智能化公共服务可以通过智能化系统提供更加便捷和高效的公共服务，提高公共服务的覆盖范围和质量。

（二）人工智能和机器学习

随着人工智能和机器学习技术的发展，计算机信息技术行业将迎来更多创新和突破。人工智能和机器学习技术的广泛应用将为各个领域带来更多便利和可能性。人工智能和机器学习技术的发展将推动智能化应用的发展。人工智能技术可以帮助机器模拟人类的智能行为，如语音识别、图像识别、自然语言处理等，为人们的生活和工作带来更多便利。机器学习技术可以让机器通过数据学习和改进，不断提高性能和准确性，为各种应用提供更好的支持。

在制造业中，人工智能和机器学习技术可以实现智能制造，提高生产效率和产品质量。在服务业中，人工智能和机器学习技术可以提供智能化服务，提高服务质量和客户满意度。在医疗健康领域，人工智能和机器学习技术可以帮助医生提高诊断和治疗水平，提高医疗服务的效率和质量。人工智能和机器学习技术还将推动社会治理和公共服务的创新。人工智能和机器学习技术可以帮助政府更好地了解社会状况和民生需求，制定更加精准和有效的政策和规划。同时，人工智能和机器学习技术还可以帮助提高社会治理和公共服务的效率和质量，推动社会的和谐稳定和可持续发展。

（三）数字化转型

随着时代的发展，各行各业都在积极进行数字化转型，而计算机信息技术将成为推动这一转型的核心驱动力。在这一过程中，企业和组织需要不断加强对计算机信息技术的应用和创新，以提高数字化转型的效率和质量，实现更加智能化、高效化的发展。数字化转型将深刻改变企业和组织的商业模式。传统产业通过引入信息技术和互联网技术，实现了业务流程的数字化、信息化和网络化，推动企业从传统产业向数字经济的转变。数字化转型不仅仅是业务流程上的变革，更是对商业模式、组织结构和文化的全面重新塑造，使得企业更加灵活、敏捷和创新。

通过引入先进的计算机信息技术，企业可以实现生产、管理、营销等方面的智能化和自动化，提高生产效率和产品质量，优化资源配置，降低成本，提升服务水平，增强市场竞争力。数字化转型将促进产业升级和经济转型。随着信息技术和互联网技术的广泛应用，传统产业正在发生深刻变革，新兴产业不断涌现，为经济增长提供新动力。数字化转型将推动企业向高端、智能、绿色产业转型，推动经济结构优化升级，促进经济持续健康发展。

（四）新兴技术应用

新兴技术如区块链、量子计算等将成为计算机信息技术行业的新的发展方向，为行业带来更多机遇和挑战。加强新兴技术的研究和应用，将推动计算机信息技术行业的发展进步。

二、大数据行业应用前景与机遇

（一）商业应用潜力

大数据在商业领域的应用前景广阔，为企业带来了巨大的商机和发展空间。通过大数据分析，企业可以更加深入地了解市场需求和消费者行为，从而优化产品设计和营销策略，提高市场竞争力。同时，大数据还可以帮助企业优化供应链管理、降低成本，提高效率，实现可持续发展。大数据分析可以帮助企业更好地了解市场需求和消费者行为。通过分析海量的数据，企业可以发现潜在的市场机会和消费者需求，及时调整产品设计和营销策略，提高产品的市场适应性和竞争力。

大数据可以帮助企业优化供应链管理，降低成本，提高效率。通过大数据分析，企业可以实现对供应链各个环节的监控和管理，及时发现问题并进行调整，提高供应链的运作效率，降低物流成本，提高企业的竞争力。大数据还可以帮助企业进行精细化营销，提高营销效果。通过大数据分析，企业可以更加精准地锁定目标客户群体，制定个性化营销策略，提高营销的针对性和效果，降低营销成本，提高企业的市场占有率和盈利能力。

（二）智慧城市建设

大数据在智慧城市建设中扮演着重要的角色，为城市管理者提供了更多的数据支持和决策依据，促进城市的可持续发展和智慧化建设。大数据分析可以帮助城市管理者更好地了解城市的运行情况。通过监测和分析城市各个方面的数据，如交通流量、环境质量、能源消耗等，城市管理者可以及时了解城市的运行状况，发现问题并及时采取措施解决，提高城市的运行效率和安全性。

通过分析城市各个方面的数据，城市管理者可以更好地了解城市的发展趋势和需求，制定科学合理的城市规划和发展策略，提高城市的发展质量和效率。大数据分析还可以提高城市的生活质量。通过分析居民的生活习惯和需求，城市管理者可以提供更加个性化和便利的公共服务，如智能交通、智能医疗、智能环保等，提高居民的生活质量和幸福感。

（三）医疗健康应用

医疗健康是大数据应用领域中备受关注的一个重要方向。大数据技术在医疗健康领域的应用，将为人类健康提供更加精准、高效的医疗服务，推动医疗健康事业向前发展。大数据在医疗健康领域的应用将实现个性化医疗诊断和治疗方案。通过分析大量的医疗数据，包括患者的基因数据、临床数据、生理数据等，可以为每个患者制定个性化的诊断和治疗方案，提高治疗的效果和患者的生活质量。

大数据在医疗健康领域的应用将提高医疗服务的效率和质量。通过大数据分析，医疗机构可以更加准确地识别疾病风险、提前预防疾病的发生，降低医疗事故的发生率，提高医疗服务的效率和质量。大数据在医疗健康领域的应用将促进医学研究和创新。通过分析大量的医疗数据，可以发现新的疾病规律、研究新的治疗方法，推动医学研究的进步，为医学创新提供新的思路和方法。

（四）金融行业革新

在当今数字化时代，大数据正逐渐改变着金融行业的运作方式，为其带来了革命性的变化和巨大的发展机遇。通过大数据分析，金融机构可以提高风控能力，减少风险，提高金融服务的普惠性和效率。大数据在金融行业的应用提高了金融风控能力。金融机构通过分析大数据，可以更准确地评估借款人的信用风险和还款能力，从而制定更合理的贷款政策和风险管理策略，降低坏账率，提高贷款的安全性和稳定性。

大数据在金融行业的应用促进了金融服务的普惠性。通过大数据分析，金融机构可以更好地了解客户的需求和偏好，推出更符合客户需求的金融产品和服务，提高金融服务的普及程度，让更多的人受益于金融服务。大数据在金融行业的应用提高了金融服务的效率。金融机构通过分析大数据，可以优化业务流程，提高业务处理效率，降低成本，提高盈利能力，从而提高金融服务的效率和竞争力。

（五）科学研究和创新

在当今信息时代，大数据正在成为科学研究和创新的重要驱动力。通过大数据分析，科学家可以更深入地理解自然规律，推动科学研究的进步，为人类社会的发展带来新的突破和进展。大数据在科学研究中的应用为科学家提供了前所未有的研究工具。传统的科学研究往往受限于数据量和数据来源的限制，而大数据技术的出现为科学家提供了海量的数据资源，使他们能够从更广泛、更深入的角度来理解自然界的规律。

大数据在科学研究中的应用推动了跨学科研究和创新。大数据技术的发展使得不同学科领域之间的数据共享和交流变得更加容易，促进了不同学科之间的交叉融合，推动了科学研究的跨学科发展和创新。大数据在科学研究中的应用加速了科学发现和技术创新的过程。通过大数据分析，科学家可以更快速地发现隐藏在数据背后的规律和模式，从而加速科学发现和技术创新的过程，为人类社会的发展提供更多可能性。

（六）社会治理与公共服务

在当今社会，大数据在社会治理和公共服务中发挥着越来越重要的作用。通过大数据分析，政府可以更好地了解民生需求，优化公共服务，提高社会治理的效率和水平，实现更好地满足人民群众的美好生活需要。大数据在社会治理中的应用可以帮助政府更好地了解民生需求。通过分析大数据，政府可以及时了解人民群众的需求和诉求，针对性地制定政策措施，更好地解决社会问题，提高人民群众的获得感和幸福感。

通过大数据分析，政府可以更好地了解公共服务的需求和供给情况，优化公共服务的布局和资源配置，提高公共服务的效率和质量，让人民群众享受到更优质的公共服务。大数据在社会治理中的应用可以提高社会治理的效率和水平。通过大数据分析，政府可以更及时地掌握社会情况，更快速地响应社会问题，更有效地解决社会矛盾，提高社会治理的效率和水平，维护社会的稳定和和谐。

第三节 社会影响与变革

一、计算机信息技术与大数据的社会影响

（一）经济影响

在当今数字化时代，大数据技术的应用已经成为经济增长和创新的重要推动力。通过大数据分析，企业可以更好地了解市场需求和趋势，优化产品和服务，提高生产效率，降低成本，增加收入。大数据还促进了新兴产业的发展，如人工智能、物联网等，为经济结构转型升级提供了新的动力。大数据在经济领域的应用提高了企业的市场洞察力。传统的市场调研往往受限于数据采集和分析的效率，而大数据技术的出现为企业提供了海量的数据资源，使其能够更全面、更深入地了解市场需求和趋势，更准确地预测市场走向，从而更好地制定市场营销策略，提高产品和服务的竞争力。

通过大数据分析，企业可以更精确地了解生产过程和供应链的情况，优化生产计划和物流管理，提高生产效率，降低成本，增加利润。大数据还可以帮助企业更好地了解客户需求，个性化定制产品和服务，提高客户满意度，增加销售额。大数据在经济领域的应用推动了新兴产业的发展。随着人工智能、物联网等新兴产业的兴起，大数据技术成为其发展的重要支撑。通过大数据分析，这些新兴产业可以更好地理解用户行为和需求，提供更智能、更便捷的产品和服务，为经济结构转型升级提供了新的动力。

（二）政治影响

在当今信息时代，大数据在政治领域的应用已经成为一种趋势，对政治产生了深远影响。政府可以利用大数据分析来制定更科学、更有效的政策，提高治理效率，改善民生。同时，大数据也带来了政治隐私和监控等问题，需要政府和社会共同探讨如何平衡数据应用的便利性和个人隐私的保护。大数据在政治领域的应用提高了政府治理效率。通过大数据分析，政府可以更准确地了解社会情况和民生需求，及时调整政策措施，提高政府决策的科学性和针对性，优化资源配置，提高治理效率，实现更好地为民务实效。

大数据在政治领域的应用促进了政府与民众之间的互动和沟通。政府可以通过大数据分析，更好地了解民众的意见和诉求，及时回应民众关切，提高政府的透明度和公信力，增强政府的合法性和民意基础。大数据在政治领域的应用也带来了政治隐私和监控等问题。随着大数据技术的发展，个人信息的收集、分析和利用日益频繁，个人隐私面临着严峻挑战。政府和社会需要共同探讨如何平衡数据应用的便利性和个人隐私的保护，建立健全的数据安全和隐私保护制度，保障公民的信息安全和个人隐私权益。

（三）文化影响

在当今数字化时代，大数据正在对文化产业和人们的生活方式产生深远影响。通过大数据分析，文化产业可以更好地了解受众喜好，推出更具吸引力的文化产品和服务。同时，大数据也带来了文化信息的过载和碎片化，挑战着传统文化传承和创新的方式。大数据在文化领域的应用提升了文化产业的创新能力。传统文化产业往往受限于有限的市场调

研和受众反馈，而大数据分析可以帮助文化产业更准确地了解受众喜好和需求，精准定位市场，推出更符合受众口味的文化产品和服务，提升了文化产业的创新能力和市场竞争力。

随着互联网和移动通信技术的普及，人们获取信息和文化产品的方式发生了巨大变化，传统的文化传播方式受到了挑战。大数据分析可以帮助文化产业更好地了解受众的传播偏好和行为习惯，优化文化产品和服务的传播策略，拓展传播渠道，提高文化产品和服务的传播效果。大数据在文化领域的应用带来了文化信息的过载和碎片化。随着大数据技术的发展，人们面对的信息量越来越大，信息的获取和传播变得更加便捷和快速，但也带来了信息的过载和碎片化，挑战着传统文化传承和创新的方式。如何在信息爆炸的时代保持文化传统的纯粹性和延续性，是文化产业和社会面临的重要问题。

（四）教育影响

在当今数字化时代，大数据在教育领域的应用日益广泛，对教育产生了深远影响。通过大数据分析，教育机构可以更好地了解学生的学习情况和需求，个性化地制定教学计划，提高教育质量。大数据还促进了教育资源的共享和开放，为教育公平和普及提供了新的可能性。大数据在教育领域的应用提高了教育教学的个性化水平。传统教育往往采取统一的教学方案，忽视了每个学生的差异性和需求。而大数据分析可以基于学生的学习数据，了解每个学生的学习特点和需求，个性化地制定教学计划，提供更精准、更有效的教学服务，提高教育质量。

大数据在教育领域的应用促进了教育资源的共享和开放。传统教育资源受到地域和条件限制，学生无法享受到更广泛的教育资源。而大数据技术可以实现教育资源的数字化和共享，让学生随时随地获取到优质的教育资源，扩大了教育资源的覆盖范围，提高了教育的普及和公平性。大数据在教育领域的应用推动了教育教学模式的创新。传统教育教学往往以教师为中心，忽视了学生的主体地位和参与性。而大数据分析可以基于学生的学习数据，探索更有效的教学方法和评价体系，推动教育教学模式向更加开放、灵活和个性化的方向发展，提高教育的针对性和效果。

（五）社会影响

在当今数字化时代，大数据正在深刻影响着社会交往和互动的方式。通过社交网络和移动应用等平台，人们可以更便捷地获取信息、交流思想，参与社会活动。同时，大数据也带来了信息泛滥和虚假信息的传播，挑战着社会公信力和道德伦理。大数据在社会影响方面提升了信息获取和传播的效率。传统社会交流往往受制于时空限制，而大数据技术使得信息的获取和传播更加便捷和快速。人们可以通过社交网络、即时通讯工具等平台，随时随地获取信息，与他人交流互动，参与社会活动，拓展了社会交往的范围和方式。

传统的社会参与和公共治理往往需要投入大量的人力物力，而大数据技术可以帮助政府和组织更好地了解民意和社会需求，优化决策和资源配置，提高社会治理的效率和透明度，推动社会进步和发展。大数据在社会影响方面也带来了信息泛滥和虚假信息的传播。随着信息技术的发展，人们面对的信息量越来越大，信息的真实性和可信度成为社会关注的焦点。虚假信息的传播可能影响社会稳定和公共秩序，挑战着社会公信力和道德伦理。

因此，社会需要加强信息监管和引导，提高信息的真实性和可信度，维护社会公共利益。

二、计算机信息技术与大数据变革

（一）商业模式的转变

在当今数字化时代，计算机信息技术和大数据的发展正在深刻改变着许多行业的商业模式。传统产业逐渐认识到数据的重要性，并开始利用大数据分析来优化运营、推动创新，并提高竞争力。以下是一些行业中大数据对商业模式转变的影响。传统零售商通过大数据分析了解消费者的购买行为和偏好，从而制定更加个性化的营销策略。通过大数据技术，零售商可以更准确地预测销售趋势，优化库存管理，提高供应链效率，进而提升销售额和客户满意度。金融机构通过大数据分析大幅提高了风险管理的能力，可以更准确地评估借款人的信用风险，优化贷款审批流程。同时，大数据还帮助金融机构更好地了解客户需求，推出更具吸引力的金融产品和服务，提高了金融服务的普惠性和效率。

制造商通过大数据分析实现了生产过程的优化和智能化，提高了生产效率和产品质量。大数据还帮助制造商更好地了解市场需求，快速调整生产计划，灵活应对市场变化。大数据技术还在其他行业如医疗、能源、交通等领域发挥着重要作用。医疗行业通过大数据分析可以实现个性化医疗诊断和治疗方案，提高医疗服务的效率和质量。能源行业利用大数据分析实现能源消耗的优化，提高能源利用效率。交通行业通过大数据分析实现交通流量的预测和管理，提高交通运输的效率和安全性。

（二）智能化和自动化的发展

智能化和自动化是当今社会信息化发展的重要趋势，计算机信息技术和大数据的结合推动了智能化和自动化的发展。人工智能、机器学习等技术的应用使得系统能够更好地理解和处理大规模数据，从而实现更智能、更高效的决策和操作。在智能制造领域，大数据技术的应用推动了生产过程的智能化和自动化。通过对生产过程中产生的大量数据进行分析和挖掘，可以实现生产过程的实时监控和优化调整，提高生产效率和产品质量。例如，利用大数据分析技术，可以对生产设备进行预测性维护，避免设备故障导致的生产中断，提高生产线的稳定性和可靠性。

在智能交通领域，大数据技术的应用推动了交通系统的智能化和自动化。通过对交通流量、车辆位置等数据的实时监测和分析，可以实现交通信号的智能控制和交通路况的实时调整，提高交通系统的运行效率和安全性。例如，利用大数据分析技术，可以实现交通信号的自适应控制，根据实时交通情况调整信号灯的时长，优化交通流畅度。在智能家居领域，大数据技术的应用推动了家居设备的智能化和自动化。通过对家庭设备的使用数据进行分析和学习，可以实现家庭设备的智能控制和自动化操作，提高居住环境的舒适性和便利性。例如，利用大数据分析技术，可以实现家庭设备的智能联动，根据家庭成员的习惯和需求自动调整设备的工作模式，提高家居生活的便捷性和舒适性。

（三）用户体验的提升

在当今数字化时代，计算机信息技术和大数据的应用正在深刻改变着用户体验。通过分析用户行为和偏好，企业可以优化产品和服务，提供更个性化、更符合用户需求的体验。以下是一些行业中大数据对用户体验提升的影响。社交媒体平台利用大数据分析用户的行为、兴趣和社交关系，从而能够更精准地推荐内容，提高用户的满意度和粘性。例如，根据用户的点击、评论和分享行为，社交媒体平台可以推荐用户可能感兴趣的内容，使用户在浏览社交媒体时更加愉快和高效。

通过分析用户的购买历史、浏览行为和偏好，电子商务平台可以向用户推荐个性化的商品和服务，提高购物的便捷性和满意度。同时，大数据分析还可以帮助电商平台优化用户界面和购物流程，使用户的购物体验更加顺畅和愉快。在线教育行业也在通过大数据技术提升用户体验。在线教育平台可以根据学生的学习行为和表现，个性化地推荐学习资源和课程，提高学习效果和体验。通过大数据分析学生的学习进度和理解程度，教育平台可以及时调整教学策略，帮助学生更好地掌握知识。

（四）社会管理的转变

计算机信息技术和大数据的发展对社会管理方式产生了深远影响，推动了社会管理的转变。政府部门、公共安全领域等利用大数据分析实现智能化管理，提升了公共服务水平和社会安全水平。在城市管理方面，政府部门利用大数据分析实现了智能化管理。通过对城市各个方面的数据进行收集、整理和分析，政府部门可以更好地了解城市运行的规律和问题，从而制定更加科学、有效的管理措施。例如，利用大数据分析技术，政府部门可以实现交通拥堵情况的实时监测和分析，优化交通管理，提高交通运行效率；可以实现环境污染情况的实时监测和分析，采取针对性措施，改善环境质量。

在公共安全领域，大数据分析实现了智能监控和预警，提高了社会安全水平。通过对公共安全领域的数据进行分析，可以实现对安全风险的预测和预警，及时发现和应对安全问题。例如，利用大数据分析技术，公安部门可以实现对犯罪行为的预测和预警，加强对重点区域和重点人群的监控，提高社会治安水平；可以实现对自然灾害的预测和预警，加强对灾害风险区域的监控和防范，保障人民生命财产安全。

第四节　未来发展策略与建议

一、计算机信息技术与大数据的未来发展策略

（一）数据隐私与安全

在信息时代，数据隐私和安全问题日益凸显，成为社会和技术发展的重要议题。随着大数据的快速发展和广泛应用，如何保护数据隐私和确保数据安全成为一项迫切任务。未来，数据隐私与安全的发展将更多地关注数据的合规性、隐私保护和安全性，包括加密技术、访问控制和数据审查等方面。数据隐私与安全的合规性将成为关注焦点。随着个人数据泄露事件的增多，数据隐私保护法律法规日益完善。未来，企业和组织将更加注重遵守相关法规，加强数据隐私合规性管理，保护用户个人信息不被非法获取和滥用。

加密技术能够有效保护数据在传输和存储过程中的安全性，未来的发展将更加注重加密算法的研究和应用，以应对日益复杂的网络攻击和数据泄露风险。访问控制将成为数据

安全的重要手段。未来，数据安全将更多地关注对数据访问的控制，包括对数据的访问权限管理、身份验证和访问审计等方面，以确保只有授权人员才能访问敏感数据。数据审查技术也将得到进一步发展和应用。数据审查能够及时发现和阻止数据泄露和不当使用行为，未来将更加注重数据审查技术的研究和应用，提高数据安全保障水平。

（二）智能化数据管理

随着数据量的不断增长和数据应用场景的多样化，数据管理将更加智能化和自动化。这一趋势将涵盖数据质量管理、数据整合、数据清洗和数据分析等方面，旨在提高数据管理的效率和准确性，以满足不断增长的数据需求和提升数据应用的质量。数据质量管理将成为数据管理的重要组成部分。随着数据的增多，数据质量问题也变得更加突出。未来，数据质量管理将更加注重数据的准确性、完整性、一致性、及时性和可靠性，以确保数据的高质量和可信度。

随着数据来源的多样化和数据格式的复杂化，数据整合变得越来越重要。未来，数据整合将更多地依靠智能化的工具和算法，实现不同数据源之间的无缝整合，提高数据整合的效率和精度。数据清洗将更加自动化和智能化。数据清洗是确保数据质量的重要步骤，未来将更多地依靠机器学习和人工智能技术，自动识别和修复数据中的错误和不一致性，提高数据清洗的效率和准确性。数据分析也将更加智能化。随着数据量的增加，传统的数据分析方法已经无法满足需求。未来，数据分析将更多地依靠机器学习和人工智能技术，发现数据中的隐藏模式和规律，提高数据分析的效率和准确性。

（三）跨平台数据集成

未来的数据集成将更加跨平台，这是因为不同平台和系统之间的数据交换变得日益频繁和重要。这一发展趋势将需要更灵活、更智能的数据集成技术，以实现不同数据源之间的无缝集成和交互。跨平台数据集成将促进信息共享和协作。不同平台和系统之间的数据集成可以让数据在不同系统之间流动，实现信息的共享和协作。这对于提高工作效率、降低成本、提升服务质量等方面具有重要意义。

通过将不同平台和系统的数据集成到一个统一的平台或系统中，可以实现数据的统一管理和分析，从而为决策提供更加全面和准确的数据支持。跨平台数据集成将促进创新和发展。不同平台和系统之间的数据集成可以促进创新和发展，打破数据孤岛，实现数据的互通互联，为新业务模式和应用场景的出现提供可能。

（四）数据驱动的决策

未来，数据驱动的决策将成为各个领域的重要趋势。数据作为决策的重要依据，将在决策制定过程中发挥越来越重要的作用。未来的发展策略将更多地关注如何利用数据来指导决策制定，包括数据分析、数据可视化和数据挖掘等方面。数据分析将成为决策制定过程中不可或缺的工具。通过对海量数据的分析，可以发现数据背后的规律和趋势，为决策提供科学依据。数据分析还可以帮助发现问题和挑战，并提供解决方案，指导决策的制定和实施。

数据可视化将成为数据传达和决策交流的重要手段。通过数据可视化技术，可以将复杂的数据信息以直观的方式呈现出来，使决策者更容易理解和接受数据，从而更好地指导决策制定和实施。数据挖掘技术将成为发现数据潜在价值的重要工具。通过数据挖掘技术，可以发现数据中隐藏的规律和趋势，挖掘出有价值的信息和知识，为决策提供更多的参考和依据。

（五）可持续发展与环境友好

大数据技术的发展将更加注重可持续发展和环境友好。这包括优化数据中心的能源消耗、减少数据传输和存储的能耗，以及推动绿色数据处理和管理的技术创新。这一发展趋势将对数据处理和管理产生深远影响，促进数字化社会的可持续发展。优化数据中心的能源消耗是实现可持续发展的关键。数据中心是大数据处理的核心，但其高能耗和高碳排放已成为环境问题。未来的发展将更加注重优化数据中心的能源利用效率，采用节能技术和绿色能源，减少碳排放，实现可持续发展。

随着数据量的增加，数据传输和存储的能耗也在增加，这对环境造成了压力。未来的发展将更加注重优化数据传输和存储的效率，减少能耗，降低对环境的影响。推动绿色数据处理和管理的技术创新是实现可持续发展的关键。未来的发展将更加注重研究和应用绿色数据处理和管理技术，包括节能的数据处理算法、绿色的数据存储技术等，以减少对环境的负面影响。

二、计算机信息技术与大数据的发展建议

（一）加强人才培养和技术研究

在当今数字化信息时代，计算机信息技术和大数据处理已成为推动社会经济发展的重要力量。为了适应科技进步的需求，加强人才培养和技术研究显得尤为重要。首先，人才培养是技术发展的基础。我们需要培养具有计算机信息技术和大数据处理能力的专业人才，他们能够熟练掌握相关技术，应用于实际工作中，推动科技创新和社会进步。同时，加大对相关技术领域的研究力度也是至关重要的，只有不断深化技术研究，才能跟上科技发展的步伐，推动技术的进步和应用。

人才培养是加强技术研究的基础。当前，随着信息技术和大数据处理技术的快速发展，急需大批高素质的专业人才。因此，我们应该加强人才培养，培养具有计算机信息技术和大数据处理能力的专业人才。这些人才应该具备扎实的专业知识和技能，能够熟练掌握相关技术和工具，具有创新意识和实践能力，能够适应科技发展的需要，为社会经济发展做出贡献。加大对相关技术领域的研究力度也是非常重要的。当前，信息技术和大数据处理技术正处于快速发展阶段，需要不断深化技术研究，推动技术的创新和进步。只有不断地开展前沿技术研究，才能不断提高技术水平，推动科技发展。

在加强人才培养和技术研究的过程中，我们应该注重实践教学和科研创新。通过实践教学，可以使学生将理论知识与实际工作相结合，提高他们的实践能力和创新意识；通过科研创新，可以促进教师和学生的科研能力和创新能力，推动技术的创新和应用。

（二）推动人工智能与机器学习技术的发展

在当今信息技术高速发展的时代，人工智能（AI）和机器学习（ML）技术已经成为大数据处理的核心技术，对推动社会经济发展和改善人民生活起着至关重要的作用。随着

数据量的不断增加和计算机计算能力的提高，人工智能和机器学习技术也在不断发展和完善。因此，我们应该继续深入研究和发展人工智能和机器学习技术，提高其在各领域的应用水平和效果，推动科技创新和社会进步。人工智能和机器学习技术在各领域的应用已经取得了一系列突破性进展。比如，在医疗领域，人工智能和机器学习技术可以帮助医生更准确地诊断疾病，制定更有效的治疗方案；在金融领域，可以帮助银行和金融机构提高风险控制能力，提高服务质量和效率；在交通领域，可以帮助提高交通运输系统的安全性和效率。因此，我们应该继续深入研究和发展人工智能和机器学习技术，推动其在各领域的广泛应用，提高生产效率和服务质量。

人工智能和机器学习技术在推动科技创新和社会进步方面也具有重要作用。随着信息技术和大数据处理技术的不断发展，人工智能和机器学习技术也在不断演进和完善，为科技创新提供了新的思路和方法。比如，在工业生产中，人工智能和机器学习技术可以帮助企业提高生产效率和产品质量；在农业生产中，可以帮助农民提高农业生产效率和经济效益；在教育领域，可以帮助教育机构提供更好的教育服务。因此，我们应该继续深入研究和发展人工智能和机器学习技术，推动科技创新和社会进步。

（三）促进云计算和边缘计算技术的融合

在当今信息化时代，云计算和边缘计算技术已经成为数字化转型和智能化发展的重要支撑。云计算技术通过集中管理和高效利用计算资源，为用户提供了高效、便捷的服务和应用。而边缘计算技术则强调数据处理的近端化和本地化，能够提高数据处理的速度和实时性。因此，促进云计算和边缘计算技术的融合，对提高数据处理的灵活性和实时性具有重要意义。

云计算和边缘计算技术的融合可以提高数据处理和存储的效率。云计算技术通过集中管理和高效利用计算资源，可以为用户提供高效、便捷的服务和应用。而边缘计算技术则强调数据处理的近端化和本地化，能够提高数据处理的速度和实时性。因此，将云计算和边缘计算技术进行融合，可以提高数据处理和存储的效率，为用户提供更好的服务和体验。

促进云计算和边缘计算技术的融合，可以提高数据处理的灵活性。云计算技术可以根据用户的需求动态调整计算资源，提高系统的灵活性和可扩展性。而边缘计算技术则可以在数据产生的地方进行数据处理，减少数据传输和延迟，提高数据处理的实时性。因此，将云计算和边缘计算技术进行融合，可以提高数据处理的灵活性，满足不同用户的需求。

（四）加强物联网技术与大数据的结合

在当今数字化时代，物联网技术已经成为连接物体和互联网的重要手段，为各行各业带来了前所未有的便利和发展机遇。然而，随着物联网设备的不断增多和数据量的快速增长，如何有效地处理和分析这些海量数据成为亟待解决的问题。大数据技术的出现为解决这一难题提供了有效的手段。因此，加强物联网技术与大数据的结合，对于挖掘数据的潜在价值，推动物联网技术的发展具有重要意义。物联网技术产生的数据量巨大，需要大数据技术进行处理和分析。物联网设备可以实现对各种物体的监测和控制，产生了海量的数据。这些数据包含了丰富的信息和价值，但如果没有合适的处理和分析手段，这些数据将无法发挥其潜在价值。大数据技术具有处理和分析海量数据的能力，可以帮助我们从这些数据中挖掘出有用的信息和知识，为各行各业提供更好的决策依据。

联网技术产生的数据包含了丰富的信息和知识，可以帮助我们更好地理解和掌握事物的运行规律和变化趋势。通过结合大数据技术进行数据分析，我们可以挖掘出数据中隐藏的规律和规律，发现问题的根源和潜在的解决方案，为各行各业提供更好的发展方向和决策支持。加强物联网技术与大数据的结合可以推动物联网技术的发展。物联网技术是信息技术和传统产业深度融合的产物，是数字经济发展的重要组成部分。通过结合大数据技术，可以进一步完善物联网技术的功能和性能，提高其在各行各业的应用水平和效果，推动物联网技术的发展。

（五）加强数据安全和隐私保护

在信息化时代，随着数据量的急剧增加，数据安全和隐私保护问题日益突出，成为社会各界关注的焦点。数据安全和隐私保护不仅事关个人隐私安全，也直接关系到国家和社会的信息安全和稳定。因此，加强数据安全技术的研究和应用，确保数据的安全性和隐私保护，具有重要意义。数据安全是信息社会的基础。随着互联网的普及和物联网的发展，数据的产生和传输量急剧增加，数据安全面临着前所未有的挑战。加强数据安全技术的研究和应用，可以有效防范各类网络攻击和数据泄露，保护用户的数据安全。

随着大数据和人工智能技术的发展，个人隐私面临着越来越大的挑战。加强隐私保护技术的研究和应用，可以有效保护用户的隐私信息，维护用户的合法权益。加强数据安全和隐私保护，不仅需要技术手段，也需要法律和制度的支持。应建立健全的数据安全和隐私保护法律法规，明确数据安全和隐私保护的责任和义务，加强对数据安全和隐私保护的监督和管理，确保数据安全和隐私保护工作的顺利进行。

（六）推动大数据在各领域的应用

在当今信息化时代，大数据技术已经成为推动社会经济发展和改善人民生活的重要力量。大数据技术以其强大的数据处理和分析能力，为各行各业提供了全新的发展机遇。从医疗、金融到交通等多个领域，大数据技术都有着广泛的应用前景。因此，推动大数据技术在各领域的广泛应用，提高生产效率和服务质量，具有重要意义。在医疗领域，大数据技术可以帮助医生更准确地诊断疾病，制定更有效的治疗方案。通过分析大量的医疗数据，可以发现疾病的规律和趋势，为医生提供更好的诊断和治疗建议。同时，大数据技术还可以帮助医院提高管理效率，优化资源配置，提高医疗服务水平。

在金融领域，大数据技术可以帮助银行和金融机构提高风险控制能力，提高服务质量和效率。通过分析大量的金融数据，可以发现金融市场的规律和趋势，为金融机构提供更好的风险控制和投资建议。同时，大数据技术还可以帮助金融机构提高客户服务水平，提高客户满意度。在交通领域，大数据技术可以帮助交通运输系统提高安全性和效率。通过分析大量的交通数据，可以发现交通流量的规律和趋势，为交通管理部门提供更好的交通管理建议。同时，大数据技术还可以帮助交通运输企业提高运输效率，减少运输成本。

（七）加强数据治理和规范

在信息化时代，数据已经成为重要的生产要素和社会资源，对经济社会发展起着至关重要的作用。然而，随着数据的快速增长和应用范围的扩大，数据治理和规范成为保障数据安全和促进数据应用的关键。建立健全的数据治理和规范体系，规范数据的收集、存储、处理和应用，确保数据的合法、安全、有效使用，具有重要意义。建立健全的数据治理和规范体系是保障数据安全的重要举措。随着互联网的普及和信息化的发展，数据的规模和价值不断增加，数据安全面临着越来越多的挑战。建立健全的数据治理和规范体系，可以规范数据的收集、存储、处理和应用，加强数据安全意识和管理能力，有效防范各类数据安全风险，保障数据安全。

数据是推动社会经济发展和改善人民生活的重要资源，正确有效地利用数据，可以为政府决策提供科学依据，为企业发展提供新动能，为公众生活提供更好的服务。建立健全的数据治理和规范体系，可以规范数据的收集、存储、处理和应用，提高数据的质量和可信度，促进数据的有效应用。建立健全的数据治理和规范体系是推动数字经济发展的重要保障。数字经济是当今经济发展的重要特征，数据作为数字经济的基础资源，对数字经济的发展起着关键作用。建立健全的数据治理和规范体系，可以规范数据的收集、存储、处理和应用，提高数据的质量和效率，促进数字经济的健康发展。

（八）促进跨界融合与创新

跨界融合与创新是推动大数据技术在更广泛领域应用的重要途径。随着大数据技术的不断发展和应用，各行各业都在积极探索如何将大数据技术与自身领域相结合，实现创新发展。跨界融合与创新不仅可以促进经济社会的发展，还可以推动技术进步和产业升级。跨界融合与创新可以推动各行各业的发展。大数据技术具有强大的数据处理和分析能力，可以帮助各行各业更好地理解和把握自身领域的发展趋势和规律，提高生产效率和服务质量。通过与大数据技术的跨界融合与创新，可以为各行各业带来新的发展机遇，推动经济社会的发展。

大数据技术作为一种前沿技术，不断推动着各行各业的创新发展。通过与大数据技术的跨界融合与创新，可以促进不同领域之间的技术交流和合作，推动技术的跨界应用和创新，推动产业的升级和转型。跨界融合与创新可以推动经济社会的发展。大数据技术在各领域的广泛应用，将为经济社会带来新的增长点和动力源。通过与大数据技术的跨界融合与创新，可以打破各领域之间的壁垒，促进资源的共享和优化配置，推动经济社会的快速发展。

参考文献

[1] 郭朝博，邓想，李兴霞等．基于新工科的计算机辅助设计课程教学改革研究［J］．科技风，2024，（05）：118-120.

[2] 安军．基于工作过程导向的高职《计算机网络安全技术》课程实践教学改革研究［J］．学周刊，2024，（07）：85-88.

[3] 张籍引．《计算机辅助设计》课程教学改革研究——以浙江同济科技职业学院建筑设计专业为例［J］．林业科技情报，2024，56（01）：247-249.

[4] 杨树玉．应用型本科高校计算机网络教学改革研究与实践［J］．陕西教育（高教），2024，（02）：27-29.

[5] 郑晶晶．“1+X”证书制度下计算机网络专业教学改革探索［J］．佳木斯职业学院学报，2024，40（01）：196-198.

[6] 张扬武，李国和．计算机网络实验课程教学改革研究［J］．高教学刊，2024，10（05）：112-115.

[7] 周媛，苗耀锋．专业教育与思政教育协同推进下的计算机专业基础课程混合式教学改革与实践——以“高级语言程序设计（C语言）”课程为例［J］．工业和信息化教育，2024，（01）：47-52+57.

[8] 王岩，李照奎．“新工科”背景下的“计算机网络原理”课程思政教学改革探索［J］．工业和信息化教育，2024，（01）：63-65+70.

[9] 张光，陈德胜，林哲．基于学科竞赛的机械优化设计课程教学改革研究［J］．高教学刊，2024，10（03）：138-141.

[10] 齐海，张丹，张晓欢．计算机组成原理虚拟实验教学改革［J］．福建电脑，2024，40（01）：113-116.

[11] 曾晴文，汤波．突发公共卫生事件中大数据技术的应用探讨［J］．卫生软科学，2023，37（12）：80-84.

[12] 李娉葶．数字化转型环境下大数据技术在会计应用中的路径研究［J］．中国集体经济，2023，（34）：165-168.

[13] 段碧清．化工污水处理大数据技术应用研究［J］．科技与创新，2023，（23）：175-178.

[14] 孙辰．浅谈大数据技术在化工行业环境保护监管中的意义和应用［J］．化工安全与环境，2023，36（12）：22-25.

[15] 程东明，谢漫彬．大数据技术在高职教学评价中的应用路径［J］．湖北开放职业学院学报，2023，36（22）：146-148.

[16] 卢尚昆．大数据分析在金融风险评估中的应用研究［N］．山西科技报，2023-11-28（A06）.

[17] 马卫．数智赋能时代大数据技术在旅游业与酒店业中的应用［J］．数字技术与应用，2023，41（11）：75-80.

[18] 毛利，叶惠娟，侯怡．农业大数据赋能农业高质量发展的应用研究［J］．现代化农业，2023，（11）：56-58.

[19] 徐朝君．基于大数据技术的信息管理系统建设研究［J］．信息系统工程，2023，（11）：23-26.

[20] 李丽．大数据技术在企业内部审计中的应用措施分析［J］．中国中小企业，2023，（11）：117-119.